校企合作土木与建筑工程专业系列丛书
互联网+创新型“十四五”精品教材

土木工程力学基础（微课版）

主　编◎李红霞
副主编◎李文倩　王天星　赵迎亚
郭青峰　刘法港

哈爾濱工程大學出版社
Harbin Engineering University Press

内 容 简 介

本书将理论知识与工程实践实例相结合，具有较强的指导性和可读性。本书共九个项目，主要包括力与力系、静定杆件的内力计算、杆件的应力与强度计算、压杆的稳定性计算、平面体系的几何组成分析、静定结构的内力计算、静定结构的位移计算与刚度校核、超静定结构内力的传统计算法、影响线及其应用等内容。

本书具有内容翔实、深浅适度、可操作性强、适用面广等特点，既可作为应用型本科院校、职业院校的教材，也可作为工程技术人员的参考书。

图书在版编目（CIP）数据

土木工程力学基础 ： 微课版 / 李红霞主编. 哈尔滨 ： 哈尔滨工程大学出版社, 2025. 1. -- ISBN 978-7-5661-4667-0

Ⅰ. TU311

中国国家版本馆 CIP 数据核字第 2025SH7637 号

土木工程力学基础（微课版）

TUMU GONGCHENG LIXUE JICHU（WEIKE BAN）

策划编辑 张林峰

责任编辑 田 婧

出版发行 哈尔滨工程大学出版社

社　　址 哈尔滨市南岗区南通大街 145 号

邮政编码 150001

电　　话 0451-82519328

传　　真 0451-82519699

经　　销 新华书店

印　　刷 唐山唐文印刷有限公司

开　　本 787 mm×1 092 mm 1/16

印　　张 15

字　　数 384 千字

版　　次 2025 年 1 月第 1 版

印　　次 2025 年 1 月第 1 次印刷

书　　号 ISBN 978-7-5661-4667-0

定　　价 49.80 元

http://www.hrbeupress.com

E-mail:heupress@hrbeu.edu.cn

前　言

党的二十大报告指出，“坚持尊重劳动、尊重知识、尊重人才、尊重创造，实施更加积极、更加开放、更加有效的人才政策”“着力形成人才国际竞争的比较优势。加快建设国家战略人才力量”“深化人才发展体制机制改革……把各方面优秀人才集聚到党和人民事业中来”。

在现代工程建设中，土木工程始终占据着至关重要的地位。而土木工程力学作为这一领域的核心基础学科，犹如坚实的基石，为各类土木工程项目的设计、施工与维护提供着不可或缺的理论支撑。

随着社会不断进步和科技的飞速发展，对土木工程师的专业素养和综合能力提出了更高的要求。扎实的力学基础不仅有助于工程师们准确分析和解决工程中的实际问题，更是保障工程安全、可靠、经济的关键。本书具有以下特点。

（1）内容涵盖广泛。本书将静力学、材料力学和结构力学的相关内容加以归类和贯通，有助于读者了解力学发展史以及生活、工程中力学的应用。

（2）结构清晰合理。本书按照先易后难、循序渐进的原则进行编排。每个项目均以明确的学习目标开篇，引导读者了解本项目的重点和难点，并配有大量的例题和课后练习，帮助读者加深理解和掌握所学知识。

（3）注重理论与实践结合。为了使读者更好地理解力学知识在实际工程中的应用，本书中穿插了许多实际工程案例和图片，让读者直观地感受力学原理在土木工程中的具体体现。

本书由李红霞担任主编，由李文倩（沧州职业技术学院）、王天星（焦作大学）、赵迎亚（周口职业技术学院）、郭青峰（河南工业和信息化职业学院）、刘法港（重庆国际生物城开发投资有限公司）担任副主编。本书的相关资料和售后服务可扫封底微信二维码或登录 www.bjzzwh.com 下载获得。

在本书的编写过程中，编者参考了大量资料，在此向相关人员表示感谢。由于编者水平有限，书中难免存在不足之处，恳请广大读者批评指正并提出宝贵意见。

编　者

目录

绪　论

一、土木工程力学的研究对象和任务

在人类社会发展的进程中，人们大都有这样的理念：无论是生活工具、生产工具，或是住房、办公室、工业厂房，都一律要求经久耐用，而又造价低廉。所谓经久耐用，是指使用的时间长久、好用且在使用过程中不易损坏；所谓造价低廉，是指所用的建造材料好，易于建造，生产成本低廉等。

那么，怎样才能实现这种要求呢？当然要涉及多方面的科学知识和生产技能，其中土木工程力学就是最重要的基础知识之一。

土木工程力学研究的内容相当广泛，研究的对象也非常复杂。在土木工程力学中，所涉及的实际研究对象，常常抓住一些带有本质性的主要因素，略去一些次要因素，从而抽象成力学模型作为具体的研究对象。如当物体的运动范围比它本身的尺寸大很多时，可以把物体当成只有一定质量而无形状、大小的质点；当物体在力的作用下产生变形时，如果这种变形在所研究的问题中可以不考虑或暂时不考虑，则可以把它当作不发生变形的刚体；当物体的变形不能忽略时，就要将物体当作变形固体，简称变形体。通常，土木工程力学研究的对象为构件与结构。结构是指建筑物或构筑物及其他物体中，能承受荷载、维持平衡，并起骨架作用的整体或部分。若以建筑物为研究对象，通称为建筑结构。构件是指构成结构的零部件。若构件的长度远大于横截面的高和宽，称为杆件。本课程的具体研究对象为杆件和由杆件组成的杆件结构。

图 0-1（a）为房屋结构，是由预制构件组成的；图 0-1（b）为此结构分解成的杆件——梁、板、柱组成的。

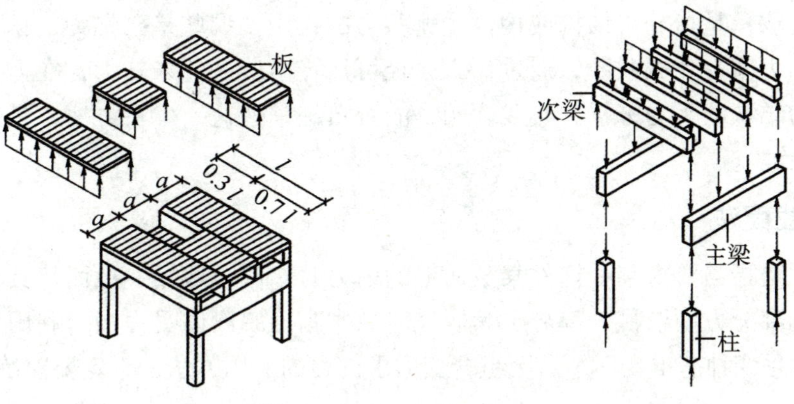

（a）　　　　（b）

图 0-1　预制结构与杆件

图 0–2（a）为现浇梁板式结构，图 0–2（b）为此结构分解成的杆件——梁、板、柱。由此可知，梁、板、柱是组成建筑结构的主要元件，也是土木工程力学研究的主要对象。

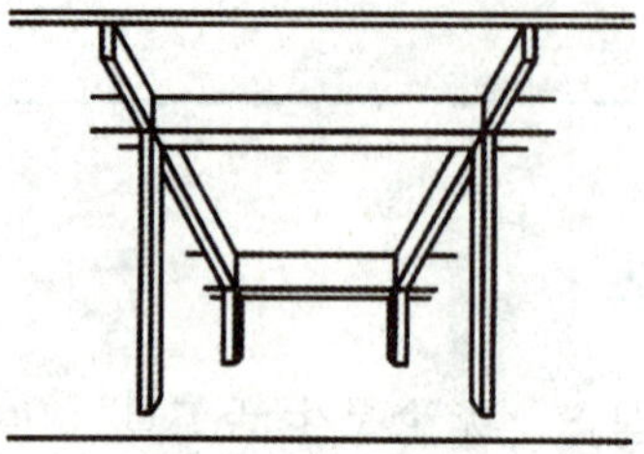

（a）现浇梁板式结构

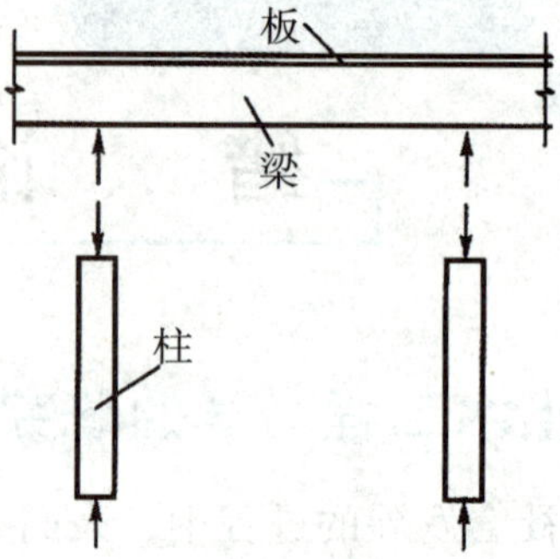

（b）杆件

图 0–2　现浇梁板式结构与杆件

一幢建筑物是怎样建造的呢？它的建造程序是：立项→勘察→设计→施工→验收等。建筑物的设计包括工艺设计、建筑设计、结构设计、设备设计等几个方面；结构设计又包括确定方案、结构计算、构造处理等几个部分；结构计算又包括荷载分析、内力与变形计算、截面选择等几项工作。在房屋建造过程中，土木工程力学所承担的具体任务是：建筑结构设计中的荷载计算、内力与变形计算、截面尺寸选择，以及构件的强度、刚度和稳定性等问题。

强度，是指构件在外荷等因素作用下，抵抗破坏、破碎的能力；刚度，是指构件在外荷等因素作用下，抵抗工程允许的弹性变形的能力；稳定性，是指构件在外压力作用下，保持原有的直线平衡状态，不能发生突然变弯的性能。

二、土木工程力学的常见分析方法

土木工程力学是一门古老的科学，它有一套成熟的分析方法，若牢固地掌握，则在学习力学中将会得到事半功倍的效果。在此简略介绍一下，为各项目学习具体应用奠定必要的基础。其主要分析方法如下。

（一）受力分析法

受力分析法，是指分析结构或构件受哪些力的作用，哪些是已知力，哪些是未知力，已知力与未知力间有什么联系，通过什么途径可计算出所需的未知力，在力学中将这一分析过程，称为结构的受力分析。实践证明，能否熟练掌握这一分析方法，是能否学好土木工程力学的关键。

（二）截面法

截面法，是指当要求某一杆件某截面上的内力时，假想地用一截面将其截开，取其中任一部分（哪部分方便取哪一部分）为研究对象，画出脱离体受力图，利用平衡条件求出所需内力。它是四种基本变形，乃至组合变形求内力的通用方法，一定要熟练掌握。

（三）变形连续似设分析法

实际变形固体，在变形前或变形后是否都连续呢？为了计算简单，为了能用数学公式，不管连续或是不连续，一律假设均匀连续、各向同性，这就给各种计算带来了很多方便，且也能满足一般工程需要。若要进行精确计算，只有采用“断裂力学”的处理方法了。

（四）物理关系分析法

在弹性范围内，力与变形成正比，这就是力与变形的物理关系，利用这一关系，可方便地解决变形与内力间的一些问题。

（五）小变形分析法

小变形，是指结构或构件在变形后，与原尺寸相比相差很小，在内力计算中可以用原尺寸，可用叠加原理计算内力和变形。

（六）刚化分析法

在研究变形固体的平衡条件时，为了分析简便，可将变形固体视为刚体，并认为此刚体仍处于平衡状态。

（七）实验法

实验法是力学研究中的一个重要手段，它能将力学涉及的材料力学性质、各种材料间的应力－应变关系等用实验来解决。

第一部分　杆件的内力、强度与稳定性计算

土木工程力学的研究对象为杆件和杆件结构。杆件的长度 l 远大于横截面的宽度 b 和高度 h。杆件的主要研究内容为：力与力系的基本概念、静定杆件的内力计算、杆件的应力与强度计算、压杆的稳定性计算等。杆件结构是由杆件构成的，因此，杆件的研究是研究杆件结构的基础。也就是说，只要将上述杆件的计算搞清楚了，那么学习杆件结构力学也就容易了。

项目一　力与力系

项目导读

多年教学实践证明，本项目所讲述的力、力的合成与分解、力矩、力偶等内容，看似简单，掌握起来却并不容易。根据这一特点，本项目结合土木工程力学的实际，对这些内容进行了深化。

学习目标

知识目标

◇ 掌握力的定义、性质及作用效果。

◇ 深入理解力矩与力偶。

◇ 理解平衡的概念及其在结构分析中的适用条件。

能力目标

◇ 具备对力与力系进行系统分析的能力，能够清晰地表达力的作用效果和力系的特性。

◇ 具备计算力矩、力偶和力系平衡条件的实际能力，能够利用基本公式进行力学计算。

素质目标

◇ 培养读者在分析和计算过程中的严谨态度，确保力学推导和计算的准确性。

◇ 培养读者能够应用力学原理解决实际问题，例如分析简支梁或悬臂梁的力分布和平衡条件。

思政目标

◇ 认识到力学知识在工程设计与实际应用中的重要性，培养读者对工程质量和安全的责任感。

◇ 鼓励读者在团队中共同探讨和解决力学问题，培养读者的团队合作能力和沟通能力。

任务一　力与力系的基本知识

任务描述

当人们举起铁锤或推动小车时，会由于手臂肌肉的紧张和收缩而感受到力的作用。这种作用不仅存在于人和物体之间，而且广泛地存在于物体与物体之间。例如车辆在行驶过程中，车轮与路面之间便有力（摩擦力）的作用。

任务分析

力的概念是人类在长期的生活和生产实践中通过观察和分析逐步形成的。实践证明，离开物体，力就不可能存在。

任务重点与实施

一、力

力是物体间相互的机械作用，这种作用使物体的机械运动状态发生变化，或者使物体发生变形。力使物体的运动状态发生变化的作用效应，称为力的外效应；力使物体发生变形的效应，则称为力的内效应。

力的特性

（一）力的定义与单位

力对物体的作用效应，取决于力的大小、方向和作用点，这三者通常被称为力的三要素。

1. 力的大小

力的大小反映了物体间相互作用的强弱程度。在国际单位制中力的计量单位是牛［顿］，用英文字母 N 表示。在工程中，一般用“千牛”作为力的单位，用英文字母 kN 表示，即 1 kN=1 000 N。

2. 力的方向

力的方向是指力对物体作用的指向，沿该方向画出的直线称为力的作用线。力的方向应包含力的作用方位和指向。

3. 力的作用点

力的作用点是物体相互作用位置的抽象化。实际上两物体接触处总会占有一定面积，力总是作用于物体的一定面积上。如果这个面积很小，则可将其抽象为一个点，这时作用力称为集中力；如果接触面积比较大，力作用在整个接触面上，这样的作用力称为分布力。单位长度上的力称为荷载集度，它表示沿长度方向上力的强弱程度，用符号 q 表示，单位为 N/m 或 kN/m。

力是具有大小和方向的物理量，所以力是矢量，其运算要遵循矢量运算法则。矢量用一具有方向的线段来表示，图 1–1 中用线段的起点或终点表示力的作用点；线段的长度（按一定的比例）表示力的大小。通过力的作用点沿力的方向的线段，称为力的作用线。力也可用黑体字母表示，如 $\boldsymbol{F}$、$\boldsymbol{P}$；而用相应的细线字母表示该矢量的大小，如 F、P 等。

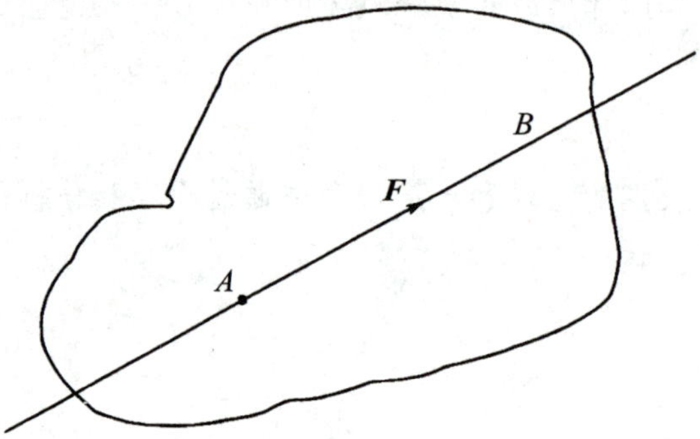

图 1–1　作用在物体上的力

（二）力的作用效应

物体间的相互作用产生什么样的效应呢？实践证明，力的作用效应包括运动效应和变形效应。一方面，力能使物体发生运动改变；另一方面，力能使物体产生变形。在力学中，将力的这两种作用效果称为力的作用效应。

1. 力的运动效应

力作用在物体上可产生两种运动效应。①若力的作用线通过物体的质心，则力能使物体沿力的方向产生平行移动，简称平移，如图 1–2（a）所示；②若力的作用线不通过物体的质心，则力能使物体既产生平移又发生转动，称为平面运动，如图 1–2（b）所示。本书不研究物体运动的一般规律，只研究物体运动的特殊情况——相对地球静止的条件。

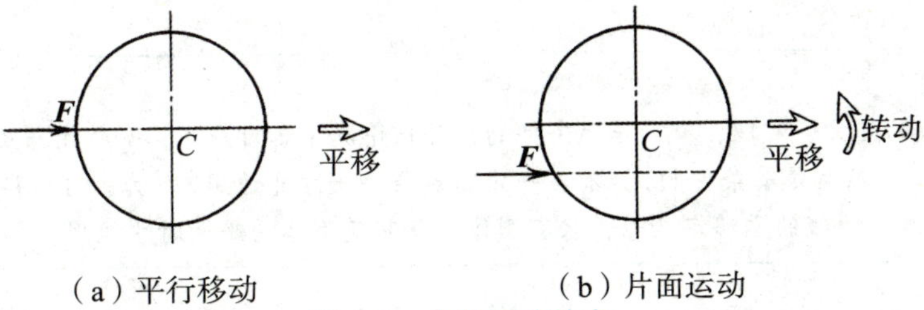

图 1–2　力的运动效应

由实践可知，当力作用在刚体上时，只要保持力的大小和方向不变，就可以将力的作用点沿力的作用线滑动，而不改变刚体的运动效应，图 1–3 为力的可传性。

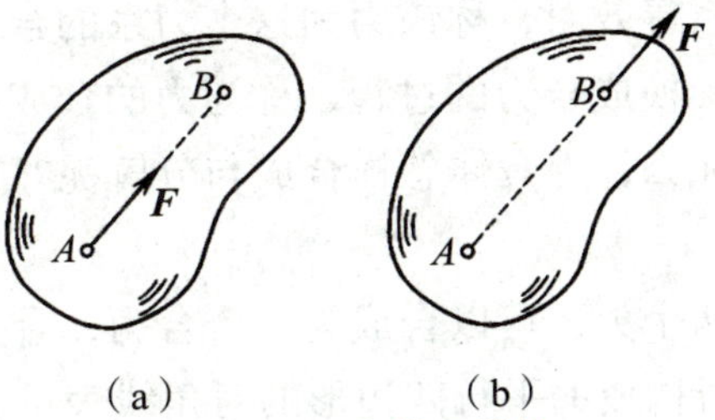

图 1–3　力的可传性

2. 力的变形效应

当力作用在物体上时，除产生运动效应外，还要产生变形效应。变形效应是指力作用在物体上产生形状或尺寸的改变。如图 1–4（a）所示杆件，在 *A*、*B* 二处施加大小相等、方向相反、沿同一作用线作用的两个力 $\boldsymbol{F}_1$、$\boldsymbol{F}_2$，这时杆件将发生拉伸变形，杆件变长、变细，这种现象称为力的变形效应。

在此值得提出的是，力的可传性对于变形物体并不适用。如图 1–4（b）所示，两个力 $\boldsymbol{F}_1$、$\boldsymbol{F}_2$，分别沿其作用线移至 *B* 点和 *A* 点，杆件变短变粗。由此可见，力的可传性只适用于研究力的运动效应，不适用于研究力的变形效应。

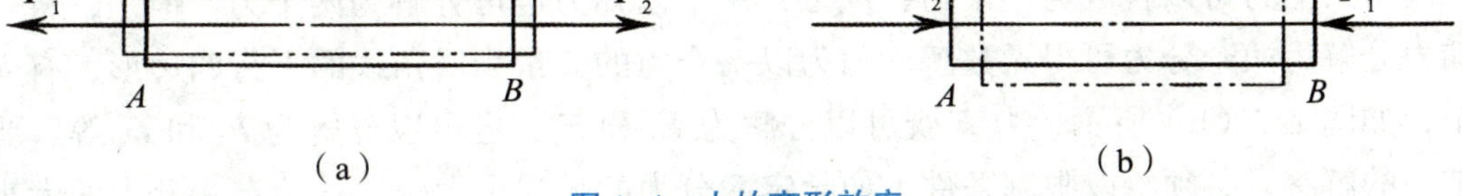

图 1–4　力的变形效应

二、力系

物体受到力的作用，常常不是一个力，而是若干个力。将作用在物体上的两个或两个以上的力，称为力系。按照力系中各力作用线分布的不同形式，可将力系分成平面力系与空间力系。若力系中各力的作用线都在同一平面内，称为平面力系；若力系中各力的作用线不在同一平面内，称为空间力系。工程中常见的力系基本为空间力系，但为了计算简单，一般都将空间力系化为平面力系来计算。平面力系又分为平面汇交力系、平面平行力系、平面一般力系和平面力偶系。

提示

本部分学习的定义、定理，有的是无条件的，任何情况下都可应用，如作用与反作用定律、力的平行四边形法则等；有的是有条件的，只有在一定限制条件下才能适用，如力的可传性、二力平衡定理、加减平衡力系原理、力线的平移定理等，只有刚体和研究变形体的平衡时才能用。

三、力的合成与分解

如果某一力系对物体产生的效应可以用另一个力系来代替，则称这两个力系互为等效力系。当一个力与另一个力系等效时，称该力为这个力系的合力；而该力系中的每一个力称为分力。把力系中的各力代换成合力的过程，称为力的合成；反过来，把合力代换成分力的过程，称为力的分解。那么，力具体怎样合成与分解呢？在此必须介绍力的平行四边形法则。

作用于物体上同一点的两个力，可以合成为一个合力，合力也作用于该点，合力的大小和方向由这两个力为邻边所构成的平行四边形的对角线表示，如图 1–5（a）所示。这就是力的平行四边形法则。

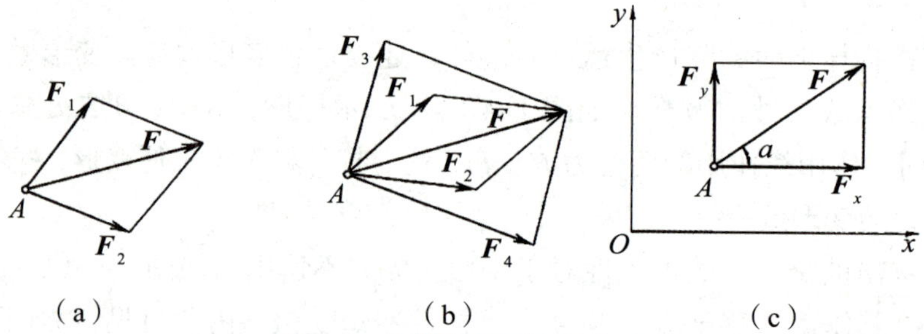

图 1–5　力的平行四边形法则

这个法则说明力的合成遵循矢量加法，只有当两个力共线时，才能用代数加法。

两个共点力可以合成为一个力；反之，一个已知力也可分解为两个力。但是，将一个已知力分解为两个分力可得无数解。因为以一个力的矢量为对角线的平行四边形，有无数多个，如图 1–5（b）所示，力 $\boldsymbol{F}$ 既可以分解为 $\boldsymbol{F}_1$ 和 $\boldsymbol{F}_2$，也可以分解为 $\boldsymbol{F}_3$ 和 $\boldsymbol{F}_4$ 等。要得出唯一的解答，必须给以限制条件，如给定两分力的方向求大小，或给定一分力的大小和方向求另一分力等。

在工程实际问题中，常把一个力 $\boldsymbol{F}$ 沿直角坐标轴方向分解，可得出两个互相垂直的分力 $\boldsymbol{F}_x$ 和 $\boldsymbol{F}_y$，如图 1–5（c）所示。$\boldsymbol{F}_x$ 和 $\boldsymbol{F}_y$ 的大小可由三角公式求得

$$F_x=F\cos\alpha \quad F_y=F\sin\alpha \tag{1-1}$$

式中，α 为力 $\boldsymbol{F}$ 与 x 轴间所夹的锐角。

任务二　力矩与力偶

任务描述

力对点之矩，是很早以前人们在使用杠杆、滑车、绞盘等机械搬运或提升重物时所形成的一种概念。力偶是一个基本的力学量，并具有一些独特的性质，它既不能与一个力平衡，也不能合成为一个合力，只能使物体产生转动效应。

任务分析

力矩和力偶是描述物体转动效应的重要概念。理解这两者之间的区别和联系，对于分析和解决实际问题至关重要，特别是在涉及刚体动力学、结构工程和机械设计等领域时。

任务重点与实施

一、力对点之矩

如图 1–6 所示，以扳手拧螺母为例来说明。在扳手的 A 点施加一力 $\boldsymbol{F}$，将使扳手和螺母一起绕螺钉中心 O 转动。实践表明，扳手的转动效果不仅与力 $\boldsymbol{F}$ 的大小有关，而且还与 O 点到力作用线的垂直距离 d 有关。当 d 保持不变时，力 $\boldsymbol{F}$ 越大，转动越快。当力 $\boldsymbol{F}$ 保持不变时，d 值越大，转动也越快。若改变力的作用方向，则扳手的转动方向也就会发生改变。因此，用 F 与 d 的乘积，再冠以正负号来表示力使物体绕 O 点转动的效应，并称为力 $\boldsymbol{F}$ 对 O 点之矩，简称力矩，以符号 $M_O(\boldsymbol{F})$ 表示，即

$$M_O(\boldsymbol{F}) = \pm F \cdot d \tag{1-2}$$

O 点称为转动中心，简称矩心。矩心 O 到力作用线的垂直距离 d，称为力臂。

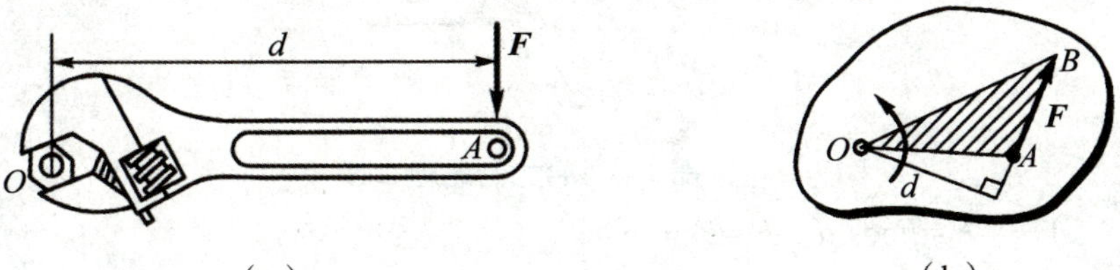

（a）　　（b）

图 1–6　力矩示例

式（1–2）中的正负号表示力矩的转向。通常规定：力使物体绕矩心作逆时针方向转动时，力矩为正，反之为负。在平面力系中，力矩可正、可负、可为零，因此力矩为代数量。

由图 1–6（b）可看出，力对点之矩还可以用以矩心 O 为顶点，以力矢量 $\boldsymbol{AB}$ 为底边所

构成的三角形面积的 2 倍来表示。即

$$M_O(\boldsymbol{F}) = \pm 2S_{\triangle OAB}$$

显然，力矩在下列两种情况下等于零：①力等于零；②力臂等于零，此时力的作用线通过矩心。

力矩的单位是牛顿·米（N·m）或千牛顿·米（kN·m）。

【例 1-1】图 1-7 所示半径为 R 的带轮绕 O 转动，如已知紧边带拉力为 $\boldsymbol{F}_{T1}$，松边带拉力为 $\boldsymbol{F}_{T2}$，刹块压紧力为 $\boldsymbol{F}$。试求各力对转轴 O 之矩。

解：由于带的拉力作用线必与带轮外缘相切，故矩心 O 到 $\boldsymbol{F}_{T1}$、$\boldsymbol{F}_{T2}$ 作用线的垂直距离均为 R，即力臂为 R。而 $\boldsymbol{F}_{T1}$ 对 O 点的矩为顺转向，$\boldsymbol{F}_{T2}$ 为逆转向，由此可确定力矩正负号。

力臂皆为 $d=R$。$\boldsymbol{F}_{T1}$ 对 O 点的力矩为顺向转动。由式（1-2）得

$M_O(\boldsymbol{F}_{T1}) = -F_{T1}R$

$\boldsymbol{F}_{T2}$ 对 O 点的力矩为逆向转动，由式（1-2）得

$M_O(\boldsymbol{F}_{T2}) = F_{T2}R$

由于压紧力 $\boldsymbol{F}$ 的作用线通过 O 点，由式（1-2）得

$M_O(\boldsymbol{F}) = 0$

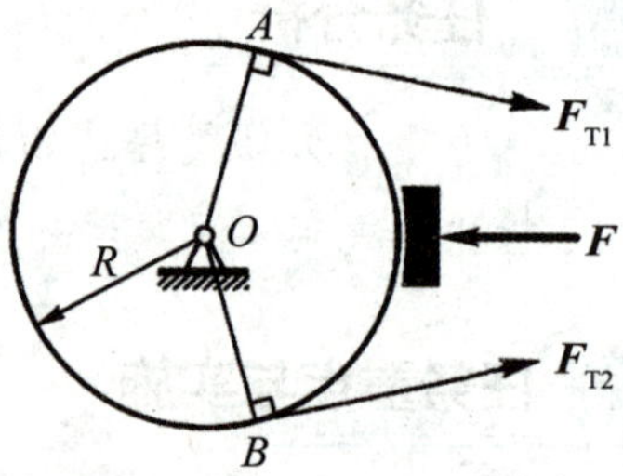

图 1-7　带轮绕 O 轴转动

二、合力矩定理

如图 1-8 所示，将作用于刚体平面上 A 点的力 $\boldsymbol{F}$，沿其作用线滑移到 B 点（B 点为任意点 O 到力 $\boldsymbol{F}$ 作用线的垂足），不改变力 $\boldsymbol{F}$ 对刚体的效应（力的可传性）。在 B 点将力 F 沿坐标轴方向正交分解为两分力 $\boldsymbol{F}_x$、$\boldsymbol{F}_y$，分别计算并讨论力 $\boldsymbol{F}$ 和分力 $\boldsymbol{F}_x$、$\boldsymbol{F}_y$ 对 O 点力矩的关系。

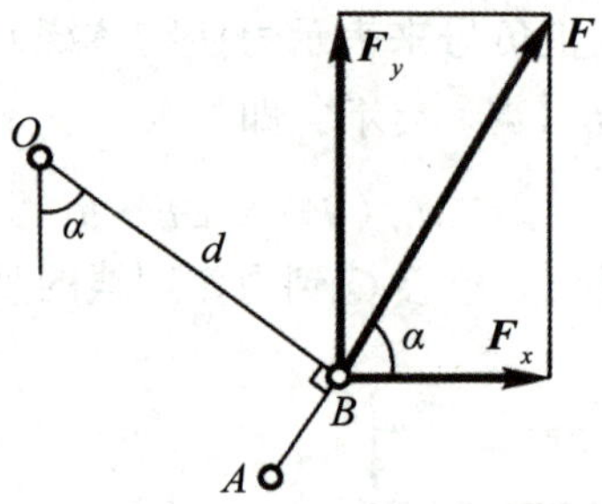

图 1-8　合力矩定理

由式（1-1）知 $F_x=F\cos\alpha$，$F_y=F\sin\alpha$

则分力 $\boldsymbol{F}_x$、$\boldsymbol{F}_y$ 对 O 点之矩分别为

$$M_O(\boldsymbol{F}_x) = F\cos\alpha \cdot d\cos\alpha = Fd\cos^2\alpha$$

$$M_O(\boldsymbol{F}_y) = F\sin\alpha \cdot d\sin\alpha = Fd\sin^2\alpha$$

将 $M_O(\boldsymbol{F}_x)$、$M_O(\boldsymbol{F}_y)$ 相加得 $M_O(\boldsymbol{F}_x) + M_O(\boldsymbol{F}_y) = Fd\cos^2\alpha + Fd\sin^2\alpha = Fd$

即合力对 O 点之矩为 $M_O(\boldsymbol{F})=Fd$。

由此证明，合力对某点的力矩等于各分力对同一点力矩的代数和。该定理不仅适用于正交分解的两个分力系，对任何有合力的力系皆成立。若力系有 n 个力作用，则

$$M_O(\boldsymbol{F})=M_O(\boldsymbol{F}_1)+M_O(\boldsymbol{F}_2)+\cdots+M_O(\boldsymbol{F}_n)=\sum M_O(\boldsymbol{F}_i) \qquad (1\text{-}3)$$

式（1–3）称为合力矩定理。

在平面力系中，求力对某点之矩，一般采用以下两种方法。

（1）用力和力臂的乘积求力矩。这种方法的关键是确定力臂 d。需要注意的是，力臂 d 是矩心到力的作用线的垂直距离。

（2）用合力矩定理求力矩。工程实际中，有时力臂 d 的几何关系很复杂，不易确定。此时，可将作用力正交分解为两个分力，然后应用合力矩定理求原力对矩心的力矩。

【例 1–2】已知力作用在平面板 A 点处，且知 F=100 kN，板的尺寸如图 1–9 所示。试计算力对 O 点之矩。

解：此题有两种解法。先计算 $\sin\alpha=\dfrac{3}{5}$，$\cos\alpha=\dfrac{4}{5}$。

（1）直接用力矩公式 $M_O(\boldsymbol{F})=\pm Fd$ 计算。

作垂直线 OB，设 OB 为 d，$d=4\text{ m}\times\sin\alpha=4\text{ m}\times\dfrac{3}{5}=\dfrac{12}{5}\text{ m}$。

$M_O(\boldsymbol{F})=-Fd=-100\text{ kN}\times\dfrac{12}{5}\text{ m}=-240\text{ kN}\cdot\text{m}$

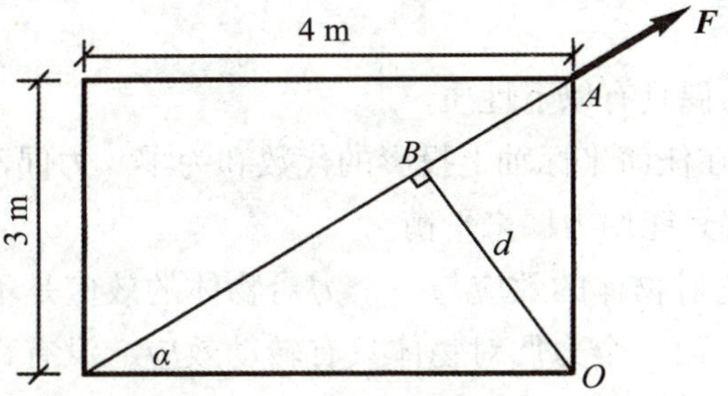

图 1–9　平面板

（2）利用合力矩定理 $M_O(\boldsymbol{F})=\Sigma M_O(\boldsymbol{F}_i)$ 计算。

垂直分力 $F_2=F\sin x=100\text{ kN}\times\dfrac{3}{5}=60\text{ kN}$，$d_2=0$

水平分力 $F_1=F\cos x=100\text{ kN}\times\dfrac{4}{5}=80\text{ kN}$，$d_1=3\text{ m}$

$M_O(\boldsymbol{F})=-80\text{ kN}\times3\text{ m}+60\text{ kN}\times0=-240\text{ kN}\cdot\text{m}$

以上两种计算方法结果一样，这又进一步证明了合力矩定理的正确性。

三、力偶

在生产实践中，力矩可以使物体产生转动效应，甚至可以使物体产生转动，如图 1–10 所示。在力学中，将这种使物体产生转动效应的一对大小相等、方向相反、作用线平行的两个力，称为力偶。

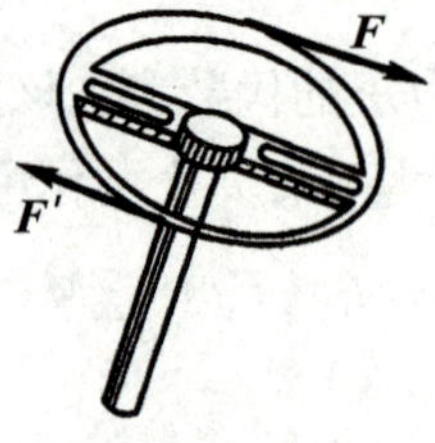

（a）司机用双手转动方向盘

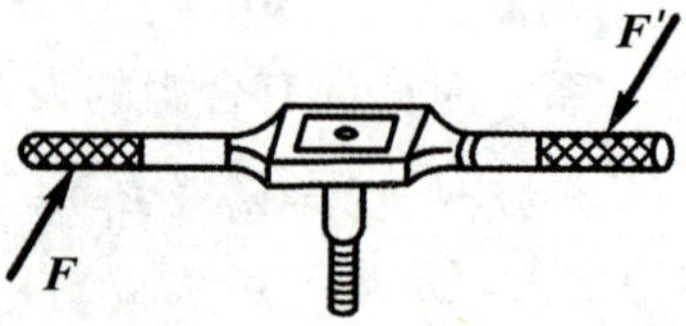

（b）钳工用双手转动铰杠丝锥攻螺纹

图 1-10　力偶实例

力偶中两个力的作用线所决定的平面称为力偶的作用平面，两个力的作用线之间的距离 d 称为力偶臂，力偶使物体转动的方向称为力偶的转向。

力偶对物体的转动效应可用力偶矩来度量，力偶矩的大小为力偶中的力与力偶臂的乘积。平面力偶矩可视为代数量，记作 $M(\boldsymbol{F},\ \boldsymbol{F}')$ 或 M，即

$$M(\boldsymbol{F},\ \boldsymbol{F}')=\pm Fd \tag{1-4}$$

其正负号表示力偶的辖向，其正负号规定与力矩一样，即逆时针转向时，力偶矩为正，反之为负。力偶矩的单位与力矩一样，也是N·m或kN·m。力偶矩的大小、转向和作用平面，称为力偶的三要素。三要素中的任何一个发生了改变，力偶对物体的转动效应都将发生改变。

四、力偶的性质

根据力偶的定义，力偶具有以下性质。

（1）力偶无合力，在任何坐标轴上投影的代数和为零。力偶不能与一个力等效，也不能用一个力来平衡，力偶只能用力偶来平衡。

力偶无合力，可见它对物体的效应与一个力对物体的效应是不相同的。一个力对物体有移动和转动两种效应；而一个力偶对物体只有转动效应，没有移动效应。因此，力与力偶不能相互替代，也不能相互平衡，而应将力和力偶看作是构成力系的两种基本元素。

（2）力偶对其作用平面内任一点的力矩，恒等于力偶矩，而与矩心的位置无关。图 1-11 所示一力偶 $M(\boldsymbol{F},\ \boldsymbol{F}')=Fd$，对平面任意点 O 的力矩，用组成力偶的两个力分别对 O 点力矩的代数和度量，记作 $M_O(\boldsymbol{F},\ \boldsymbol{F}')$，即

$$M_O(\boldsymbol{F},\ \boldsymbol{F}')=F'(d+x)-Fx=Fd=M(\boldsymbol{F},\ \boldsymbol{F}')$$

由此可知，力偶对刚体平面上任意点 O 的力矩，等于其力偶矩，与矩心的位置无关。

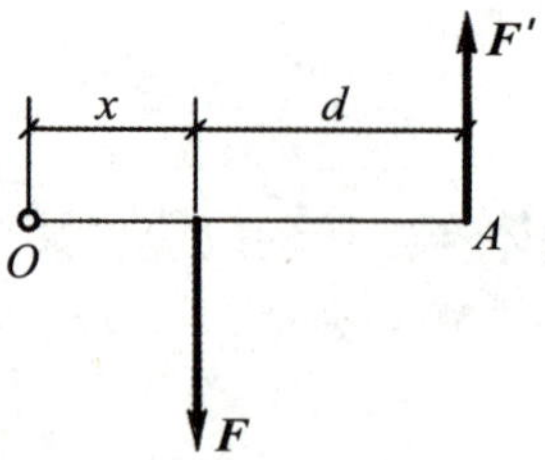

图 1-11　力偶矩与矩心无关

（3）力偶的等效性及等效代换特性。从力偶的性质可知，同一平面内的两个力偶，如果它们的力偶矩大小相等，转向相同，则两个力偶等效，可相互代换，称为力偶的等效性。

由力偶的等效性，可以得出力偶的等效代换特性。

① 力偶可在其作用平面内任意移动位置，而不改变它对刚体的转动效应。

② 只要保持力偶矩的大小和力偶的转向不变，可以同时改变力偶中力的大小和力偶臂的长短，而不会改变力偶对刚体的转动效应。

值得注意的是，以上等效代换特性宜适用于刚体，而不适用于变形体。

由力偶的性质及其等效代换特性可见，力偶对刚体的转动效应完全取决于其力偶矩的大小、转向和作用平面。因此表示平面力偶时，可以不表明力偶在平面上的具体位置以及组成力偶的力和力偶臂的值，可用一带箭头的弧线表示力偶的转向，用力偶矩表示力偶的大小。图 1-12 为力偶的几种等效表示法。

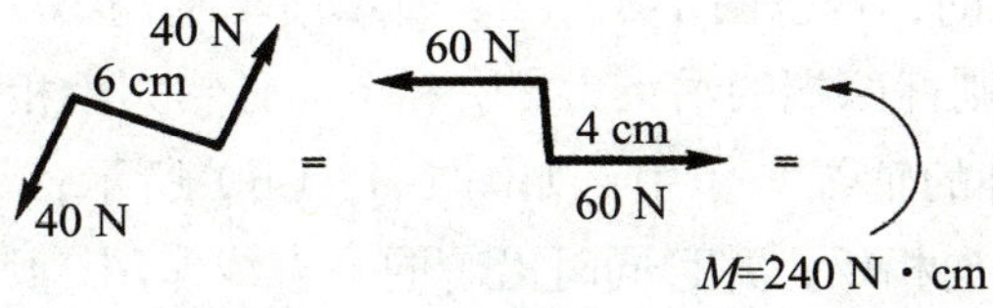

图 1-12　力偶的等效表示法

五、平面力偶系的形成

作用于物体上同一平面内的若干个力偶，称为平面力偶系。

从力偶的性质可知，力偶对物体只产生转动效应，且所产生的转动效应完全取决于力偶矩的大小和转向。物体内某一平面内受若干个力偶共同作用时，也只能使物体产生转动效应。可以证明，力偶系对物体的转动效应的大小，等于各力偶转动效应的总和，即平面力偶系可以合成一个合力偶，该合力偶矩等于各力偶矩的代数和。合力偶矩用 M 表示，即

$$M=M_1+M_2+\cdots+M_n=\sum M_i \tag{1-5}$$

任务三　平衡概述

任务描述

在工程学中，理解和应用力的平衡是分析力学问题的基础，被广泛应用于结构工程、机械设计、物体运动等领域。本任务只讨论两种最简单力系和平面力偶系的平衡条件。

任务分析

平衡是指物体相对于地球处于静止或做匀速直线运动的状态。刚体不是在任何力系作用下都能处于平衡状态的。只有该力系的所有力满足一定条件时，才能使刚体处于平衡状态。

任务重点与实施

一、二力平衡与二力杆件

作用在刚体上的两个力，其平衡的必要与充分条件是：两个力大小相等、方向相反、并沿同一直线作用。这就是二力平衡定理。

这一结论是显而易见的，现以图 1–13（a）所示吊车结构中的直杆 BC 为例加以说明。如果直杆 BC 是平衡的，则杆两端的约束力 F'_C 和 F'_B 必然大小相等、方向相反，并且沿着同一直线（对于直杆即杆的轴线）作用，如图 1–13（b）所示；另一方面，如果作用在杆件两端的力大小相等、方向相反，并且同时沿着同一直线作用，则杆件一定是平衡的。

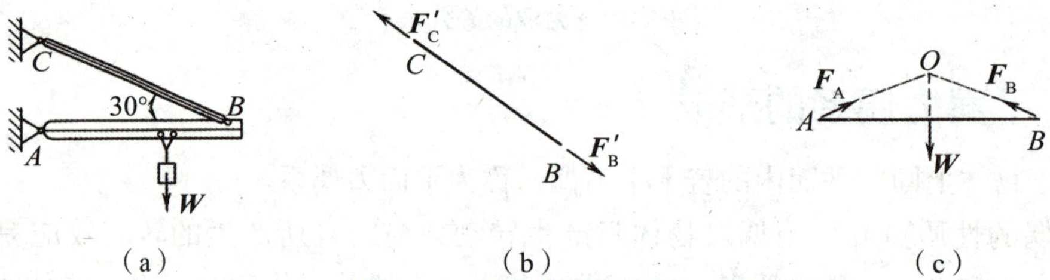

图 1–13　吊车直杆示意图

值得注意的是，对于刚体，上述二力平衡条件是必要且充分的；但对于只能受拉、不能受压的柔性体，上述二力平衡条件只是必要的，而不是充分的。例如图 1–14 所示的绳索，当承受一对大小相等、方向相反的拉力作用时可以保持平衡，如图 1–14（a）所示；但是如果承受一对大小相等、方向相反的压力作用时，绳索则不能平衡，如图 1–14（b）所示。

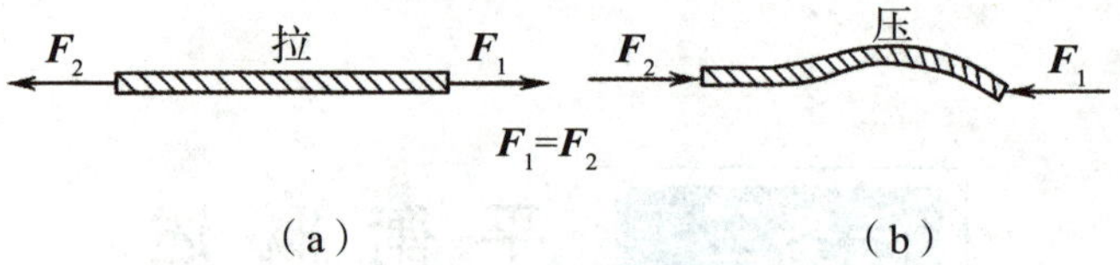

图 1–14　绳索示意图

在两个力的作用下保持平衡的杆件称为二力杆件，简称二力杆。二力杆可以是直杆，也可以是曲杆。如图 1–15（a）所示结构中直杆 BC 和图 1–15（b）所示结构中曲杆 BC 都是二力杆件。

在此需要指出的是，不能将二力平衡中的两个力与作用力和反作用力中的两个力的性质相混淆。满足二力平衡条件的两个力作用在同一物体上；而作用力和反作用力则是分别作用在两个不同的物体上。

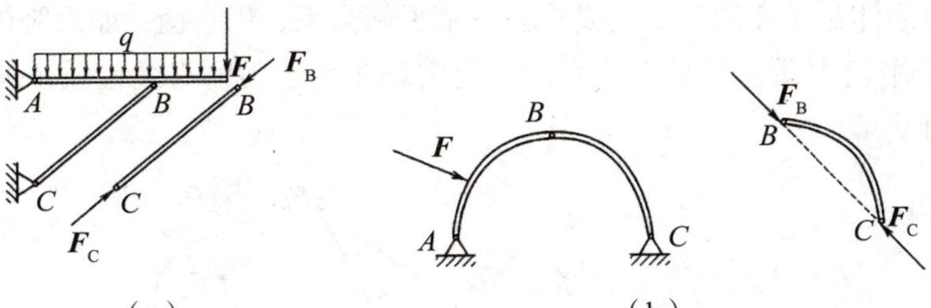

图 1-15　二力杆示意图

二、三力平衡汇交定理

在刚体上，若使作用于同一平面内的三个互不平行的力平衡，则此三个力的作用线必须汇交于一点。这就是三力平衡汇交定理。在考虑物体平衡时，它相当于一个平衡方程。

设作用在刚体同一平面内的三个互不平行的力分别为 $\boldsymbol{F}_1$、$\boldsymbol{F}_2$、$\boldsymbol{F}_3$（图 1-16）。为了证明上述结论，首先将其中的两个力合成，例如将 $\boldsymbol{F}_1$ 和 $\boldsymbol{F}_2$ 分别沿其作用线移至二者作用线的交点 O 处，将二力按照平行四边形法则合成一个合力

$$\boldsymbol{F}=\boldsymbol{F}_1+\boldsymbol{F}_2$$

这时的刚体就可以看作只受 $\boldsymbol{F}$ 和 $\boldsymbol{F}_3$ 两个力的作用。

根据二力平衡条件，力 $\boldsymbol{F}$ 和 $\boldsymbol{F}_3$ 必须大小相等、方向相反，且沿同一直线作用。由此证明，若平面力系不平行的三力平衡，则三力作用线必须汇交于一点。

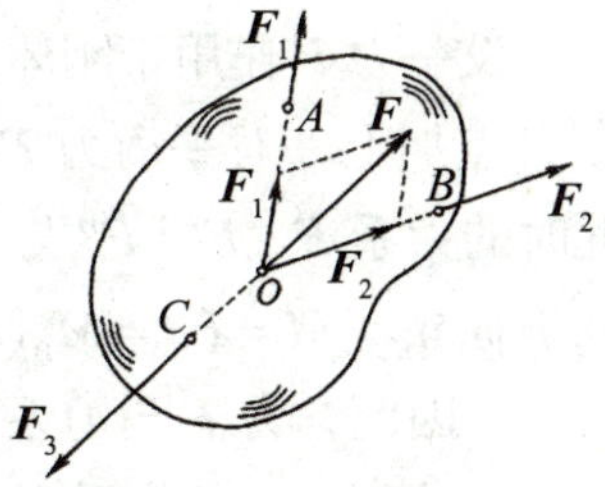

图 1-16　三力平衡汇交示意图

图 1-13（c）所示吊车中横梁 AB 的受力，就是三力汇交的实例。

三、加减平衡力系原理

如果一个力系作用于物体的效果与另一个力系作用于该物体的效果相同，则这两个力系互为等效力系。应用这一结论，可以得到关于平衡的另一个重要原理——加减平衡力系原理。

假设在刚体上的 A 点作用有一力 $\boldsymbol{F}_A$（图 1-17（a）），在同一刚体上的 B 点施加一对互相平衡的力 $\boldsymbol{F}_B$ 和 $\boldsymbol{F}'_B$ 即

$$\boldsymbol{F}=\boldsymbol{F}_B+\boldsymbol{F}'_B$$

如图 1-17（b）所示，显然在施加了这一对平衡力之后并没有改变原来的一个力对刚体的效应。也就是一个力 $\boldsymbol{F}_A$ 与三个力 $\boldsymbol{F}_A$、$\boldsymbol{F}_B$ 和 $\boldsymbol{F}'_B$ 对刚体的作用等效。

将上述方法和过程加以扩展，得到加减平衡力系原理。

在承受任意力系作用的刚体上，加上或减去任意平衡力系，与原力系对刚体的作用等效。

换句话说，如果刚体是平衡的，加上或减去一个平衡力系，仍平衡；如果刚体是不平衡的，加上或减去一个平衡力系，仍是不平衡的。此定理多用于力的有关性质证明或力的简化，如力的平移定理。

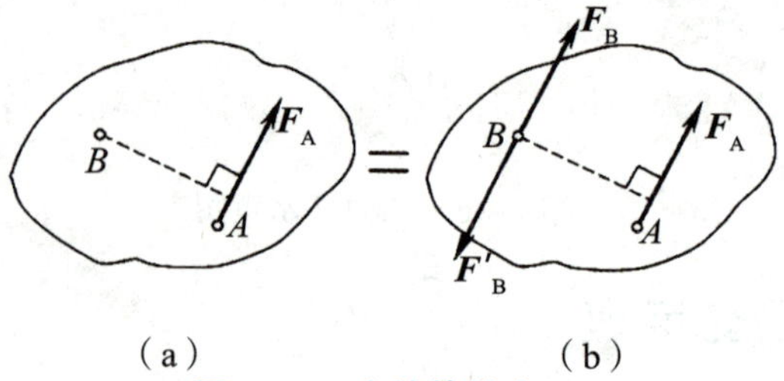

图 1–17　力的等效力系

四、力的平移定理

把作用于刚体上点 A 的力 $\boldsymbol{F}$ 平行移到任一点 B，但必须同时附加一个力偶，这个附加力偶的矩等于原来的力 $\boldsymbol{F}$ 对新作用点 B 的矩，这就是力的平移定理。

设一力 $\boldsymbol{F}$ 作用于刚体上 A 点，欲将此力平移至刚体上 B 点，如图 1–18（a）所示。为此，在 B 点加上一对平衡力 $\boldsymbol{F}'$、$\boldsymbol{F}''$，并使它们与力 $\boldsymbol{F}$ 平行且大小相等，如图 1–18（b）所示，此时的力系 $\boldsymbol{F}$、$\boldsymbol{F}'$、$\boldsymbol{F}''$ 与原力 $\boldsymbol{F}$ 等效。由图可看出力 $\boldsymbol{F}$ 与 $\boldsymbol{F}''$ 组成一力偶，称为附加力偶，其力偶矩为 $M=Fd=M_B(\boldsymbol{F})$。于是，力系 $\boldsymbol{F}$、$\boldsymbol{F}'$、$\boldsymbol{F}''$ 与力系 $\boldsymbol{F}'$、M 等效，如图 1–18（c）所示。因此，力 $\boldsymbol{F}$ 与力系 $\boldsymbol{F}'$、M 等效，即力 $\boldsymbol{F}$ 可从 A 点平移到 B 点，但必须附加一力偶，才能保持原力 $\boldsymbol{F}$ 对刚体的作用效应不变。附加力偶的力偶矩等于原力对新作用点之矩。

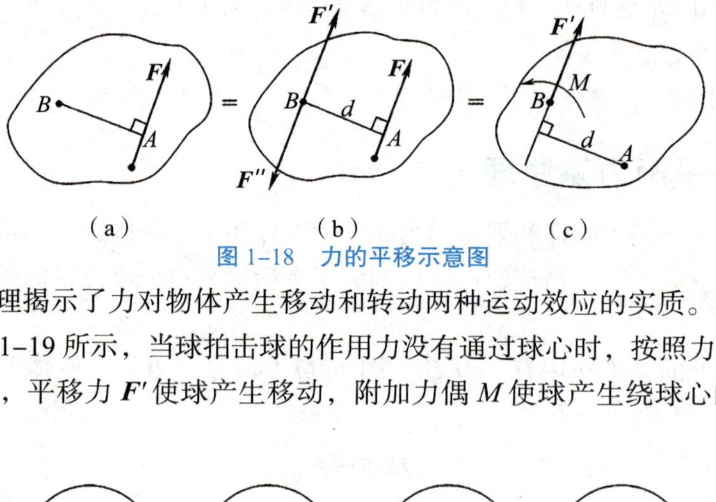

图 1–18　力的平移示意图

力的平移定理揭示了力对物体产生移动和转动两种运动效应的实质。以打乒乓球中的削球为例，如图 1–19 所示，当球拍击球的作用力没有通过球心时，按照力的平移定理，将力 $\boldsymbol{F}$ 平移至球心，平移力 $\boldsymbol{F}'$ 使球产生移动，附加力偶 M 使球产生绕球心的转动，于是形成弧旋球。

图 1–19　球拍击球示意图

知识拓展

头顶缸

图 1-20 为杂技演员头顶缸的情景。缸就像粘在头顶上一样，任凭杂技演员怎么晃动，缸就是掉不下来。这到底是怎么回事呢？其实道理很简单，那就是二力平衡问题。此时缸只受到两个力的作用，一个是缸的重力 $\boldsymbol{W}$，一个是头顶对缸的支承力 $\boldsymbol{F}_{\mathrm{N}}$。杂技演员随着缸的不断晃动，不时变换身体的位置，其目的就是始终使缸的重力 $\boldsymbol{W}$ 的作用线与头顶对缸的支承力 $\boldsymbol{F}_{\mathrm{N}}$ 的作用线重合，以保持缸的相对平衡，这样缸就始终掉不下来了。

图 1-20 头顶缸图

五、平面力偶系的平衡

要使平面力偶系平衡，其合力偶矩必等于零。由此可知，平面力偶系平衡的必要与充分条件是：力偶系中各分力偶矩的代数和等于零。即

$$\sum M = 0 \tag{1-6}$$

【例 1-3】图 1-21 所示多孔钻床在气缸盖上钻四个直径相同的圆孔，每个钻头作用于工件的切削力构成一个力偶，且各力偶矩的大小 $M_1 = M_2 = M_3 = M_4 = 15\ \mathrm{N{\cdot}m}$，转向如图所示。试求钻床作用于气缸盖上的合力偶矩 M。

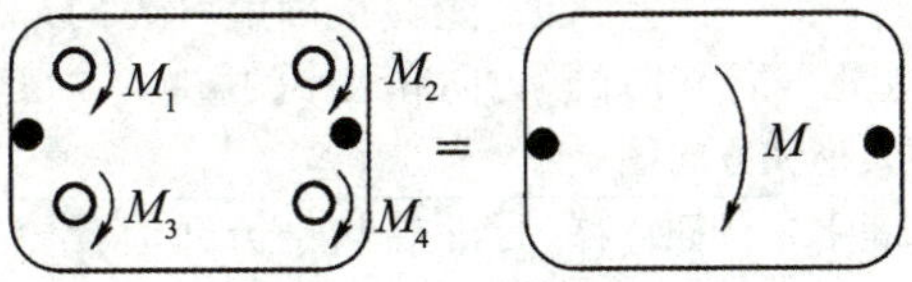

图 1-21 多孔钻床示意图

解：将气缸盖作为研究对象，作用于其上的各力偶矩大小相等、转向相同、且在同一平面内，根据式（1-5），合力偶矩为

$$M = M_1 + M_2 + M_3 + M_4 = (-15) \times 4\ \mathrm{N{\cdot}m} = -60\ \mathrm{N{\cdot}m}$$

【例 1–4】图 1–22（a）所示梁 AB 上作用一力偶，其力偶矩 M=100 N · m，梁长 l=5 m，不计梁的自重，求 A、B 两支座的约束力大小。

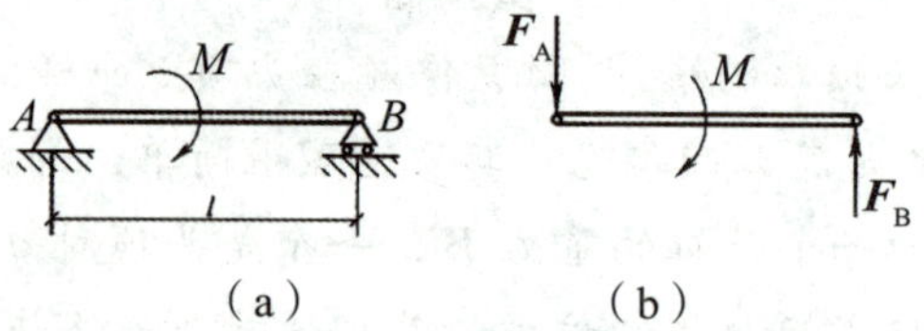

图 1–22　梁示意图

解：（1）取梁 AB 为研究对象，分析并画受力图（图 1–22（b））。

梁 AB 的 B 端为活动铰支座，约束力沿支承面公法线并指向受力物体。由力偶性质可知，力偶只能与力偶平衡，因此 $\boldsymbol{F}_B$ 必须和 A 端约束力 $\boldsymbol{F}_A$ 组成一力偶与 M 平衡，所以 A 端约束力 $\boldsymbol{F}_A$ 必与 $\boldsymbol{F}_B$ 平行、反向，并且组成一个力偶。

（2）列平衡方程求解。由 $\sum M=0$，有 $F_B l-M=0$，解得

$$F_A=F_B=M/l=\frac{100\ \mathrm{N \cdot m}}{5\ \mathrm{m}}=20\ \mathrm{N}$$

项目小结

本项目主要介绍力与力系的基本概念。首先介绍了力、力矩、力偶；其次介绍了平衡的定义和性质。通过具体的实例分析，读者不仅能掌握物理学中的关键概念，同时也为今后的学习和实践提供了重要的理论依据和技能支持。

【项目工单】

项目名称	项目实施	评估标准	报告要求
力的定义与性质	1. 在实验室环境中设置不同推拉力的目标物，记录力和物体运动的关系； 2. 使用测力计测量不同方向的力，并绘制力的大小和方向图	1. 准确记录力和物体的运动数据； 2. 能够正确解释力的方向和大小的影响	1. 描述实验设置和步骤； 2. 展示力的大小和方向数据； 3. 分析实验结果，解释力对物体运动的影响
力矩与力偶	1. 设计一个简单的实验，如杠杆系统，测量不同位置的力与力矩的关系； 2. 模拟实际工程问题，如门的开启力偶，计算力矩和力偶	1. 准确测量力和力臂的数据； 2. 正确计算力矩和力偶	1. 描述实验设置和步骤； 2. 展示力和力臂的测量数据及计算过程； 3. 分析实验结果，解释力矩和力偶的作用

续表

项目名称	项目实施	评估标准	报告要求
平衡的概述	1. 设置一个悬挂系统，确保其平衡，记录各处的力； 2. 分析物体的运动状态，验证平衡条件	1. 准确记录各处力的数据； 2. 正确验证物体的平衡状态	1. 描述实验设置和步骤； 2. 展示各处力的数据及验证过程； 3. 分析实验结果，解释力的平衡条件
请在项目结束前完成最终报告的撰写和提交。 若遇到问题或需要支持，请及时联系任务负责人或相关专家。 任务负责人签字：________ 任务审阅人签字：________ 日期：________			

【课后练习】

一、思考题

1. 什么是力的作用效应？力的作用效应分哪几种？
2. 什么是力的平行四边行法则？
3. 在平面力系中，求力对某点之矩，一般采用哪些方法？
4. 什么是加减平衡力系原理？

二．实训题

1. 用手拔钉子拔不动，但用钉锤就能很容易地将钉子拔起。如图 1–23 所示钉锤，锤柄上作用 100 N 的推力，试求此力 $\boldsymbol{F}$ 对钉锤与桌面接触点 A 之矩。

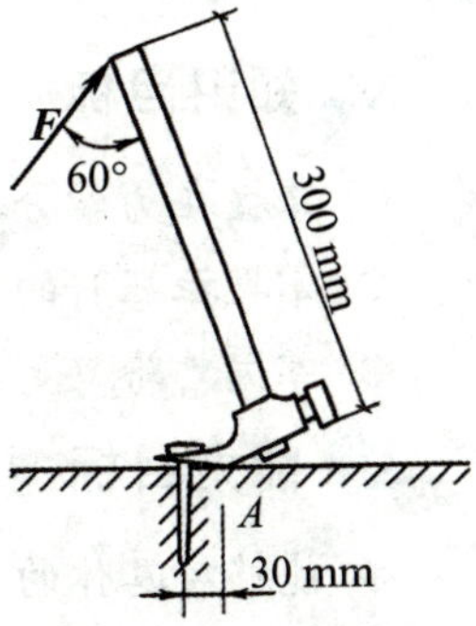

图 1–23　钉锤示意图

2. 力偶要用力偶来平衡，这是力偶平衡的一大特点。请用这一原理求图 1–24 所示梁的支座反力。

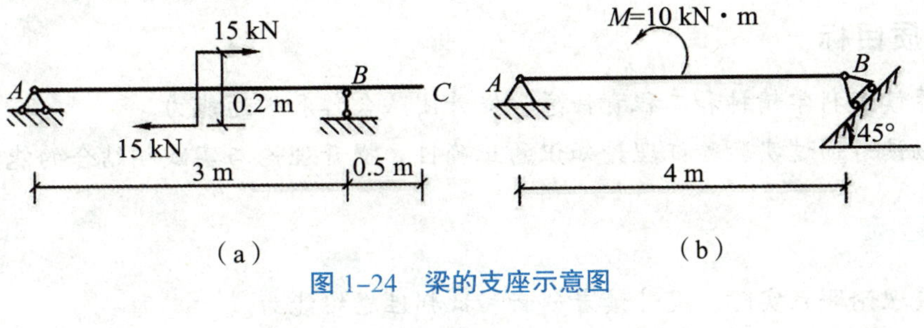

图 1–24　梁的支座示意图

项目二

静定杆件的内力计算

项目导读

在土木工程和结构设计中，内力计算是分析和设计结构的基础。准确的内力分析不仅有助于确保结构的安全性和稳定性，还能优化材料的使用，降低成本。静定杆件因其几何特性和静定平衡条件，是内力计算的理想起点。通过掌握静定杆件的内力计算方法，可以为后续复杂的超静定结构分析打下坚实的基础。

学习目标

知识目标

◇ 掌握在力学分析中应用的基本假设。

◇ 掌握拉压杆的内力计算方法。

◇ 掌握单跨静定梁的内力计算。

能力目标

◇ 能够对具体的杆件结构进行内力分析，识别并计算其拉伸、压缩及弯曲等内力。

◇ 具备理解和绘制结构剪力图、弯矩图的能力，通过图形准确表达结构的力学状态。

◇ 能够应用基本原理和公式进行具体的内力计算，并将其应用于实际工程问题中。

素质目标

◇ 培养读者科学精神和工程责任感，提升团队合作和沟通能力。

◇ 鼓励读者通过实验验证理论知识的正确性，提升理论与实践相结合的能力。

思政目标

◇ 注重理论联系实际，提升读者创新和批判性思维能力。

◇ 培养读者诚实守信、勤奋刻苦的优良品德，树立正确的价值观和职业道德。

任务一　杆件变形的形式及基本假设

任务描述

工程中使用的固体材料是多种多样的，而且其微观结构和力学性能也各不相同。为了使问题得到简化、统一，通常对变形固体作基本假设。

任务分析

在进行结构受力分析时，不考虑它的运动效应，可以将结构看作刚体；但进行结构的内力分析时，要考虑力的变形效应，必须把结构作为变形固体处理。所研究杆件受到其他物体的作用，统称为杆件的外力，外力包括荷载（主动力）以及荷载引起的约束力（被动力）。广义地讲，对杆件产生作用的外界因素除荷载以及荷载引起的约束力之外，还有温度改变、支座移动、制造误差等。

任务重点与实施

一、变形固体及其基本假设

在研究物体的内效应，如构件的内力、应力及强度、刚度等问题时，构件变形成了主要因素，因而不能再把构件看成刚体，而应将构件看作变形固体。

对实际变形固体材料做出一些假设，将其理想化，即为理想变形固体。理想变形固体的基本假设有以下几个方面。

（一）连续均匀假设

连续是指材料内部没有空隙；均匀是指材料的各处性质相同。连续均匀假设，即认为组成物体的材料是无空隙的连续分布，且各处性质相同。

（二）各向同性假设

各向同性假设认为材料沿不同方向的力学性质均相同。具有这种性质的材料称为各向同性材料，而各方向力学性质不同的材料称为各向异性材料。

按照上述假设理想化了的变形固体，称为理想变形固体。刚体和理想变形固体都是土木工程力学研究中必不可少的理想化的力学模型。

变形固体受荷载作用产生变形，撤去荷载可完全消失的变形，称为弹性变形；撤去荷载不能恢复的变形，称为塑性变形或残余变形。在多数工程问题中，只要求发生弹性变形。工程中多数构件在荷载作用下产生的变形量与其原始尺寸相比很微小，称为小变形，否则称为大变形。小变形构件的计算，可采取变形前的原始尺寸并略去某些高阶微量，以达到简化计算的目的。

综上所述，土木工程力学中把所研究的结构和构件作为连续、均匀、各向同性的理想变形固体，在弹性范围内和小变形情况下研究其承载能力。

由于采用以上力学模型，大大方便了理论的研究和计算方法的推导。尽管所得结果只具有近似的准确性，但其精确程度可满足一般工程的要求。实践是检验真理的唯一标准，任何假设都不是主观臆断的，而必须建立在实践的基础之上。同时，在假设基础上得到的理论结果，也必须经过实践验证。工程力学的研究方法，除理论方法外，试验也是很重要的一种方法。

二、杆件的外力与变形特点

杆件在外力的作用下，其形状和尺寸的改变称为变形。作用在杆件上的外力是多种多样的，所以杆件的变形也是多种多样的。依据它的受力和变形特点，归纳起来有以下四种变形形式，称为四种基本变形。

（一）轴向拉伸与压缩

受力特点：杆件受到一对大小相等、方向相反、作用线沿杆件轴线的外力，如图 2–1（a）所示。

变形特点：拉伸（压缩）时，杆轴向尺寸伸长（缩短），横向尺寸减小（增大）。

产生轴向拉伸与压缩变形的杆件称为拉（压）杆。屋架的弦杆（图 2–1（b））、斜拉桥的拉索（图 2–1（c））、闸门启闭机的螺杆（图 2–1（d））等均为拉杆。

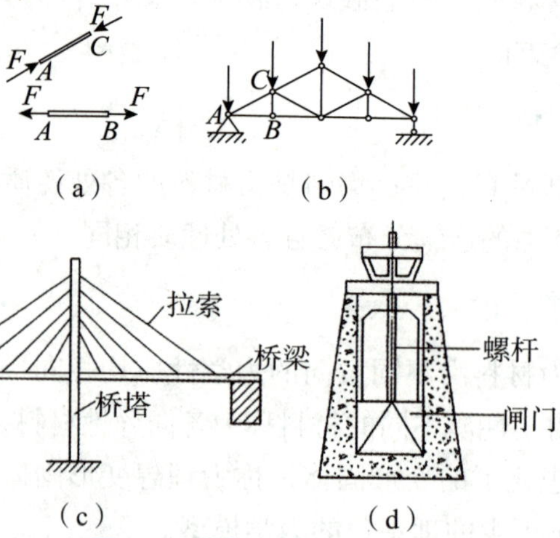

图 2–1　拉杆示意图

（二）剪切

受力特点：杆件受到一对大小相等、方向相反、作用线垂直于轴线且相距很近的力的作用，如图 2–2（a）所示。

变形特点：受力处杆的横截面沿横向力方向发生相对错动。

产生剪切变形的杆件通常为拉（压）杆的连接件，如图 2–2（b）所示销轴连接中的销钉。

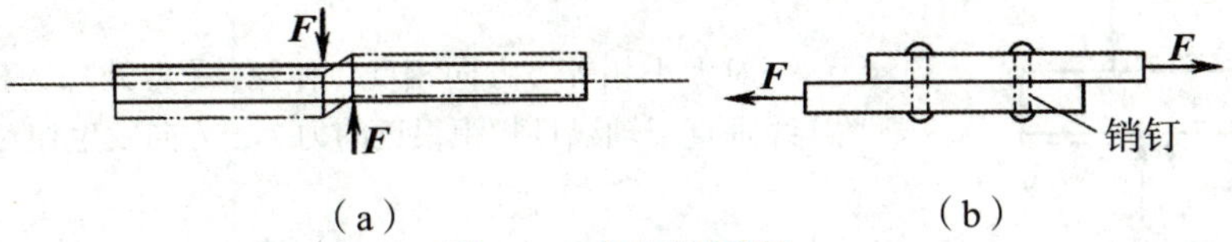

图 2–2　剪切示意图

（三）扭转

受力特点：杆件受到一对大小相等、方向相反、作用面垂直于杆轴线的力偶的作用，如图 2–3（a）所示。

变形特点：杆件的任意两个横截面发生绕轴线的相对转动。

产生扭转变形的杆件多为传动轴，如图 2–3（b）所示。

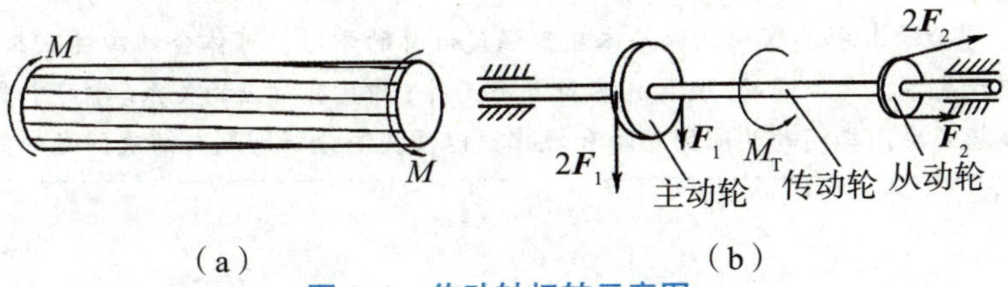

图 2–3　传动轴扭转示意图

（四）弯曲

受力特点：杆件受到一对大小相等、方向相反、作用于杆纵截面内的力偶或垂直于杆件轴线的横向力作用，如图 2–4（a）所示。

变形特点：杆的轴线在力（偶）作用下发生弯曲，直杆变成曲杆，横截面发生相对转动。

发生弯曲变形为主的杆件称为梁。工程中常见梁的横截面多有一根竖向对称轴，各截面竖向对称轴形成一个纵向对称平面。若荷载与约束力均作用在梁的纵向对称平面内，梁的轴线也在该平面内弯成一条曲线，这样的弯曲称为平面弯曲，如图 2–4（b）所示。

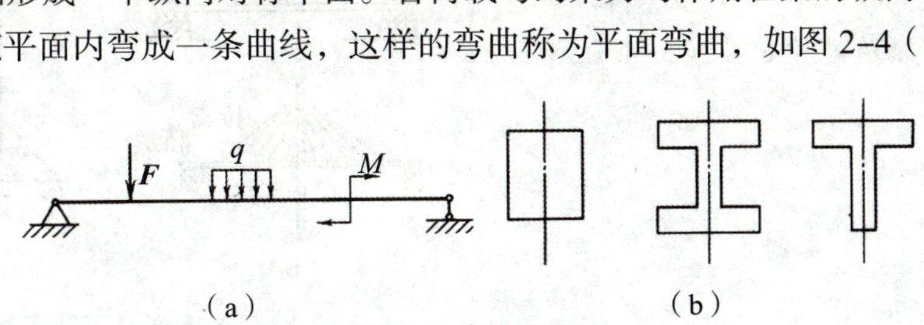

图 2–4　平面弯曲

为了便于查找，将四种基本变形的受力特点与变形特点加以总结，见表 2–1。

表 2-1　四种基本变形的受力特点与变形特点

受力及变形图	受力特点	变形特点
拉： 压：	一对大小相等、方向相反、作用线沿杆件轴线的外力	拉伸（压缩）时杆轴向尺寸伸长（缩短），横向尺寸减小（增大）
剪切：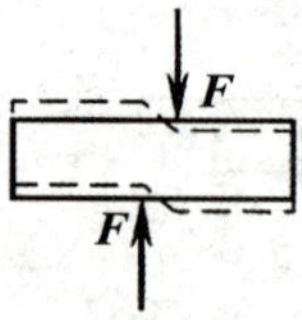	一对大小相等、方向相反、作用线垂直于轴线且相距很近的力	受力处杆的横截面沿横向力方向发生相对错动
扭转：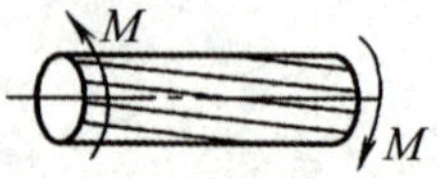	一对大小相等、方向相反、作用面垂直于杆轴线的力偶	杆件的任意两个横截面发生绕轴线的相对转动
弯曲：	一对大小相等、方向相反、作用于杆纵截面内的力偶或垂直于杆件轴线的横向力	杆的轴线在力（偶）作用下发生弯曲变形，直杆变成曲杆，横截面发生相对转动

提示

通过拉压、剪切、扭转、弯曲四种基本变形强度计算的学习，可体会到四种基本变形的研究方法及解决问题的模式基本上是相同的，具体内容虽互有差异，却具有对应的关系。学习中要善于前后联系，新旧对比，以掌握解决同类问题共同的思路和规律，以便提高分析问题与解决问题的能力。

任务二　拉压杆的内力计算

任务描述

在土木工程中，经常会遇到承受轴向拉伸或压缩的杆件。如桁架中的各种杆件（图 2-5（a）），斜拉桥中的拉索（图 2-5（b））以及砖柱（图 2-5（c））等。

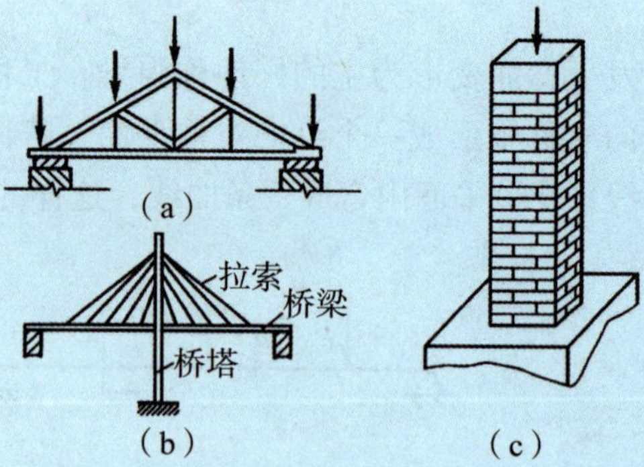

图 2-5　拉压杆的工程实例

任务分析

承受轴向拉伸或压缩的杆件简称为拉压杆。实际拉压杆的几何形状和外力作用方式各不相同，若将它们加以简化，则都可抽象成变形简图。其受力特点是外力或外力合力的作用线与杆件的轴线重合；变形特征是沿轴线方向的伸长或缩短，同时横向尺寸也相应发生变小或变大。

任务重点与实施

一、内力的概念

当物体没有受到外力作用时，其内部各质点之间就存在着相互作用的内力。这种内力相互平衡，使得各质点之间保持一定的相对位置。在物体受到外力作用后，其内部各质点之间的相对位置就要发生改变，内力也要发生变化而达到一个新的量值。这里所讨论的内力，指的是因外力作用而引起的物体内部各质点间相互作用的内力的改变量，即由外力引起的“附加内力”，通称为内力。

内力随外力的增大而增大，当内力达到某一限度时就会引起构件的破坏，因而它与构件的强度问题是密切相关的。

二、截面法

截面法是求构件内力的基本方法，下面通过求解图 2-6（a）所示拉杆 $m—m$ 横截面上的内力，来具体阐明截面法的含义。

为了显示内力，假想地沿横截面 $m—m$ 将杆截成两段，任取其中一段，例如取左段为研究对象。左段上除受到外力 $\boldsymbol{F}$ 的作用外，还受到右段对它的作用力，此即横截面 $m—m$ 上的内力，如图 2-6（b）所示。根据均匀连续性假设，横截面 $m—m$ 上将有连续分布的内力，称其为分布内力，而内力这一名词则用来代表分布内力的合力。

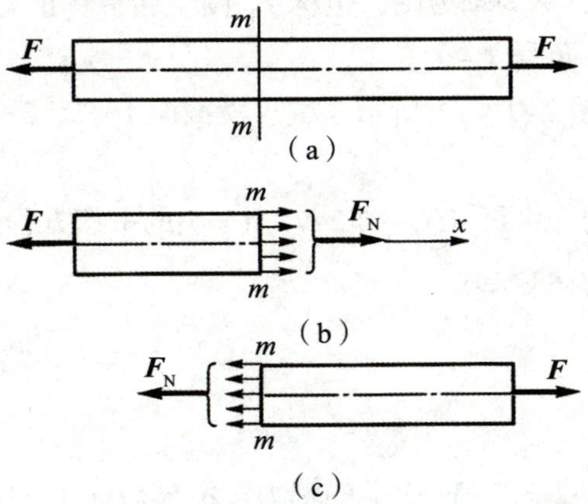

图 2-6　拉压杆用截面法求内力

现要求的内力就是图 2-6（b）中的合力 $\boldsymbol{F}_{\mathrm{N}}$。因左段处于平衡状态，故列出平衡方程

$$\sum \boldsymbol{F}_x=0,\quad \boldsymbol{F}_{\mathrm{N}}-\boldsymbol{F}=0$$

解得

$$\boldsymbol{F}_{\mathrm{N}}=\boldsymbol{F}$$

这种假想地将构件截开成两部分，从而显示并求解内力的方法称为截面法。由此可知，用截面法求构件的内力分为四个步骤。

（1）截开。沿要求内力的截面，假想地将构件截成两部分。

（2）取出。取截开后的任一部分作为研究对象（哪一部分计算方便就取哪一部分）。

（3）代替。把弃去部分对留下部分的作用以截面上的内力来代替。

（4）平衡。列出研究对象的静力平衡方程，解出需求的内力。

以上介绍的截面法也适用于其他变形构件的内力计算，即截面法是求杆件各种变形内力的通用方法，应牢牢掌握。

三、轴力和轴力图

图 2-6（a）所示拉杆横截面 m—m 上的内力 $\boldsymbol{F}_{\mathrm{N}}$ 的作用线与杆轴线重合，故 $\boldsymbol{F}_{\mathrm{N}}$ 称为轴力。

若取右段为研究对象，同样可求得轴力 $\boldsymbol{F}_{\mathrm{N}}=\boldsymbol{F}$（图 2-6（c）），但其方向与用左段求出的轴力方向相反。为了使两种算法得到的同一截面上的轴力不仅数值相等，而且符号相同，规定轴力的正负号如下：当轴力的方向与横截面的外法线方向一致时，杆件受拉伸长，轴力为正；反之，杆件受压缩短，轴力为负。

在计算轴力时，通常未知轴力按正向假设，称为设正法。若计算结果为正，则表示轴力的实际指向与所设指向相同，轴力为拉力；若计算结果为负，则表示轴力的实际指向与所设指向相反，轴力为压力。

工程中常有一些杆件，其上受到多个轴向外力的作用，这时杆在不同横截面上的轴力将不相同。为了表明轴力随横截面位置的变化规律，以平行于杆轴线的坐标表示横截面的位置，垂直于杆轴线的坐标（按适当的比例）表示相应截面上的轴力数值，从而绘出轴力与横截面位置关系的图线，称为轴力图，也称 $\boldsymbol{F}_{\mathrm{N}}$ 图。通常将正的轴力画在上方，负的画在下方，且标上正号（+）、负号（-）。

【例 2-1】拉压杆如图 2-7（a）所示，试求横截面 1—1、2—2、3—3 上的轴力，并绘制轴力图。

解：（1）求支座反力。由杆 AD（图 2-7（a））的平衡方程

$\Sigma F_x=0$，$F_{\mathrm{D}}-2\ \mathrm{kN}-3\ \mathrm{kN}+6\ \mathrm{kN}=0$

解得

$F_{\mathrm{D}}=-1\ \mathrm{kN}$

（2）求横截面 1—1、2—2、3—3 上的轴力。沿横截面 1—1 假想地将杆截开，取左段为研究对象，设截面上的轴力为 $\boldsymbol{F}_{\mathrm{N1}}$（图 2-7（b）），由平衡方程

$\sum F_x=0$，$F_{N1}-2\ kN=0$

解得

$F_{N1}=2\ kN$

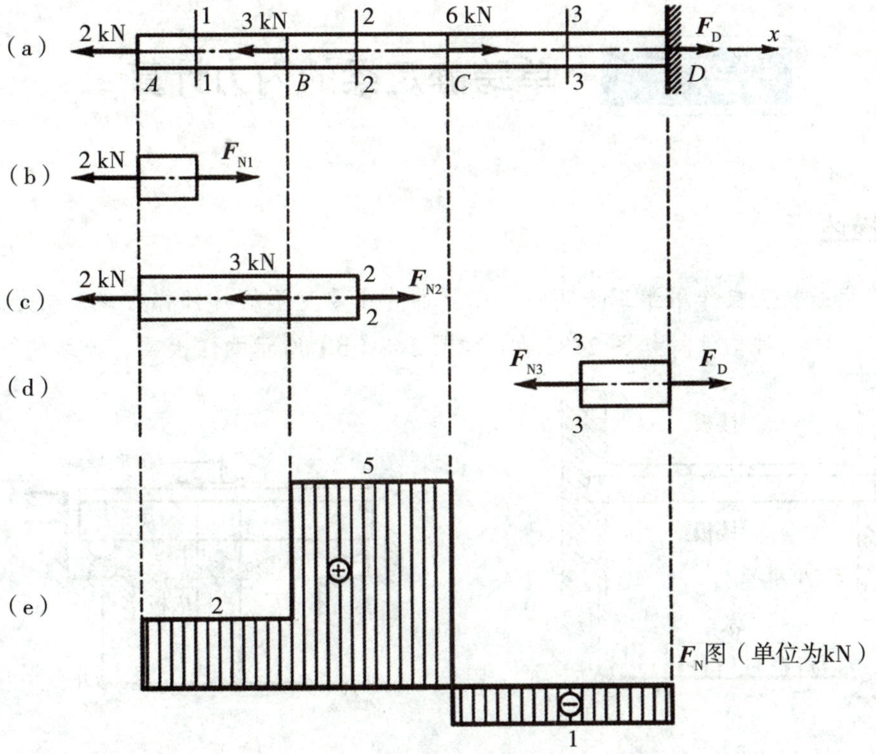

图 2-7　轴力图

算得的结果为正，表明 F_{N1} 为拉力。当然也可以取右段为研究对象来求轴力 F_{N1}，但右段上包含的外力较多，不如取左段简便。因此计算时，应选取受力较简单的部分作为研究对象。

再沿横截面 2—2 假想地将杆截开，仍取左段为研究对象，设截面上的轴力为 F_{N2}（图 2-7（c）），由平衡方程

$\Sigma F_x=0$，$F_{N2}-2\ kN-3\ kN=0$

解得

$F_{N2}=5\ kN$

同理，沿横截面 3—3 将杆截开，取右段为研究对象，可得轴力 F_{N3}（图 2-7（d））为

$F_{N3}=F_D=-1\ kN$

算得的结果为负，表明 F_{N3} 为压力。

（3）根据各段 F_N 值，绘出轴力图，如图 2-7（e）所示（坐标系通常不画出）。由图可知，*BC* 段各横截面上的轴力最大，最大轴力 $F_{Nmax}=5\ kN$。以后称内力较大的截面为危险截面。

轴力图一般应与计算简图对正。在图上应标注内力的数值及单位，在图框内均匀地画出垂直于横轴的纵坐标线，并标明正负号。当杆竖直放置时，正负值可分别画在杆的任一侧，并标明正负号。

任务三 单跨静定梁的内力计算

任务描述

不少静定结构直接作用于工程实际。以弯曲为主要变形的杆件称为梁，梁是工程中应用比较广泛的一种构件。如图 2-8（a）和图 2-8（b）所示的楼板梁、公路桥梁等。

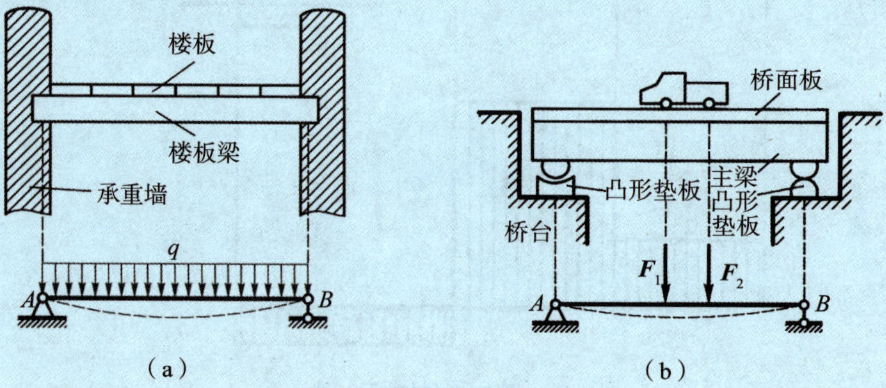

图 2-8　单跨梁工程实例

任务分析

单跨静定梁是结构工程中的基础构件之一，其内力计算是结构设计中的重要环节。准确计算单跨静定梁在不同荷载作用下的内力，是确保结构安全和功能性的关键步骤。

任务重点与实施

一、平面弯曲的概念

平面弯曲

工程中常用梁的横截面，都具有一个竖向对称轴，例如圆形、矩形、工字形和T形等如图2-9所示。梁的轴线与梁的横截面的竖向对称轴构成的平面，称为梁的纵向对称面，如图 2-10 所示。如果梁的外力都作用在梁的纵向对称面内，则梁的轴线将在此对称面内弯成一条曲线，这样的弯曲变形称为平面弯曲。平面弯曲是工程中最常见的情况，也是最基本的弯曲问题，掌握了它的计算，对于工程应用以及进一步研究复杂的弯曲问题具有十分重要的意义。本任务主要讲解平面弯曲问题。

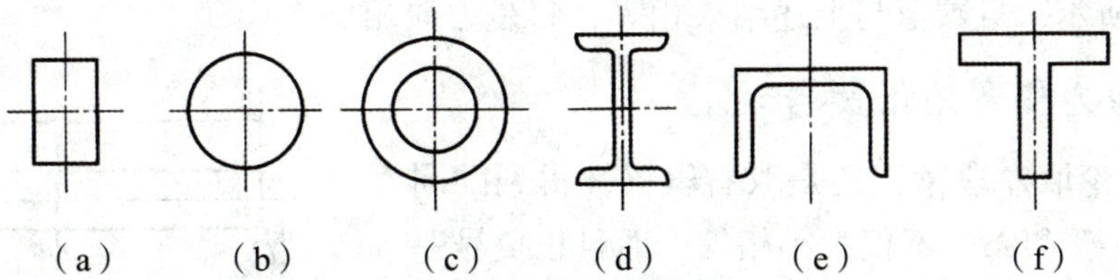

图 2-9　梁的横截面

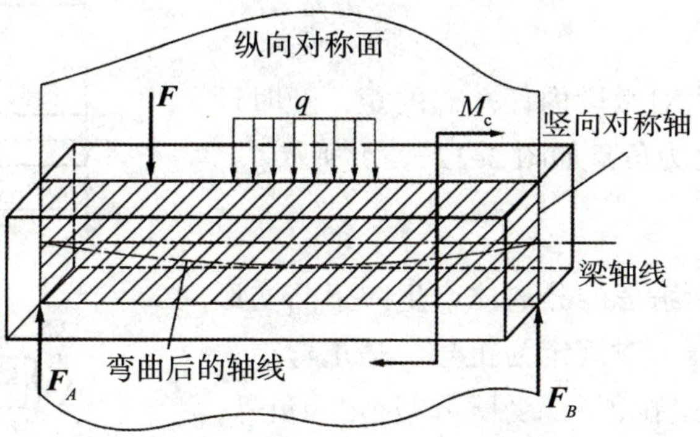

图 2-10　梁的平面弯曲

二、梁的内力计算

（一）梁的剪力和弯矩计算

确定了梁上的外力后，梁横截面上的内力可用截面法求得。现以图 2-11（a）所示简支梁，求其任意横截面 $m—m$ 上的内力为例，说明梁内力的具体计算。

假想沿横截面 $m—m$ 把梁截开成两段，取其中任一段，例如取左段为研究对象，将右段梁对左段梁的作用以截开面上的内力来代替。由图 2-11（b）知，要使左段梁竖向平衡，在横截面 $m—m$ 上必然存在一个沿横截面方向的内力 $\boldsymbol{F}_S$。由平衡方程

$$\sum \boldsymbol{F}_y=0，\boldsymbol{F}_A-\boldsymbol{F}_S=0$$

得

$$\boldsymbol{F}_S=\boldsymbol{F}_A$$

$\boldsymbol{F}_S$ 称为剪力。因剪力 $\boldsymbol{F}_S$ 与支座反力 $\boldsymbol{F}_A$ 组成一力偶，故在横截面 $m—m$ 上必然还存在一个内力偶与之平衡。设此内力偶的矩为 M，则由平衡方程

$$\sum M_0=0，M-\boldsymbol{F}_Ax=0$$

得

$$M=\boldsymbol{F}_Ax$$

这里的矩心 O 是横截面 $m—m$ 的形心。这个内力偶矩 M 称为弯矩。

如果取右段梁为研究对象，则同样可求得横截面 $m—m$ 上的剪力 $\boldsymbol{F}_S$ 和弯矩 M，如

图 2–11（c）所示，且数值与上述结果相等，只是方向相反。

（二）剪力和弯矩正负号规定

为了使无论取左段梁，还是取右段梁，得到的同一横截面上的 $\boldsymbol{F}_{\mathrm{S}}$ 和 M，不仅大小相等，而且正负号一致，根据变形来规定 $\boldsymbol{F}_{\mathrm{S}}$、$M$ 的正负号。

1. 剪力的正负号

梁横截面上的剪力对微段内任一点的矩，顺时针方向转动时为正，反之为负，如图 2–12（a）所示。

2. 弯矩的正负号

截面上的弯矩使所考虑的分离体产生向下凸变形（下部受拉、上部受压）时规定为正号，是正弯矩；产生向上凸变形（上部受拉，下部受压）时规定为负号，是负弯矩（图 2–12（b））。

根据上述规定，图 2–11 所画剪力 $\boldsymbol{F}_{\mathrm{S}}$ 和弯矩 M 皆为正。

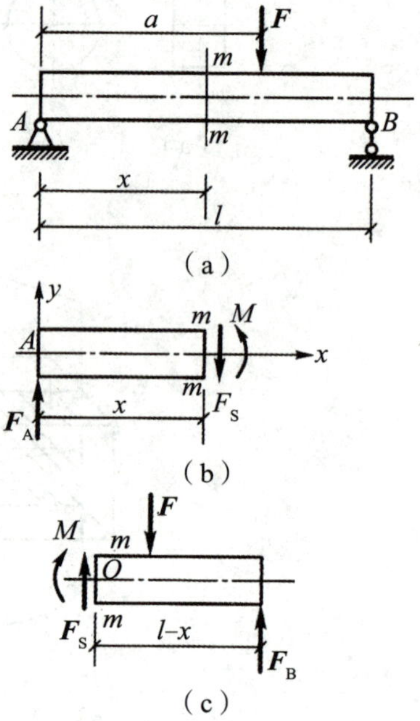

图 2–11　梁的内力

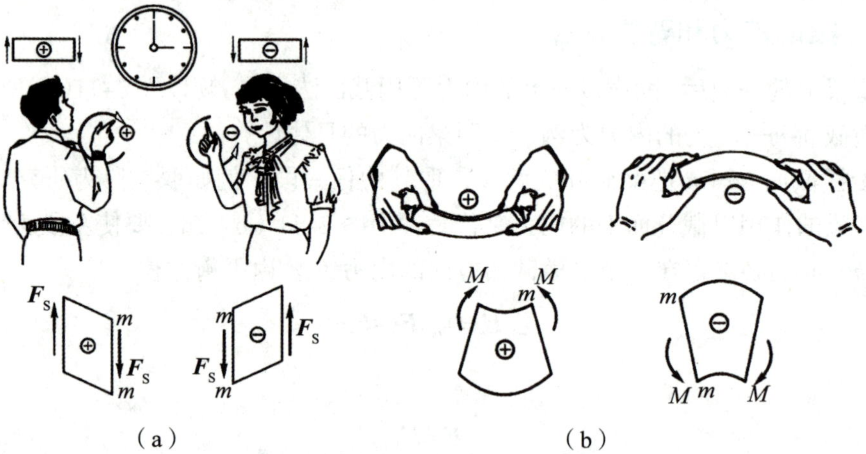

图 2–12　剪力和弯矩正负号规定

【例 2–2】简支梁受集中力 F=3 kN，集中力偶 M=2 kN · m 作用，如图 2–13 所示，试求 1—1、2—2、3—3 和 4—4 截面上的剪力和弯矩。

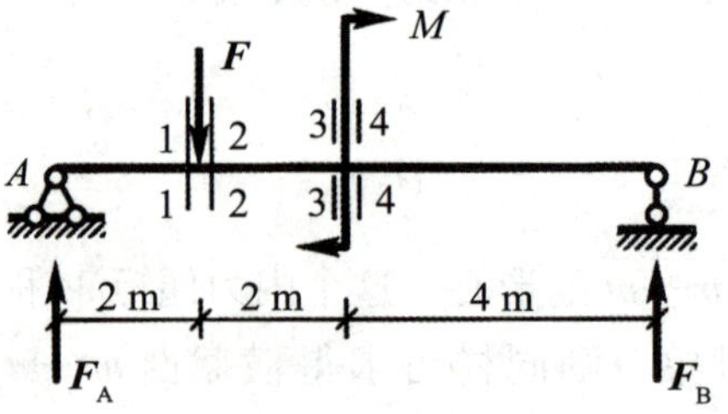

图 2–13　截面上的剪力和弯矩

解：（1）求支座反力。由 $\sum M_B=0$，$F\times 6\text{ m}-F_A\times 8\text{ m}-M=0$

代入数据解得 $F_A=2\text{ kN}$

由 $\sum F_y=0$，$F_A-F+F_B=0$

解得 $F_B=1\text{ kN}$

（2）计算各截面的剪力和弯矩。对 1—1 截面和 2—2 截面，取左侧计算。

$F_{S1}=F_A=2\text{ kN}$

$M_1=F_A\times 2\text{ m}=(2\times 2)\text{ kN}\cdot\text{m}=4\text{ kN}\cdot\text{m}$

$F_{S2}=F_A-F=(2-3)\text{ kN}=-1\text{ kN}$

$M_2=F_A\times 2\text{ m}=(2\times 2)\text{ kN}\cdot\text{m}=4\text{ kN}\cdot\text{m}$

求 3—3 和 4—4 截面的剪力和弯矩，取右侧计算。

$F_{S3}=-F_B=-1\text{ kN}$

$M_3=F_B\times 4\text{ m}-M=(1\times 4-2)\text{ kN}\cdot\text{m}=2\text{ kN}\cdot\text{m}$

$F_{S4}=-F_B=-1\text{ kN}$

$M_4=F_B\times 4\text{ m}=(1\times 4)\text{ kN}\cdot\text{m}=4\text{ kN}\cdot\text{m}$

本例中，1—1 和 2—2 截面分别为集中力 $\boldsymbol{F}$ 作用点的两侧截面。从计算出的剪力和弯矩的数值知，集中力 $\boldsymbol{F}$ 两侧的剪力值有一个突变，且突变值等于集中力 $\boldsymbol{F}$ 的值。而集中力作用处两侧的弯矩值相等。

3—3 和 4—4 截面分别为集中力偶 M 作用处两侧的截面，从计算结果知：集中力偶作用处两侧的剪力没有变化，而弯矩有突变，其突变值等于集中力偶 M 的数值。

以上的结论，对于梁截面上剪力和弯矩的计算具有普遍性。

提示

列方程法是一种最基本的方法，从原则上讲，什么样的静定梁都能以此出内力图，不过，梁或荷载略微复杂点起来就很困难了，工程上一般不用；微分关系法又称简捷法，是工程上常用的一种作梁内力图的方法；对于有些问题如用叠加法作弯矩图较方便，那就用叠加法。工程师们常采用的方式是，哪种方法简单就用哪种方法，不拘一格，初学者学习时就要养成这种习惯。

三、作剪力图和弯矩图

（一）用列剪力方程和弯矩方程法作剪力图和弯矩图

一般情况下，梁上各截面的剪力和弯矩值是随截面位置不同而变化的。如果把梁的截面位置用坐标 x 表示，则剪力和弯矩是 x 的函数，即

$$\boldsymbol{F}_S=\boldsymbol{F}_S(x),\quad M=M(x)$$

上式称为剪力方程和弯矩方程。

分别绘出剪力方程和弯矩方程所表达的函数关系的函数图形，就是剪力图和弯矩图。即以梁的轴线为 x 轴，纵坐标分别表示各截面的剪力值和弯矩值。下面举例说明其作法。

【例 2-3】简支梁受集度为 q 的均布载荷作用，如图 2-14（a）所示，试作出其剪力图和弯矩图。

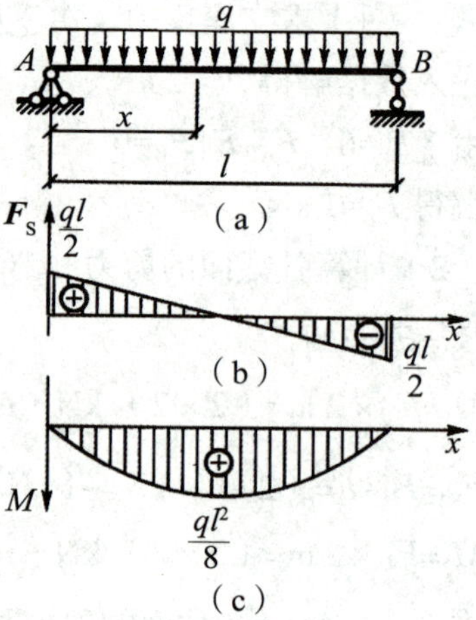

图 2-14 简支梁

解：（1）求支座反力。由于梁的对称性得

$$F_A=F_B=\frac{1}{2}ql$$

（2）列剪力方程和弯矩方程。以梁左端 A 为原点，距原点为 x 处截面的剪力和弯矩为

$$F_S(x)=\frac{ql}{2}-qx \qquad (0<x<l)$$

$$M(x)=\frac{ql}{2}x-qx\cdot\frac{x}{2}=\frac{ql}{2}x-\frac{q}{2}x^2 \qquad (0\leqslant x\leqslant l)$$

（3）作剪力图和弯矩图

剪力方程为一次函数：当 $x=0$ 时 $F_{SA}=\frac{ql}{2}$，当 $x=l$ 时 $F_{SB}=\frac{ql}{2}-q\times l=-\frac{ql}{2}$

以两点作剪力图，如图 2-14（b）所示。

弯矩方程为二次函数，其图形为二次抛物线，至少需求三点，即两端点 A、B 点和抛物线顶点（此时顶点在跨中 C 点）。

当 $x=0$ 时，$M_A=0$；当 $x=l$ 时，$M_B=\frac{ql}{2}\cdot l-\frac{ql^2}{2}=0$；当 $x=\frac{l}{2}$ 时，$M_C=\frac{ql}{2}\cdot\frac{l}{2}-\frac{q}{2}\cdot\left(\frac{l}{2}\right)^2=\frac{ql^2}{8}$。

将三点用一光滑曲线连成一抛物线，即为梁的弯矩图（图 2-14（c））。

注意：在土木工程中，弯矩图画在受拉侧，不标正负号。

【例 2-4】一外伸梁在 B 处受 12 kN 的集中力作用，如图 2-15（a）所示，试作此梁的剪力图和弯矩图。

解：（1）求支座反力。由 $\sum M_C=0$，$-F_A\times 3\text{ m}-12\text{ kN}\times 2\text{ m}=0$，解得 $F_A=-8\text{ kN}$。由 $\sum M_A=0$，$-12\text{ kN}\times 5\text{ m}+F_B\times 3\text{ m}=0$，解得 $F_B=20\text{ kN}$。

（2）列剪力方程和弯矩方程。

AC 段：取距原点为 x_1 处的任意截面，x_1 取值范围是从 0 到 3 m。

$$F_S(x_1)=F_A=-8\text{ kN} \qquad (0<x_1<3\text{ m})$$

$$M(x_1)=F_A\times x_1=-8x_1 \qquad (0\leqslant x_1\leqslant 3\text{ m})$$

AC 段剪力图为水平直线，弯矩图为一斜直线。

当 $x_1=0$ 时 $M_A=0$，当 $x_1=3$ m 时 $M_C=-8\text{ kN}\times 3\text{ m}=-24\text{ kN}\cdot\text{m}$。

CB 段：仍取距原点为 x_2 处任意截面，x_2 的取值范围是从 3 m 到 5 m。

$$F_S(x_2)=12\text{ kN} \qquad (3\text{ m}<x_2<5\text{ m})$$

$M(x_2)=-12\times(5-x_2)$　　　$(3\ \text{m}\leqslant x_2\leqslant 5\ \text{m})$

CB 段剪力图为一水平直线，弯矩图为一斜直线。

当 x_2=3 m 时，M_C=−12 kN×（5−3）m=−24 kN·m，当 x_2=5 m 时，M_B=0。

CB 段和 *AC* 段的剪力图和弯矩图如图 2-15（b）和图 2-15（c）所示。

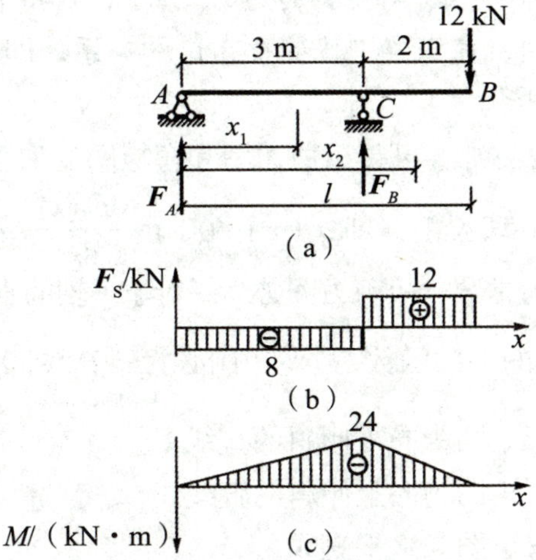

图 2-15　外伸梁内力图

（二）用简捷法作梁的剪力图和弯矩图

1. 弯矩 $M(x)$、剪力 $F_S(x)$ 和荷载集度 q 的微分关系

用剪力方程和弯矩方程绘制剪力图和弯矩图，过程比较烦琐，而且很容易出错。下面用另一种方法，即利用弯矩、剪力和载荷集度间的微分关系，得出有关的结论来绘制剪力图和弯矩图。

首先，简单推导一下弯矩、剪力和载荷集度间的微分关系。

对图 2-16（a）所示的弯曲梁，取任意分布载荷 $q(x)$ 段上的一微段，微段长 dx，距离坐标原点为 x。

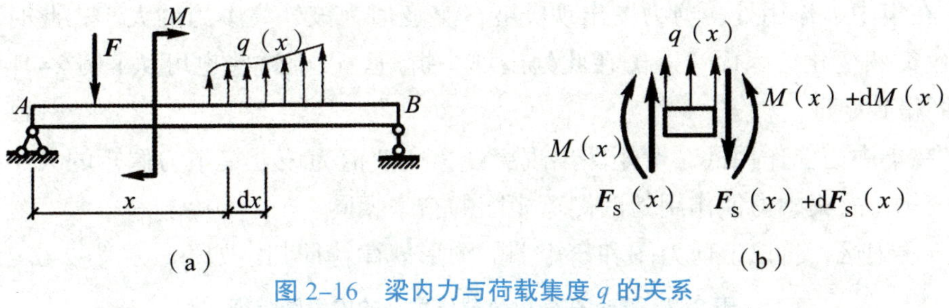

图 2-16　梁内力与荷载集度 q 的关系

取微段 dx 为脱离体（图 2-16（b）），若规定向下的分布荷载集度为负，利用平衡条件可得下列微分关系

$$\frac{dF_S(x)}{dx}=q(x) \qquad (2\text{-}1)$$

$$\frac{\mathrm{d}M(x)}{\mathrm{d}x}=F_S(x) \tag{2-2}$$

$$\frac{\mathrm{d}M^2(x)}{\mathrm{d}x^2}=q(x) \tag{2-3}$$

即将弯矩 $M(x)$ 对 x 求导数，就得到剪力 $F_S(x)$；再将 $F_S(x)$ 对 x 求导数，可得到荷载集度 $q(x)$。可以证明，在直梁中普遍存在这种关系，即以上三式就是弯矩、剪力与分布荷载集度之间的微分关系。

根据式（2–1）至式（2–3），可得出剪力图和弯矩图的如下规律。

（1）在无荷载作用的一段梁上，即 $q(x)=0$。由 $\frac{\mathrm{d}F_S(x)}{\mathrm{d}x}=q(x)=0$，可知，该梁段内各横截面上的剪力 $F_S(x)$ 为常数，故剪力图必为平行于 x 轴的直线。再由 $\frac{\mathrm{d}M(x)}{\mathrm{d}x}=F_S(x)=$ 常数，可知，弯矩 $M(x)$ 为 x 的一次函数，故弯矩图必为斜直线，其倾斜方向由剪力符号决定。

① 当 $F_S(x)>0$ 时，弯矩图为向下倾斜的直线。

② 当 $F_S(x)<0$ 时，弯矩图为向上倾斜的直线。

③ 当 $F_S(x)=0$ 时，弯矩图为水平直线。

以上这些规律，都可从 [例 2–3] 和 [例 2–4] 中的剪力图和弯矩图得到验证。

（2）在均布荷载作用的一段梁上，即 $q(x)=$ 常数 $\neq 0$。由 $\frac{\mathrm{d}^2M(x)}{\mathrm{d}^2x}=\frac{\mathrm{d}F_S(x)}{\mathrm{d}x}=q(x)=$ 常数可知，该梁段内各横截面上的剪力 $F_S(x)$ 为 x 的一次函数，而弯矩 $M(x)$ 为 x 的二次函数，故剪力图必然是斜直线，而弯矩图是抛物线。其内力图具体规律如下：当 $q(x)>0$（荷载向上）时，剪力图为向上倾斜的直线，弯矩图为向上凸的抛物线；当 $q(x)<0$（荷载向下）时，剪力图为向下倾斜的直线，弯矩图为向下凸的抛物线。

由 $\frac{\mathrm{d}M(x)}{\mathrm{d}x}=F_S(x)$ 还可知，若某横截面上的剪力 $F_S(x)=0$，则该截面上的弯矩 $M(x)$ 必为极值。梁的最大弯矩有可能发在剪力为零的横截面上。以上这些也可从 [例 2–3]、[例 2–4] 中的剪力图和弯矩图得到验证。

（3）在集中力作用处，剪力图出现突变，突变值为该处集中力的大小；此时弯矩图的斜率也发生突然变化，因而弯矩图在此处出现一折角。以上这些也可从 [例 2–4] 中的剪力图和弯矩图得到验证。

（4）在集中力偶作用处，弯矩图出现突变，突变值为该处集中力偶矩的大小，但剪力图却没有变化，故集中力偶作用处两侧弯矩图的斜率相同。

为了方便记忆，将以上剪力图和弯矩图的图形规律特征归纳如下，见表 2–2。

表 2–2 直梁在简单荷载作用下的内力图特征

梁上荷载情况	无荷载区 $q=0$ 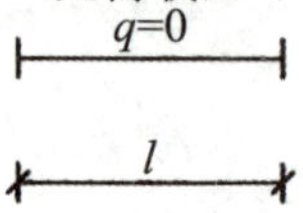	集中荷载作用处 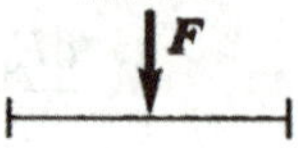	向下均布荷载区 q 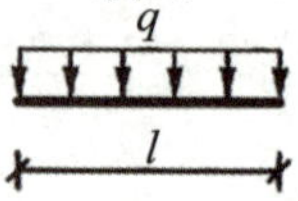	集中力偶作用处 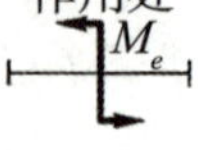

续表

剪力图特征	水平直线			作用处突变	下倾斜直线	作用处无变化
	⊕ $F_S>0$	⊖ $F_S<0$	$F_S=0$	F	F	
弯矩图特征	下倾斜直线	上倾斜直线	水平直线	作用处折成尖角	向下凸的抛物线	作用处突变
	F_{sl}	F_{sl}				M_e

2. 用微分关系法绘制剪力图和弯矩图

利用上述规律，可以不必列出剪力方程和弯矩方程，即可更简捷地绘制剪力图和弯矩图。这种绘制剪力图和弯矩图的方法比较简捷，常称为简捷法，其步骤如下。

（1）分段。根据梁上所受外力情况，将梁分为若干段。通常选取梁上的外力不连续点（如集中力作用点、集中力偶作用点、分布荷载作用的起点和终点等）作为各段的起点和终点。

（2）定形。根据各段梁上所受外力情况，判断各梁段的剪力图和弯矩图的形状。

（3）定点。根据各梁段内力图的形状，计算特殊截面上的剪力值和弯矩值（如该段内力图是斜直线，只需确定两个点；如是抛物线，一般需确定三个点）。

（4）绘图。逐段绘制剪力图和弯矩图。

【例 2-5】试绘制图 2-17（a）所示外伸梁的剪力图和弯矩图。

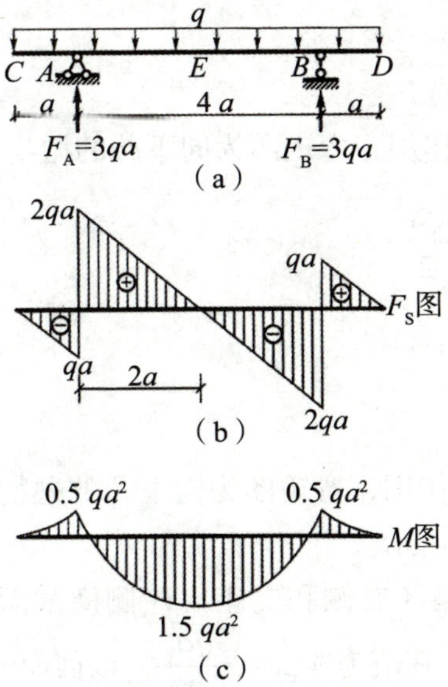

图 2-17　外伸梁 F_S 图、M 图

解：（1）求支座反力。利用对称性，支座反力为

$F_A=F_B=3qa$

（2）绘剪力图。梁上的外力将梁分成 CA、AB、BD 三段。横截面 C 上的剪力 $F_{SC}=0$。CA 段受向下均布荷载的作用，剪力图为向右下倾斜的直线。由内力计算规律，支座 A 左侧横截面上的剪力为

$F_{SA}^{L}=-qa$

横截面 A 上受支座反力 $\boldsymbol{F}_A$ 的作用，剪力图向上突变，突变值等于 $\boldsymbol{F}_A$ 的大小 3qa。支座 A 右侧横截面上的剪力为

$F_{SA}^{R}=-qa+F_A=2qa$

AB 段受向下均布荷载的作用，剪力图为向右下倾斜的直线。支座 B 左侧横截面上的剪力为

$F_{SB}^{L}=-3qa+qa=-2qa$

且

$F_{SA}^{R}-qx=2qa-qx=0$

可得剪力为零的横截面 E 的位置 $x=2a$。横截面 B 上受支座反力 $\boldsymbol{F}_B$ 的作用，剪力图向上突变，突变值等于 $\boldsymbol{F}_B$ 的大小 3qa。支座 B 右侧横截面上的剪力为

$F_{SB}^{R}=qa$

BD 段受向下均布荷载的作用，剪力图为向右下倾斜的直线。横截面 D 上的剪力 $F_{SD}=0$。全梁的剪力图如图 2-17（b）所示。

（3）绘弯矩图。横截面 C 上的弯矩 $M_C=0$。CA 段受向下均布荷载的作用，弯矩图为向下凸的抛物线。由内力计算规律，横截面 A 上的弯矩为

$$M_A=-\frac{1}{2}\times qa\times a=-\frac{qa^2}{2}$$

AB 段受向下均布荷载的作用，弯矩图为向下凸的抛物线。横截面 E 上的弯矩为

$$M_E=F_A\times 2a-3qa\times\frac{3a}{2}=\frac{3qa^2}{2}$$

横截面 B 上的弯矩为

$$M_B=-\frac{1}{2}\times qa\times a=-\frac{qa^2}{2}$$

BD 段受向下均布荷载的作用，弯矩图为向下凸的抛物线。横截面 D 上的弯矩 $M_D=0$。全梁的弯矩图如图 2-17（c）所示。

梁的最大剪力发生在支座 A 右侧和支座 B 左侧横截面上，其值为 $|F_S|_{max}=2qa$。最大弯矩发生在跨中点横截面 E 上，其值为 $M_{max}=\frac{3qa^2}{2}$，该截面上的剪力 $F_{SE}=0$。

提示

本题亦可绘出 CE 段梁的剪力图和弯矩图，利用对称性可得到全梁的剪力图和弯矩图。

【例 2-6】绘出如图 2-18（a）所示梁的剪力图和弯矩图。

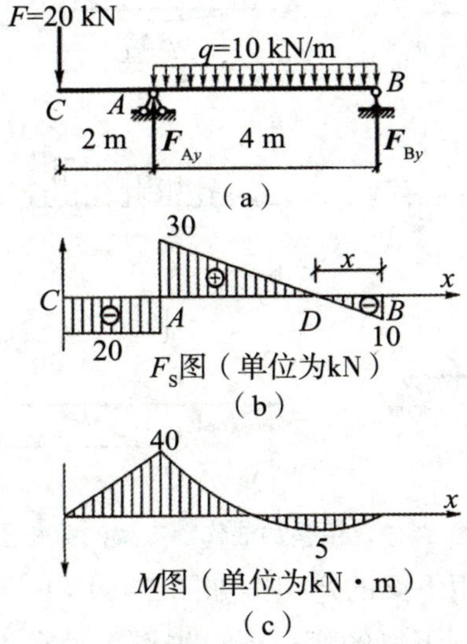

图 2-18　外伸梁 F_S 图、M 图

解：（1）计算支座反力。由 $\sum M_A=0$ 和 $\sum M_B=0$，求得 $F_{Ay}=50$ kN，$F_{By}=10$ kN。

（2）分 CA、AB 两段求各控制点的内力值。

① CA 段（无载段）$F_{SC}^{R}=20$ kN，$M_C=0$，$M_A=-20\text{ kN}\times 2\text{ m}=-40\text{ kN}\cdot\text{m}$。

CA 段的剪力图是水平直线，弯矩图是斜直线，求出了控制点的剪力值和弯矩值后，可以很容易作出其剪力图和弯矩图。

② AB 段（均载段）求出 AB 段两端的剪力：$F_{SA}^{R}=(-20+50)\text{ kN}=30$ kN，$F_{SB}^{L}=-F_B=-10$ kN。

求出 AB 段两端的弯矩：$M_A=-40\text{ kN}\cdot\text{m}$，$M_B^L=0$。

由于弯矩图是二次抛物线，还应求出极值点处的弯矩。极值发生在剪力为零处，首先求出极值点位置 D，极值点位置可通过剪力图求得：图中设 $BD=x$，根据相似三角形的比例关系有 $\dfrac{4-x}{x}=\dfrac{30}{10}$，$x=1$ m。然后求出极值点处的弯矩 $M_D=F_B\times 1\text{ m}-q\times 1\text{ m}\times\dfrac{1}{2}\text{ m}=5\text{ kN}\cdot\text{m}$。

最后得到的剪力图、弯矩图如图 2-18（b）和图 2-18（c）所示。

（三）用叠加法绘制梁的弯矩图

在小变形的条件下，结构在多个荷载作用下产生的某量值（包括反力、内力、变形等）等于每一个荷载作用下产生的该量值的叠加，这就是叠加原理。叠加原理反映了荷载对构件影响的独立性。

用叠加法作梁的弯矩图：首先作出梁在每一个简单荷载作用下的弯矩图，然后将每一处的弯矩值利用梁在每一个简单荷载作用下的该处弯矩值相叠加而求得。

对某些梁段，用叠加原理来绘制弯矩图比较简便。

【例 2-7】用叠加法作图 2-19（a）所示简支梁的弯矩图。

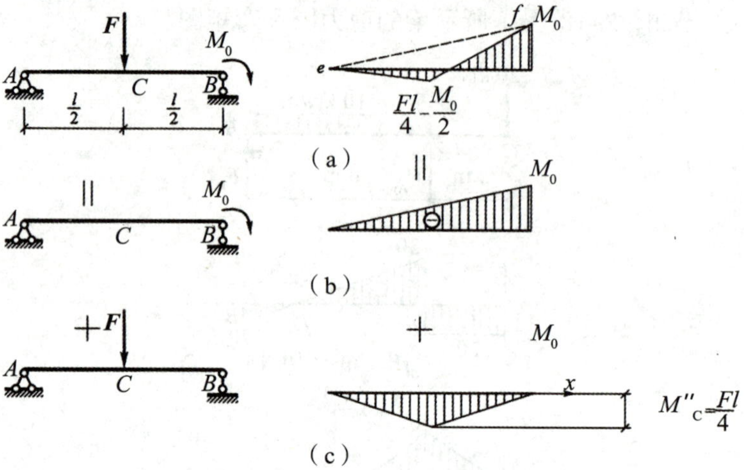

图 2-19　用叠加法作简支梁的弯矩图

解：在 F 和 M_0 的单独作用下梁的弯矩图如图 2-19（b）和图 2-19（c）所示。

现作在 F 和 M_0 的共同作用下梁的弯矩图：先作单独在 M_0 作用下的弯矩图，以该弯矩图中 ef 为基准线，叠加上在 F 单独作用下的弯矩图；其中图 2-19（b）中是负弯矩，在上方，图 2-19（c）中是正弯矩，在下方，叠加后，重叠的部分正负抵消，叠加后的弯矩图如图 2-19（a）所示。

即使对于图 2-20（a）中 CD 段也可以利用叠加法绘制弯矩图，称为区段叠加法。

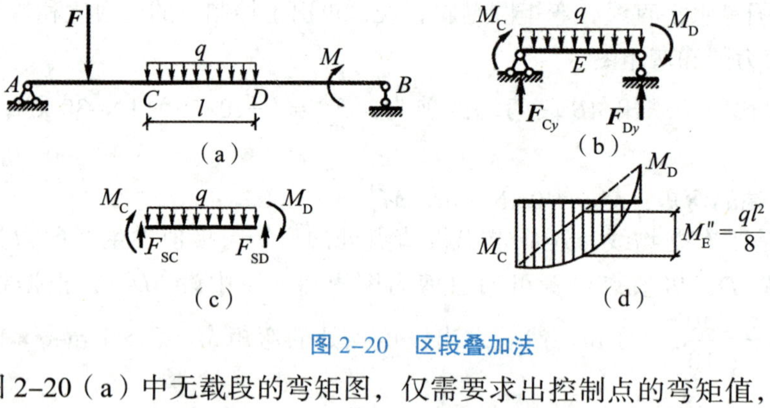

图 2-20　区段叠加法

对于图 2-20（a）中无载段的弯矩图，仅需要求出控制点的弯矩值，连成直线即可。对于均载段 CD，可取 CD 为隔离体，其两端的剪力和弯矩假定如图 2-20（b）所示，由于整体是处于平衡状态，如图 2-20（b）所示中梁在外力和内力的共同作用下也处于平衡状态。此隔离体与相应简支梁图 2-20（c）相比较，由静力平衡条件可知 $F_{Cy}=F_{SC}$，$F_{Dy}=F_{SD}$，可见二者完全相同。图 2-20（c）的弯矩图用叠加法很容易作出，如图 2-20（d）所示。该弯矩图即为图 2-20（a）中 CD 段的弯矩图。

【例 2-8】用区段叠加法作图 2-21（a）所示简支梁的弯矩图。

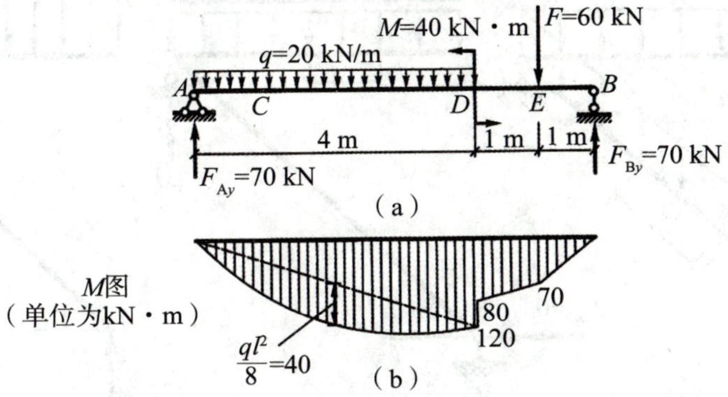

图 2-21　用区段叠加法作简支梁的弯矩图

解：（1）求支反力。由 $\sum M_A=0$，求得 $F_{By}=70\text{ kN}$；$\sum M_B=0$，求得 $F_{Ay}=70\text{ kN}$。

（2）求有关控制点的值。

$M_A=F_{Ay}\times 0=70\times 0=0$

$M_D^L=F_{Ay}\times 4\text{ m}-q\times 4\text{ m}\times 2\text{ m}=(70\times 4-20\times 4\times 2)\text{ kN}\cdot\text{m}=120\text{ kN}\cdot\text{m}$

$M_D^R=F_{Ay}\times 4\text{ m}-q\times 4\text{ m}\times 2\text{ m}-M=(70\times 4-20\times 4\times 2-40)\text{ kN}\cdot\text{m}=80\text{ kN}\cdot\text{m}$

$M_E=F_{By}\times 1\text{ m}=70\text{ kN}\times 1\text{ kN}\cdot\text{m}=70\text{ kN}\cdot\text{m}$

$M_B=F_{By}\times 0=70\text{ kN}\times 0=0$

根据上面各控制点的值依次在弯矩图中作出各控制点的弯矩纵坐标。无载段直接连成直线。均载段 *CD* 按区段叠加法绘出曲线部分。最后弯矩图如图 2-21（b）所示。值得注意的是：此弯矩图中没有标出最大值，因为弯矩的最大值不一定发生在集中力偶或集中力作用处，而是发生在剪力等于零的截面。

注：*D* 截面因有集中力偶作用，弯矩要发生突变，M_D^L表示左边 *D* 截面弯矩，M_D^R表示右边 *D* 截面弯矩，突变值为 40 kN · m。

四、斜梁的内力计算

在建筑工程中，经常会遇到杆轴线倾斜的梁，称为斜梁。常见的斜梁有楼梯、锯齿形楼盖和火车站雨篷等。计算斜梁的内力仍采用截面法，内力图的绘制和水平梁类似。但要注意斜梁的轴线与水平方向有一个角度，由此带来一些不同之处。下面举例说明。

【例 2-9】已知 q_1、q_2、l、h，绘制图 2-22（a）所示斜梁的内力图。

解：斜梁的荷载一般分两部分：一是沿水平方向均布的楼梯上的人群荷载 q_1，二是沿楼梯梁轴线方向均布的楼梯的自重荷载 q_2，如图 2-22（a）所示。为了计算方便，通常将沿楼梯轴线方向均布的自重荷载 q_2 换算成沿水平方向均布的荷载 q_0，如图 2-22（b）所示。然后再进行内力计算和内力图的绘制。

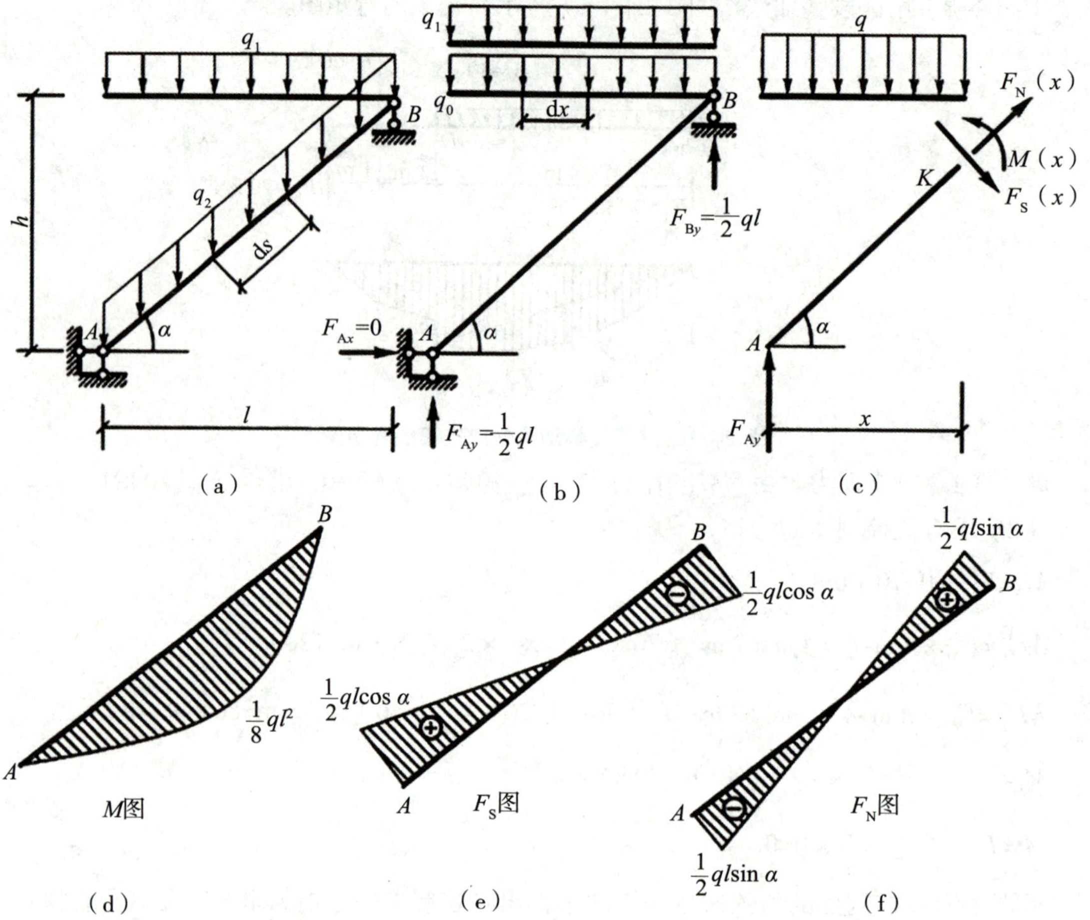

图 2-22　斜梁的内力图

（1）换算荷载。换算时可以根据在同一微段上合力相等的原则进行，即

$$q_0\mathrm{d}x=q_2\mathrm{d}s$$

因此

$$q_0=\frac{q_2\mathrm{d}s}{\mathrm{d}x}=\frac{q_2}{\cos\alpha}$$

沿水平方向总的均布荷载为

$$q=q_1+q_0=q_1+\frac{q_2}{\cos\alpha}$$

（2）求支座反力。取斜梁为研究对象，由平衡方程求得支座反力为

$$F_{\mathrm{Ax}}=0,\ F_{\mathrm{Ay}}=F_{\mathrm{By}}=\frac{1}{2}ql$$

（3）计算任一截面 K 上的内力。取如图 2-22（c）所示的 AK 段为隔离体，由平衡方

程可求得内力表达式为

$$M(x)=F_{Ay}x-\frac{1}{2}qx^2=\frac{1}{2}qlx-\frac{1}{2}qx^2$$

$$F_S(x)=F_{Ay}\cos\alpha-qx\cos\alpha=\left(\frac{1}{2}ql-qx\right)\cos\alpha$$

$$F_N(x)=-F_{Ay}\sin\alpha+qx\sin\alpha=-\left(\frac{1}{2}ql-qx\right)\sin\alpha$$

（4）绘制内力图。由 $M(x)$、$F_S(x)$ 和 $F_N(x)$ 的表达式绘出内力图，分别如图 2-22（d）、图 2-22（e）和图 2-22（f）所示。

知识拓展

简支斜梁与对应水平梁内力之关系

简支斜梁与简支水平梁是常见的一种结构。试问，对于同跨度、同水平均布荷载 q 作用的两种简支梁其内力具有什么关系呢？其弯矩关系为：各对应截面的弯矩值相同，即各截面弯矩为 $M=\frac{1}{2}qlx-\frac{1}{2}qx^2$；其剪力关系为：各对应截面剪力值相差 $\cos\alpha$ 倍，即水平梁 $F_{s0}=\frac{1}{2}ql-qx$，斜梁 $F_S=F_{s0}\cos\alpha$；其轴力关系为：水平简支梁轴力为零，而对应简支斜梁各截面轴力为 $F_N=-\left(\frac{1}{2}ql-qx\right)\sin\alpha$。其中 α 为斜梁与水平面夹角。

项目小结

本项目主要介绍了对静定杆件的内力计算进行系统学习和实践操作，以及杆件变形的形式及基本假设。通过本项目的学习，读者不仅提升了理论知识，还增强了实践技能，为未来的工程设计与分析打下了坚实的基础。项目的成功实施，有助于培养读者的综合素质和工程责任感，使其在未来的职业生涯中能够更好地应对各种工程挑战。

【项目工单】

项目名称	项目实施	评估标准	报告要求
杆件变形的基本形式	1. 在实验室环境中设置不同载荷的杆件，观察其变形情况； 2. 使用应变计测量不同变形形式下的应变数据	1. 准确记录不同载荷下的变形数据； 2. 能够正确识别并描述各种变形形式	1. 描述实验设置和步骤； 2. 展示不同载荷下的变形数据； 3. 分析实验结果，解释杆件变形的基本形式

续表

项目名称	项目实施	评估标准	报告要求
拉压杆的内力计算	1. 设计一个简单的拉压试验，测量不同荷载下的应力应变数据； 2. 记录并计算拉压杆的内力	1. 准确测量应力和应变数据； 2. 正确计算拉压杆的内力	1. 描述实验设置和步骤； 2. 展示应力和应变的测量数据及其计算过程； 3. 分析实验结果，解释拉压杆的内力计算方法
单跨静定梁的内力计算	1. 设计一个单跨静定梁实验，测量不同荷载下的弯矩和剪力； 2. 绘制剪力图和弯矩图，记录内力变化	1. 准确测量弯矩和剪力数据； 2. 正确绘制剪力图和弯矩图	1. 描述实验设置和步骤； 2. 展示剪力和弯矩的测量数据及其图表； 3. 分析实验结果，解释单跨静定梁的内力计算方法
请在项目结束前完成最终报告的撰写和提交。 若遇到问题或需要支持，请及时联系任务负责人或相关专家。 任务负责人签字：________ 任务审阅人签字：________ 日期：________			

【课后练习】

一、思考题

1. 杆件变形的基本形式有哪几种？其受力特点及变形特点是什么？
2. 截面法求构件的内力有哪些步骤？
3. 剪力和弯矩正负号有哪些规定？

二、实训题

试求图 2–23 中 1 杆和 2 杆的轴力。

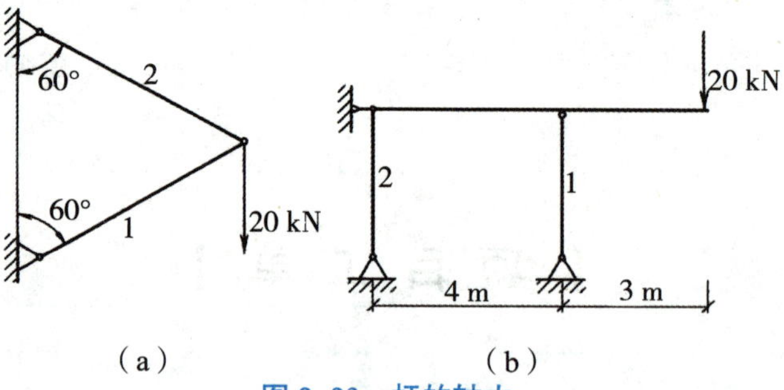

图 2–23　杆的轴力

项目三

杆件的应力与强度计算

项目导读

杆件是结构工程中最基本的受力构件，广泛应用于建筑、桥梁、机械结构等领域。了解杆件在不同载荷下的行为，对于确保结构的安全性和可靠性至关重要。杆件通常承受拉伸、压缩和弯曲等多种载荷，因此对其应力与强度的科学计算和分析是工程设计的重要环节。通过系统的应力与强度分析，确保杆件在承载过程中的安全性，为工程师在设计和实施工程项目时提供坚实的理论基础，进而提升工程的整体质量和安全性。

学习目标

知识目标

◇ 理解应力的基本概念，掌握轴向拉压杆的应力与应力集中。

◇ 学会计算梁的最大正应力，理解其与材料强度的关系。

◇ 学会组合变形杆的应力与强度计算，理解截面核心的概念。

能力目标

◇ 能够应用理论知识对不同变形状态下的杆件进行应力分析，并计算其强度。

◇ 具备准确的应力计算和强度分析能力，能够将其应用于实际工程设计中。

素质目标

◇ 培养读者计算和分析过程中的严谨态度，确保数值和计算的精确性。

◇ 鼓励读者通过实验验证理论知识的正确性，提升理论与实践相结合的能力。

思政目标

◇ 引导读者从多学科视角看待问题，提升综合素质。

◇ 培养读者在今后的工作中具备高度的安全意识和社会责任感。

任务一　轴向拉（压）杆横截面上的应力与应力集中

任务描述

在工程实际中，受力构件的应力分布情况复杂。当构件没有应力集中时，应力在横截面上均匀分布；而当存在应力集中，如等直杆横截面有局部削弱（像开槽、钻孔等）的情况，外力即使沿杆轴线作用，被削弱横截面上的正应力也不再均匀分布，会出现局部急剧增大的现象。应力集中会使杆件应力集中部位的纵向纤维拉（或压）变形程度比正常部位更大，更易破坏，对结构的安全性和可靠性产生影响。比如零售布料工作人员先在布匹上剪一小口再撕布，能利用应力集中现象更轻松撕开布；标准轴向拉伸钢试件通过将粗细两段连接部位加工成平缓过渡形状，来避免应力集中。

任务分析

受力构件的应力在没有应力集中的情况下是均匀分布的，而在有应力集中的情况下，局部区域的应力会显著增加。应力集中是工程设计中需要特别注意的问题，通过合理的设计和分析可以有效减少应力集中，提高结构的安全性和可靠性。

任务重点与实施

一、应力的概念

用截面法只能求出杆件横截面上的内力。只凭内力的大小，还不能判断杆件是否破坏。例如，两根材料相同、截面面积不同的杆，受同样大小的轴向拉力 $\boldsymbol{F}$ 作用，显然这两根杆件横截面上的内力是相等的，但随着外力的增加，截面面积小的杆件必然先拉断。这是因为轴力只是杆横面上分布内力的合力，而杆件的破坏是因截面上某一点受力过大而破坏。因此，要保证杆不破坏，还要研究内力在杆截面上是怎样分布的。

内力在一点处的集度称为应力。为了说明截面上某一点 E 处的应力，绕 E 点取一微小面积 ΔA，作用在 ΔA 上的内力合力记为 $\Delta \boldsymbol{F}$（图 3–1（a）），则二者比值为 $P_m=\dfrac{\Delta F}{\Delta A}$，称 P_m 为 ΔA 上的平均应力。

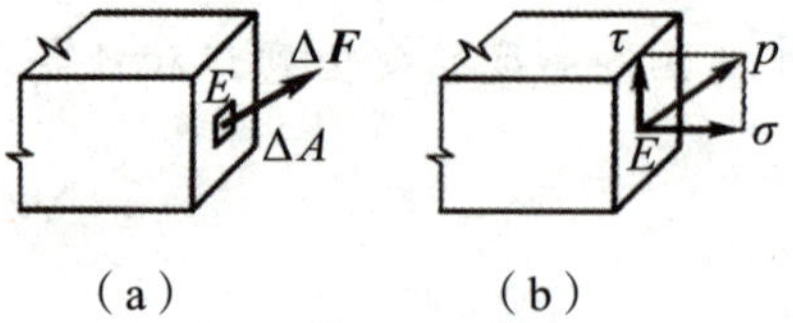

图 3–1　横截面上的应力

一般情况下，截面上各点处的内力是连续分布的，但并不一定均匀，因此，平均应力的值将随 ΔA 的大小而变化，它还不能表明内力在 E 点处的真实强弱程度。只有当 ΔA 无限缩小并趋于零时，平均应力 P_{m} 的极限值 P 才能代表 E 点处的内力集度，即

$$P=\lim_{\Delta A\to 0}\frac{\Delta F}{\Delta A}=\frac{\mathrm{d}F}{\mathrm{d}A}$$

式中，P 为 E 点处的应力。

应力 P 也称为 E 点的总应力。因为通常应力 P 与截面既不垂直也不相切，为了便于分析计算，力学中都是将其分解为垂直于截面和相切于截面的两个介量（图 3–1（b））。与截面垂直的应力分量称为正应力，用 σ 表示；与截面相切的应力分量称为切应力，用 τ 表示。应力的单位为帕斯卡，简称为帕，符号为 Pa。

1 Pa=1 N/m^2，即 1 帕 =1 牛 / 平方米。工程实际中应力的数值较大，显然上面应力单位太小了，工程中常用千帕（kPa）、兆帕（ MPa）及吉帕（ GPa）为单位，其中 k=10^3，M=10^6，G=10^9，即 1 kPa=10^3 Pa；1 MPa=10^6 Pa；1 GPa= 10^9 Pa；工程图纸上，长度尺寸常以 mm 为单位，凡是没有标明单位的，都默认长度单位为 mm，工程上常用的应力单位为

$$1\ \mathrm{MPa}=10^6\ \mathrm{N/m^2}=10^6\ \mathrm{N}/10^6\ \mathrm{mm^2}=1\ \mathrm{N/mm^2}$$

二、轴向拉（压）杆横截面上的应力

轴向拉（压）杆为了维持平衡，杆件截面上必存在相互作用的内力——轴力。事实上，轴力是轴向拉（压）杆横截面上连续分布的内力的合力。不难证明，轴向受拉（压）的等截面直杆（简称等直杆，本项目除特殊声明外所讨论杆件均为此种杆件），轴力在横截面上是均匀分布的，且方向都沿杆轴方向。下面以一个简单演示试验来予以说明。

用橡胶棒制作一根等截面直杆，并在其表面均匀地画上一些与杆轴平行的纵线和与之垂直的横线，如图 3–2（a）所示。当在杆上施加轴向拉力后，如图 3–2（b）所示，可以看到所有纵线都伸长了，且伸长量相等；所有横线仍保持与杆轴线垂直，但间距增大了。

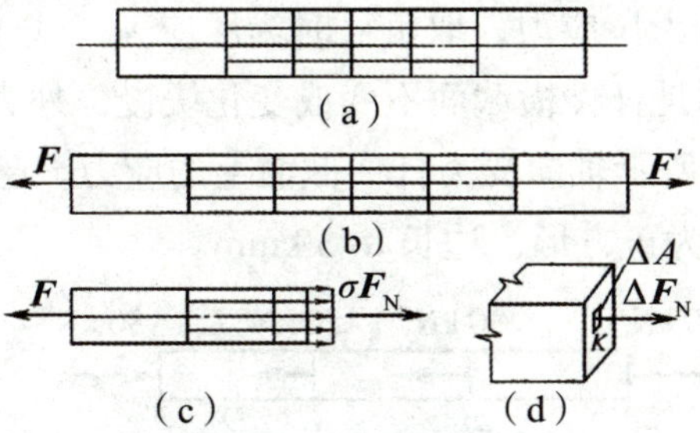

图 3–2　轴向拉（压）杆截面上的应力

讨论杆件的强度和变形时，可以认为等直杆是由许许多多平行于杆轴的纵向纤维所组成的，各纤维之间无粘结，即每根纤维可自由伸缩。这是一种常用的等直杆力学模型，可以用这个模型解释观察到的等直杆轴向拉伸变形现象：等直杆在轴向拉力作用下，所有纵

向纤维都伸长了相同的量；所有横截面仍保持为平面且与杆轴垂直（此即平截面假设），只不过相对离开一定的距离。由此可以认为：轴向受拉杆件横截面上任一点都受到且只受到平行于杆轴方向（即与杆横截面正交方向，称为横截面法向或正向）的拉力作用，各点拉力大小相等。即杆横截面实际上是受到连续均匀分布的正向拉力作用，这些分布拉力的合力就是轴力（图 3–2（c））。

同理，轴向受压杆横截面上的轴力则是横截面上均匀分布的正向压力的合力。

内力的分布集度可用截面单位面积上的内力值来度量，称为应力，它反映内力分布的密集程度。由于内力是矢量，因而应力也是矢量，其方向与内力的方向相同。如图 3–2（d）所示，设轴向受拉杆横截面上某点 K 周围的一个微小面积ΔA上分布内力ΔF_N，则ΔA上的平均应力（即内力的平均分布集度）为$\frac{\Delta F_N}{\Delta A}$。图中$\Delta F_N$与截面垂直，因而应力$\frac{\Delta F_N}{\Delta A}$也与截面垂直，这种应力称为法向应力或正向应力，简称正应力，用希腊字母 σ 表示。ΔA上的平均正应力用$\bar{\sigma}$表示，于是

$$\bar{\sigma}=\frac{\Delta F_N}{\Delta A} \tag{3-1}$$

显然，平均应力也是面积ΔA的函数。当$\Delta A\to 0$时，其所取极限值称为 K 点的正应力，用 σ_K 表示，有

$$\sigma_K=\lim_{\Delta A\to 0}\frac{\Delta F_N}{\Delta A} \tag{3-2}$$

由于轴向拉（压）杆横截面上只有均匀分布的拉（或压）力，故横截面上各点只有正应力且大小相等。设杆件横截面上轴力为 F_N，截面面积为 A，则横截面上任一点的正应力为

$$\sigma=\frac{F_N}{A} \tag{3-3}$$

当 F_N 为拉力时，正应力为拉应力，σ 取正号；当 F_N 为压力时，正应力为压应力，σ 取负号。即正应力 σ 取正号时为拉应力，取负号时为压应力。式（3–3）就是轴力对应的截面应力计算公式。其适用条件是杆件横截面不变或变化缓慢，外力沿杆轴线。

【例 3–1】计算图 3–3 所示轴向受力杆横截面上的应力。已知 AD 段横截面为圆形，直径 d=30 mm。DE 段横截面为正方形，边长 a=30 mm。

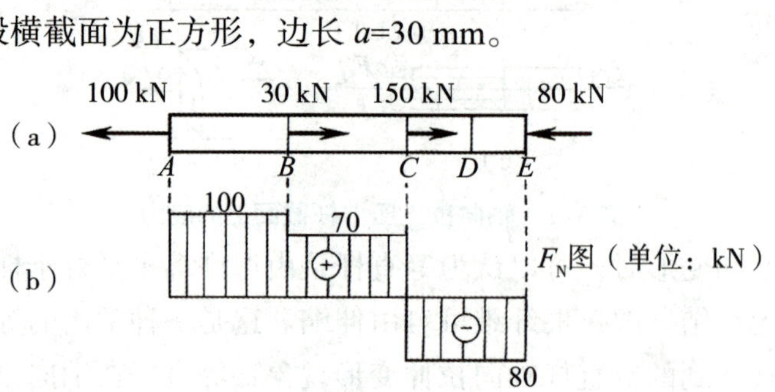

图 3–3　轴向受力杆横截面

解：作出杆的轴力图如图 3-3（b）所示。由图知，*AB*、*BC* 段均受拉，*CE* 段受压。但值得注意的是，*CE* 段轴力虽然是常数，但 *CD* 段与 *DE* 段横截面形状和面积都不一样，故应将 *CE* 段分成 *CD* 与 *DE* 两段分别计算。

AB 段：轴力为常数，$F_{N1}=100\ \text{kN}$，横截面面积为

$$A_1=\frac{\pi}{4}d^2=\frac{\pi}{4}\times 30^2\ \text{mm}^2=706.86\ \text{mm}^2$$

故由式（3-3）知，各横截面上正应力相同，记为 σ_{AB}，则

$$\sigma_{AB}=\frac{F_{N1}}{A_1}=\frac{100\times 10^3\ \text{N}}{706.86\ \text{mm}^2}=141.47\ \text{N/mm}^2=141.47\ \text{MPa}$$

BC 段：同理，轴力为$F_{N2}=70\ \text{kN}$，横截面面积为$A_2=A_1=706.86\ \text{mm}^2$，故

$$\sigma_{BC}=\frac{F_{N2}}{A_2}=\frac{70\times 10^3\ \text{N}}{706.86\ \text{mm}^2}=99.03\ \text{N/mm}^2=99.03\ \text{MPa}$$

CD 段：轴力为 F_{N3}=$-80\ \text{kN}$，横截面面积为$A_3=A_1=706.86\ \text{mm}^2$，故

$$\sigma_{CD}=\frac{F_{N3}}{A_3}=\frac{-80\times 10^3\ \text{N}}{706.86\ \text{mm}^2}=-113.18\ \text{N/mm}^2=-113.18\ \text{MPa}$$

DE 段：轴力为 F_{N4}=$-80\ \text{kN}$，横截面面积为$A_4=a^2=900\ \text{mm}^2$，故

$$\sigma_{DE}=\frac{F_{N4}}{A_4}=\frac{-80\times 10^3\ \text{N}}{900\ \text{mm}^2}=-88.89\ \text{N/mm}^2=-88.89\ \text{MPa}$$

从以上计算结果可以看出，最大拉应力位于 *AB* 段各横截面，记为

$$\sigma^+_{max}=141.47\ \text{MPa}$$

最大压应力位于 *CD* 段各横截面，记为

$\sigma^-_{max}=113.18\ \text{MPa}$（注意：省去了数值前的符号）

全杆绝对最大正应力显然是 *AB* 段各横截面的拉应力，记为

$$\sigma_{max}=|\sigma_{AB}|=141.47\ \text{MPa}$$

全杆绝对最小正应力显然是 *DE* 段各横截面的压应力，记为

$$\sigma_{min}=|\sigma_{DE}|=88.89\ \text{MPa}$$

三、应力集中

等直杆不论是受轴向拉力还是受轴向压力作用，其横截面上都只产生均匀分布的正应力。当然前者是拉应力，后者是压应力。但是，若等直杆横截面有局部削弱（如开槽、钻孔等），即使外力仍沿杆轴线作用，被削弱横截面上的正应力也不再均匀分布，如图 3-4 所示。

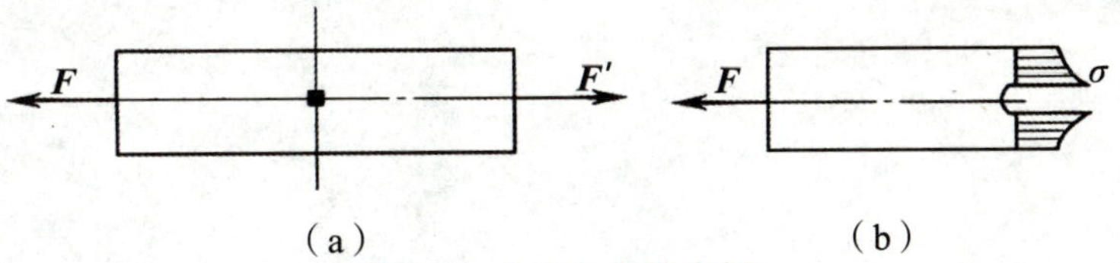

（a）　　　　（b）

图 3-4　应力集中示意图

实测表明，在被削弱横截面上，靠近“削弱”位置的正应力出现了局部急剧增大的现象。这种因杆件横截面尺寸突然变化而引起杆件局部应力急剧增大的现象，叫作应力集中。

杆件应力集中部位的纵向纤维拉（或压）变形程度比没有应力集中处更大，更易破坏，因而更危险。日常生活中，零售布料的工作人员先用剪刀在布匹上剪一小口再撕布，就容易把布撕开，就是利用了应力集中的现象。

标准轴向拉伸钢试件两端的夹持段比中部的工作段要粗，因此常将这一粗一细两段的连接部位加工成平缓过渡形状，以避免出现应力集中。

杆件上应力集中部位附近一定范围内的杆件横截面上，正应力呈非均匀分布。一般情况下，这些部位横截面上正应力的计算不能用式（3–3），而需要用更高级的力学理论来分析计算。因此，在计算时都应避开这些部位。不过，土木工程力学并不需要精确分析计算这些部位，所以通常不仔细区分。

在离应力集中部位稍远的地方，则可认为杆件横截面上的正应力又趋于均匀分布，因而可用式（3–3）计算。

任务二　梁的应力与强度计算

任务描述

梁的应力与强度计算涉及弯矩、剪力、弯曲应力、剪应力及其与材料强度的关系。通过合理的设计流程和强度校核，可以确保梁在设计荷载下具有足够的强度和刚度，避免破坏和过度变形。

任务分析

在进行梁的正应力强度计算时，必须找出梁内的危险截面和梁的最大正应力。对于等截面直梁来说，弯矩最大的截面就是梁的危险截面，危险截面上离中性轴最远的边缘各点称为危险点，危险点上的正应力就是梁的最大正应力，也称为危险应力。

任务重点与实施

桥梁预应力张拉原理

一、梁纯弯曲时横截面上的正应力公式

（一）纯弯曲时梁横截面上正应力的计算

梁弯曲时，横截面上如果只有弯矩而无剪力，称为纯弯曲。如果梁上既有弯矩又有剪力，则称为横力弯曲。如图 3–5 所示的简支梁，其 CD 段是纯弯曲，而 AC 和 DB 段则是横力弯曲。

为了使所研究问题简单化，先研究梁纯弯曲时，横截面上的正应力计算公式，然后，再推广到梁的横力弯曲。推导此公式需要从以下三方面考虑。

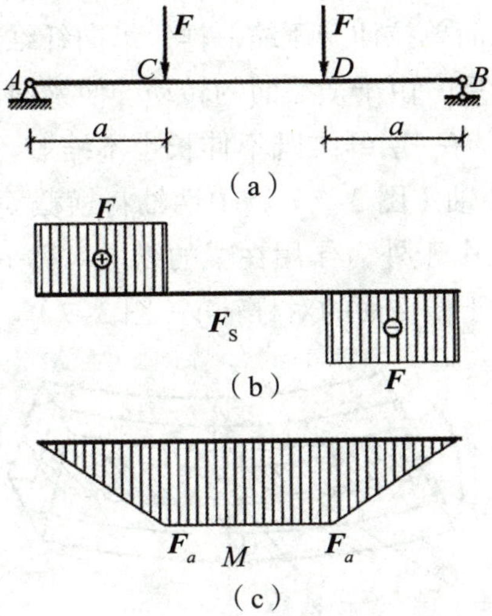

图 3–5　纯弯曲

1. 几何方面

梁横截面上的正应力与纵向线应变的变化规律有关，应先研究该截面上任一点处的纵向线应变，从而找出正应力沿该截面的变化规律。为此，需观察梁弯曲时的表面变形情况。

（1）实验现象及假设。取一根矩形截面梁，在其表面画上一些纵向直线和横向直线，如图 3–6（a）所示。然后在梁两端加一对大小相等，转向相反，力偶矩为 M 的外力偶，使梁处于纯弯曲状态，如图 3–6（b）所示。从实验中可观察到如下现象。

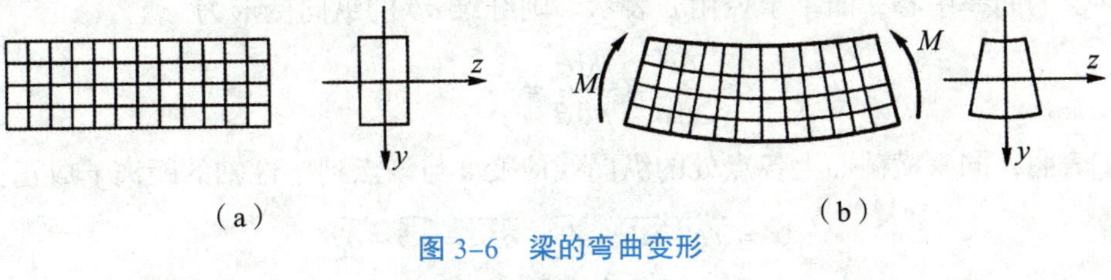

图 3–6　梁的弯曲变形

① 所有纵直线均变为弧线，上部纵线缩短，下部纵线伸长。

② 所有横向直线仍为直线，只是各横向线之间作相对转动，但仍与变形后的纵向线正交。

③ 变形后横截面的高度不变，而宽度在纵向线伸长区减小，在纵向线缩短区增大。

根据上面观察到的现象，并将表面横向直线看作梁的横截面，可作如下假设。

① 平面假设：变形前为平面的横截面，变形后仍为平面，它像刚性平面一样旋转了一个角度，但仍垂直于梁变形后的轴线。

② 单向受力假设：认为梁由无数根纵向纤维组成，各纵向纤维只是轴向拉伸或压缩，各纵向纤维之间无挤压现象。

根据上述假设，可以将梁想象成以下的情况：它是由若干层纵向纤维组成的，且纵向纤维之间没有挤压作用，像简单拉伸与压缩一样，纵向纤维只有伸长与缩短。

根据平面假设，梁变形后，由于横截面的转动，使梁的下部纤维伸长，上部纤维缩短；由变形的连续性知，中间必有一层纤维既不伸长也不缩短。此层纤维称为中性层，中性层与横截面的交线，称为中性轴（图 3-7）。中性轴将横截面分为受拉和受压两个区域；在图示平面弯曲情况下的梁，由于外力作用在梁的纵向对称平面内，故梁的变形也对称于此平面，因此，中性轴应垂直于横截面的对称轴 y（图 3-7）。

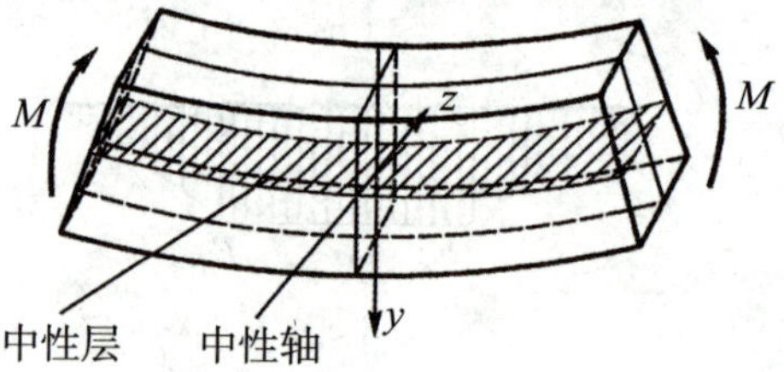

图 3-7　中性层与中性轴

概括地说，梁在纯弯曲条件下，各横截面仍保持为平面并绕中性轴作相对转动，各纵向纤维处于拉伸（压缩）状态。

（2）横截面上任一点处的线应变。根据上述的假设和推理，通过几何关系便可求出横截面上任一点处纵向纤维的线应变，从而找出纵向线应变的变化规律。为此，在梁上截取一微分段 dx 进行分析（图 3-8（a）），取中性轴为坐标轴 z，取截面的对称轴为坐标轴 y（y 轴向下为正）。现分析距中性层 y 处的纵向纤维 ab 的线应变。

如图 3-8（b）所示，梁变形后截面 m—m、n—n 间相对转角为 dθ，纤维 ab 由直线变成弧线，O 为中性层的曲率中心，曲率半径用 ρ 表示。则纤维 ab 的纵向变形为

$$\varepsilon=\frac{\mathrm{d}x'}{\mathrm{d}x}=\frac{y\mathrm{d}\theta}{\rho\mathrm{d}\theta}=\frac{y}{\rho} \quad ①$$

式①表明，同一横截面上各点处的纵向线应变 ε 与该点到中性轴的距离 y 成正比。

$$\mathrm{d}x'=\widehat{a'b'}-\overline{ab}=\widehat{a'b'}-\overline{o_1o_2}=\widehat{a'b'}-\widehat{o_1'o_2'}$$
$$=(\rho+y)\mathrm{d}\theta-\rho\mathrm{d}\theta=y\mathrm{d}\theta$$

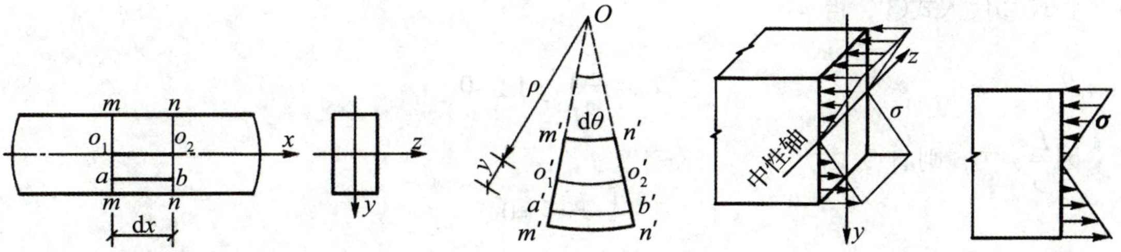

（a）（b）（c）（d）

图 3-8　梁的弯曲正应力

2. 物理方面

根据单向受力假设，若应力未超过材料的比例极限，则

$$\sigma=E\varepsilon$$

将式①代入上式，得

$$\sigma=E\varepsilon=E\frac{y}{\rho} \qquad ②$$

这就是横截面上正应力变化规律的表达式。由式②可知，横截面上任一点处的正应力与该点到中性轴的距离成正比；以中性轴为界，一侧为拉应力，另一侧为压应力。在距中性轴等距离的各点处的正应力相等。中性轴上各点处的正应力为零，距中性轴最远点处将产生正应力的最大值或最小值。这一变化可如图 3-8（c）和图 3-8（d）所示。

3. 静力学方面

如图 3-9 所示，在梁的横截面上取微面积 dA，其上的法向微内力为 σdA，微内力沿梁轴线方向的各力为 $\int_A \sigma \mathrm{d}A$，它应等于该横截面上的轴力 F_N，同时它对 z 轴的合力偶矩为 $\int_A y\sigma \mathrm{d}A$。并应等于该横截面上的弯矩 M，故有

$$F_N=\int_A \sigma \mathrm{d}A=0 \qquad ③$$

$$M=\int_A y\sigma \mathrm{d}A \qquad ④$$

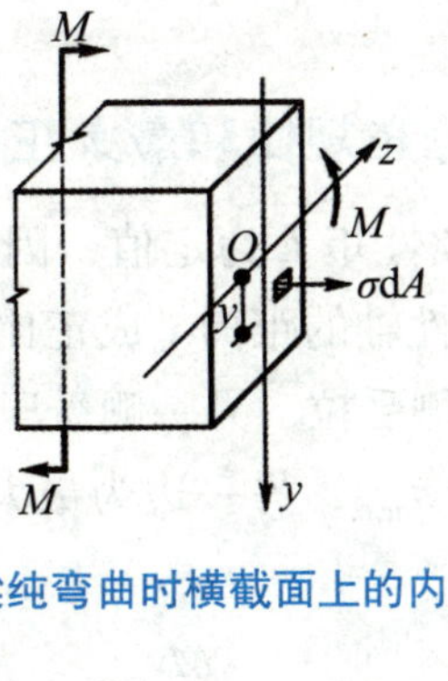

图 3-9　梁纯弯曲时横截面上的内力与应力

将式②代入式③，得

$$F_N=\frac{E}{\rho}\int_A y\mathrm{d}A=0$$

因$\frac{E}{\rho}\neq 0$，则有

$$\int_A y\mathrm{d}A=0$$

即

$$S_z=0$$

S_z 是横截面对中性轴 z 的面积矩，$S_z=0$ 说明横截面上的中性轴 z 轴一定是形心轴。

将式②代入式④，得

$$M=\frac{E}{\rho}\int_A y^2\mathrm{d}A$$

令$\int_A y^2\mathrm{d}A=I_z$，则有 $M=\frac{E}{\rho}I_z$，即

$$\frac{E}{\rho}=\frac{M}{I_z} \tag{3-4}$$

将式（3–4）代入式②可得纯弯曲梁横截面上任一点处的正应力计算公式为

$$\sigma=E\frac{y}{\rho}=\frac{My}{I_z} \tag{3-5}$$

式中 M——所求正应力所在横截面上的弯矩；

y——所求正应力点到中性轴的距离；

I_z——横截面对中性轴 E 的惯性矩，只与横截面的形状、尺寸有关，单位为 m^4 或 mm^4；是横截面的几何特征之一。

应用式（3–5）计算正应力时，通常不考虑式中 M 和 y 的正负号，而以其绝对值代入，正应力 σ 的正负号可根据梁的变形情况直接判断。以中性轴为界，根据实际情况判断正应力 σ 的正负。式（3–5）只适用于线弹性范围内（$\sigma_{max}<\sigma\rho$）的平面弯曲。

通常在梁弯曲时，横截面上既有弯矩又有剪力时，称为横力弯曲。可以证明，对横力弯曲的梁，当跨度与横截面高度之比大于 5 时，用式（3–5）计算的正应力是足够精确的，且跨高比越大，误差越小。由统计知，实际工程中的梁，一般都符合上述条件，故上述公式被广泛应用于实际计算中。

（二）横截面上正应力的分布规律和最大正应力

在同一横截面上，弯矩 M 和惯性矩 I_z 为定值，因此，从式（3–5）可以看出，梁横截面上某点处的正应力 σ 与该点到中性轴的距离 y 成正比，当 $y=0$ 时，$\sigma=0$，即中性轴上各点处的正应力为零。中性轴两侧，一侧受拉，另一侧受压。离中性轴最远的上、下边缘 $y=y_{max}$ 处正应力最大，一边为最大拉应力 σ_{tmax}，另一边为最大压应力 σ_{cmax}（图 3–10）。最大应力值为

$$\sigma_{max}=\frac{My_{max}}{I_z}$$

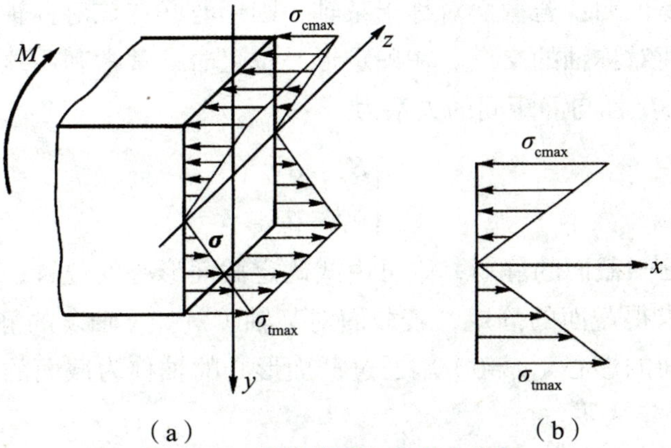

图 3-10 梁横截面上正应力分布

设 $W_z=\dfrac{I_z}{y_{max}}$，则最大正应力可表示为

$$\sigma_{max}=\frac{M}{W_z} \tag{3-6}$$

式中 W_z——截面对中性轴 z 的抗弯截面系数，只与截面的形状及尺寸有关，是衡量截面抗弯能为的一个几何量，常用单位为 mm^3 或 m^3。

（三）常用的截面几何性质

由上面所讲应力公式知，计算杆件的应力，都涉及截面的几何性质。所谓截面几何性质，系指只与截面形状、尺寸等有关的几何量，如面积、形心、静矩、惯性矩、惯性积和惯性半径等。它们是研究杆件或结构内力、应力和变形的重要元素，它们的大小将直接影响杆件和结构内力、应力与变形的大小，必须熟练掌握其概念和计算，才能熟练地掌握杆件或结构的强度、刚度和稳定计算。

1. 静矩与形心

（1）静矩。积分$\int_A y\mathrm{d}A$和$\int_A x\mathrm{d}A$分别定义为该截面对 x 轴和 y 轴的静矩，分别用 S_x 和 S_y 表示，即

$$\begin{cases} S_x=\int_A y\mathrm{d}A \\ S_y=\int_A x\mathrm{d}A \end{cases} \tag{3-7}$$

由定义知，静矩与所选坐标轴的位置有关，同一截面对不同坐标轴有不同的静矩。静矩是一个代数量，其值可正、可负、可为零。静矩的常用单位是 mm^3 或 m^3。

（2）形心。对于截面的形心 C 的坐标为（证明略）

$$\begin{cases} x_C=\dfrac{\int_A x\mathrm{d}A}{A} \\ y_C=\dfrac{\int_A y\mathrm{d}A}{A} \end{cases} \tag{3-8}$$

式中 A——截面面积。

利用上式很容易证明：若截面对称于某轴，则形心必在该对称轴上；若截面有两个对称轴，则形心必为两对称轴的交点。在确定形心位置时，常常利用这个性质，以减少计算工作量。截面的形心坐标与静矩间的关系为

$$\begin{cases} S_x = Ay_C \\ S_y = Ax_C \end{cases} \tag{3-9}$$

由上式知，若已知截面的静矩，则可由式确定截面形心的位置；反之，若已知截面形心位置，则可由式求得截面的静矩；若截面对某轴（例如 x 轴）的静矩为零（S_x=0），则该轴一定通过此截面的形心（y_C=0）。通过截面形心的轴称为截面的形心轴。反之，截面对其形心轴的静矩一定为零。

（3）组合截面的静矩与形心。工程中，经常遇到这样的一些截面，它们是由若干简单截面（如矩形、三角形、半圆形等）所组成，称为组合截面。根据静矩的定义，组合截面对某轴的静矩应等于其各组成部分对该轴静矩之和，即

$$\begin{cases} S_x = \Sigma S_{xi} = \Sigma A_i y_{Ci} \\ S_y = \Sigma S_{yi} = \Sigma A_i x_{Ci} \end{cases} \tag{3-10}$$

由上式得，组合截面形心的计算公式为

$$\begin{cases} x_C = \dfrac{S_y}{A} = \dfrac{\Sigma A_i x_{Ci}}{\Sigma A_i} \\ y_C = \dfrac{S_x}{A} = \dfrac{\Sigma A_i y_{Ci}}{\Sigma A_i} \end{cases} \tag{3-11}$$

式中　A_i、x_{Ci}、y_{Ci}——各个简单截面的面积及形心坐标。

2. 惯性矩和弯曲截面系数的计算

几种常见简单截面，如矩形、圆形及圆环形等的惯性矩 I_z 和弯曲截面系数 W_z 列于表 3-1 中，以备查用。型钢截面的惯性矩和弯曲截面系数可由附录型钢规格表查得。

表 3-1　常见简单截面的惯性矩与弯曲截面系数

截面	惯性矩	弯曲截面系数
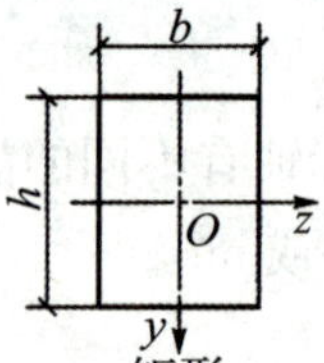 矩形	$I_z = \dfrac{bh^3}{12}$ $I_y = \dfrac{hb^3}{12}$	$W_z = \dfrac{bh^2}{6}$ $W_y = \dfrac{hb^2}{6}$
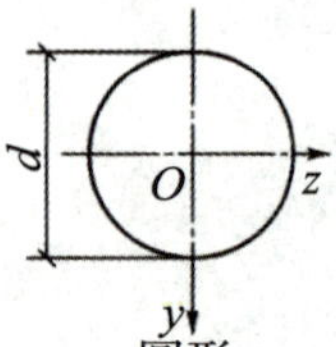 圆形	$I_z = I_y = \dfrac{\pi d^4}{64}$	$W_z = W_y = \dfrac{\pi d^3}{32}$

续表

截面	惯性矩	弯曲截面系数
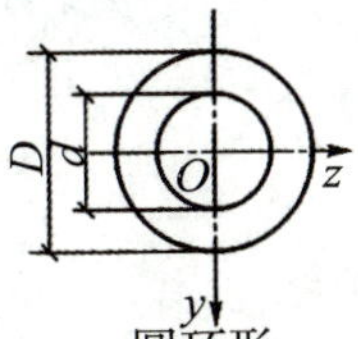圆环形	$I_z = I_y = \dfrac{\pi D^4(1-\alpha^4)}{64}$ $\left(\alpha = \dfrac{d}{D}\right)$	$W_z = W_y = \dfrac{\pi D^3(1-\alpha^4)}{32}$ $\left(\alpha = \dfrac{d}{D}\right)$

提示

梁的正应力与强度计算

梁的正应力公式推导过程，是认识杆件变形的一个窗口，所以在此不惜篇幅详细进行了推导。为了节省篇幅、降低难度，对于拉压、剪切、扭转杆的应力公式推导过程就省略了。建议根据梁正应力公式推导过程，去理解拉压、剪切、扭转杆的应力公式和梁的切应力公式。梁的强度计算也是典型的强度计算，希望读者在梁的强度计算上多下工夫。

另外，梁中性轴的确定，横截面上受拉区、受压区的判断及正应力的分布情况，是强度计算时确定危险点的依据，应在理解概念的基础上通过分析作出判断，切忌死记结论，生搬硬套。

【例 3-2】求图 3-11 所示 T 形截面梁的最大拉应力和最大压应力。已知 T 形截面对中性轴的惯性矩 $I_z=7.64\times10^6\ \text{mm}^4$，且 $y_1=52$ mm。

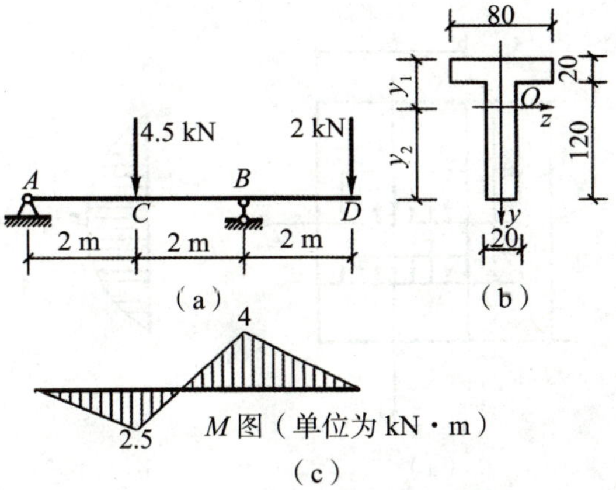

图 3-11　T 形截面外伸梁

解：（1）绘制梁的弯矩图。梁的弯矩图如图 3-11（c）所示。由图可知，梁的最大正弯矩发生在截面 C 上，M_C=2.5 kN · m；最大负弯矩发生在截面 B 上，M_B=4 kN · m。

（2）计算 C 截面上的最大拉应力和最大压应力。

$$\sigma_{tC}=\frac{M_C y_2}{I_z}=\frac{2.5\times10^3\ \text{N}\cdot\text{m}\times8.8\times10^{-2}\ \text{m}}{7.64\times10^{-6}\ \text{m}^4}$$
$$=28.8\times10^6\ \text{Pa}=28.8\ \text{MPa}$$

$$\sigma_{cC}=\frac{M_C y_1}{I_z}=\frac{2.5\times10^3\ \text{N}\cdot\text{m}\times5.2\times10^{-2}\ \text{m}}{7.64\times10^{-6}\ \text{m}^4}$$
$$=17.0\times10^6\ \text{Pa}=17.0\ \text{MPa}$$

（3）计算 B 截面上的最大拉应力和最大压应力。

$$\sigma_{tB}=\frac{M_B y_1}{I_z}=\frac{4\times10^3\ \text{N}\cdot\text{m}\times5.2\times10^{-2}\ \text{m}}{7.64\times10^{-6}\text{m}^4}$$
$$=27.2\times10^6\ \text{Pa}=27.2\ \text{MPa}$$

$$\sigma_{cB}=\frac{M_B y_2}{I_z}=\frac{4\times10^3\ \text{N}\cdot\text{m}\times8.8\times10^{-2}\ \text{m}}{7.64\times10^{-6}\text{m}^4}$$
$$=46.1\times10^6\ \text{Pa}=46.1\ \text{MPa}$$

综合以上可知，梁的最大拉应力、最大压应力分别为

$\sigma_{tmax}=\sigma_{tC}=28.8$ MPa

$\sigma_{cmax}=\sigma_{cB}=46.1$ MPa

二、梁横截面上的切应力

梁在横力弯曲时，横截面上有剪力 $\boldsymbol{F}_S$，也就自然地在横截面上产生切应力 $\boldsymbol{\tau}$。下面以矩形截面梁为例，研究它的分布情况。首先对切应力分布规律作出假设，根据假设，给出矩形截面梁切应力公式，并对工字形截面梁的切应力作简要介绍。

（一）切应力分布规律假设

对于高度 h 大于宽度 b 的矩形截面梁，其横截面上的剪力 $\boldsymbol{F}_S$ 沿 y 轴方向，如图 3–12 所示。假设切应力分布规律如下。

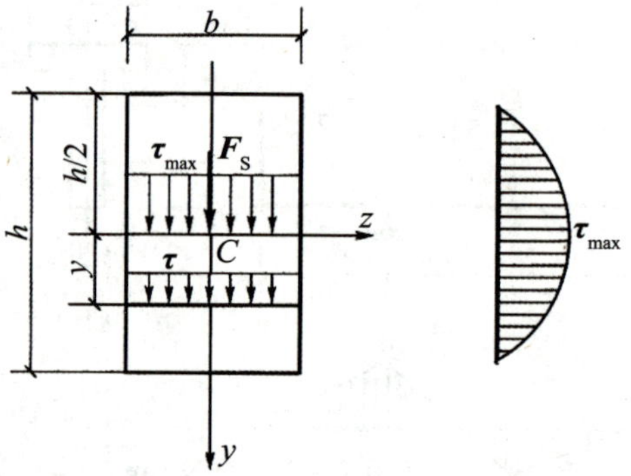

（a）　　（b）

图 3–12　矩形截面梁的切应力

（1）横截面上各点处的切应力 $\boldsymbol{\tau}$，都与剪力 $\boldsymbol{F}_S$ 方向一致。

（2）横截面上距中性轴等距离各点处，切应力大小相等，即沿截面宽度为均匀分布。

（二）矩形截面梁的切应力计算公式

根据以上假设，可推导出矩形截面梁横截面上任意一点处切应力的计算公式为

$$\tau=\frac{F_S S_z^*}{I_z b} \tag{3-12}$$

式中　F_S——横截面上的剪力；

I_z——整个截面对中性轴的惯性矩；

b——求切应力处的横截面宽度；

S_z^*——横截面上求切应力点处的水平线以上（或以下）部分的面积 A^* 对中性轴的静矩。

用式（3–12）计算时，F_S 与S_z^*均用绝对值代入即可。

由式（3–12）看出，对于同一横截面，F_S、I_z 及 b 都为常量，故横截面上的切应力 τ 是随静矩S_z^*的变化而变化的。现求图 3–12（a）所示矩形截面上任意一点的切应力，该点至中性轴的距离为 y，该点水平线以下部分面积 A^* 对中性轴的静矩为

$$S_z^* = A^*\overline{y} = b\left(\frac{h}{2}-y\right)\times\left[y+\frac{1}{2}\left(\frac{h}{2}-y\right)\right]=\frac{b}{2}\left[\left(\frac{h}{2}\right)^2-y^2\right]$$

将上式及 $I_z=\dfrac{bh^3}{12}$代入式（3–12），得

$$\tau=\frac{3F_s}{2bh}\left(1-\frac{4y^2}{h^2}\right)$$

上式表明切应力沿截面高度按二次抛物线规律分布（图 3–12（b））。在上、下边缘 $y=\pm\dfrac{h}{2}$处，切应力为零；在中性轴上（$y=0$），切应力最大，其值为

$$\tau_{\max}=\frac{3F_S}{2bh}=1.5\frac{F_S}{A}$$

由上式可知，矩形截面梁横截面上的最大切应力值等于截面上平均切应力值的 1.5 倍。

【例 3–3】一矩形截面简支梁如图 3–13 所示。已知 l=3 m，h=160 mm，b=100 mm，h_1=40 mm，F=3 kN，试求 m—m 截面上 K 点处的切应力。

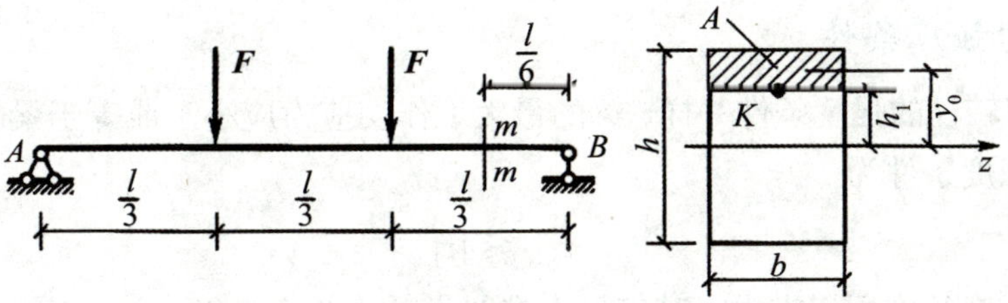

（a）　　　　　　　　（b）

图 3–13　矩形截面简支梁

解：（1）求支座反力及 m—m 截面上的剪力

$F_A=F_B=F=3$ kN，$F_S=-F_B=-3$ kN

（2）计算截面的惯性矩和静矩S_z^*。截面对中性轴的惯性矩、静矩S_z^*分别为

$$I_z=\frac{bh^3}{12}=\frac{100\ \text{mm}\times160^3\ \text{mm}^3}{12}=34.1\times10^6\ \text{mm}^4$$

$S_z^*=Ay_0$=100 mm × 40 mm × 60 mm=24 × 10^4 mm^3

（3）计算 m—m 截面上 K 点处的切应力

$$\tau=\frac{F_S S_z^*}{I_z d}=\frac{3\times10^3\ \text{N}\times24\times10^4\ \text{mm}^3}{34.1\times10^6\ \text{mm}^4\times100\ \text{mm}}=0.21\ \text{MPa}$$

三、梁弯曲时的强度计算

在一般情况下，梁横截面上同时存在着正应力和切应力。最大正应力发生在最大弯矩所在截面离中性轴最远的边缘处，此处切应力为零，其应力状态是单向拉伸或压缩。最大切应力发生在最大剪力所在截面的中性轴上各点处，此处正应力为零，其应力状态是纯剪切。因此，应该分别建立梁的正应力强度条件和切应力强度条件。

（一）梁的强度条件

1. 梁的正应力强度条件

与拉压的强度条件一样，梁的最大工作正应力应小于或等于梁的许用正应力，即

$$\sigma_{max}\leqslant[\sigma]$$

对于等截面直梁，上式可写为

$$\sigma_{max}=\frac{M_{max}}{W_z}\leqslant[\sigma] \qquad (3\text{-}13)$$

式中　$[\sigma]$——材料的许用正应力，其值可在有关设计规范中查得。

对于抗控和抗压强度不同的脆性材料，则要求梁的最大拉应力 σ_{tmax} 不超过材料的许用拉应力 $[\sigma_t]$，最大压应力 σ_{cmax} 不超过材料的许用压应力 $[\sigma_c]$，即

$$\sigma_{tmax}\leqslant[\sigma_t] \qquad (3\text{-}14①)$$

$$\sigma_{cmax}\leqslant[\sigma_c] \qquad (3\text{-}14②)$$

2. 切应力强度条件

与剪切、扭转杆的强度条件一样，梁的最大工作切应力应小于或等于梁的许用切应力，即梁的切应力强度条件为

$$\tau_{max}\leqslant[\tau]$$

式中　$[\tau]$——材料的许用切应力，其值可在有关设计规范中查得。

对于工字钢梁切应力强度条件为

$$\tau_{max}=\frac{F_S}{\dfrac{I_z}{S_z}\cdot d}\leqslant[\tau] \qquad (3\text{-}15)$$

（二）梁的强度计算

对于一般的跨度与横截面高度的比值较大的梁，其主要应力是正应力，因此通常只需进行梁的正应力强度计算。但是，对于以下三种情况还必须进行切应力强度计算。

（1）薄壁截面梁。例如，自行焊接的工字形截面梁等。

（2）对于最大弯矩较小而最大剪力却很大的梁。例如，跨度与横截面高度比值较小的短粗梁、集中荷载作用在支座附近的梁等。

（3）木梁。由于木材顺纹的抗剪能力很差，当截面上切应力很大时，木梁也可能沿中性层发生剪切破坏。

利用梁的强度条件，可以解决梁的强度校核、设计截面尺寸和确定许用荷载三类强度计算问题。

【例 3–4】图 3–14（a）为支承在墙上的木栅的计算简图。已知材料的许用应力 $[\sigma]$=12 MPa，$[\tau]$=1.2 MPa。试校核梁的强度。

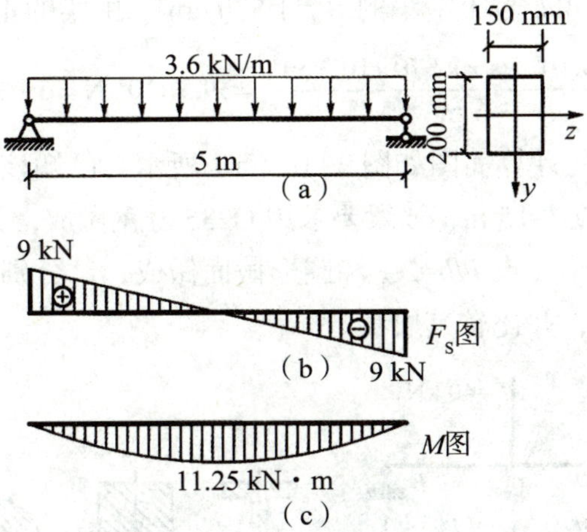

图 3–14 墙上的木栅计算简图

解：（1）绘制剪力图和弯矩图。梁的剪力图和弯矩图分别如图 3–14（b）和图 3–14（c）所示。由图 3–14 可知，最大剪力和最大弯矩分别为

F_{Smax}=9 kN

M_{max}=11.25 kN · m

（2）校核正应力强度。

$$\sigma_{max}=\frac{M_{max}}{W_z}=\frac{11.25\times10^3\ \text{N}\cdot\text{m}}{\frac{1}{6}\times0.15\ \text{m}\times0.2^2\ \text{m}^2}=11.25\times10^6\ \text{Pa}=11.25\ \text{MPa}<[\sigma]=12\ \text{MPa}$$

满足正应力强度条件。

（3）校核切应力强度。

$$\tau_{max}=\frac{3}{2}\times\frac{F_{Smax}}{A}=\frac{3}{2}\times\frac{9\times10^3\ \text{N}}{0.15\ \text{m}\times0.2\ \text{m}}=0.45\times10^6\ \text{Pa}$$
$$=0.45\ \text{MPa}<[\tau]=1.2\ \text{MPa}$$

满足切应力强度条件。

【例 3–5】图 3–15（a）是用 45c 号工字钢制成的悬臂梁，长 l=6 m，材料的许用应力 σ=150 MPa，不计梁的自重。试按正应力强度条件确定梁的许用荷载。

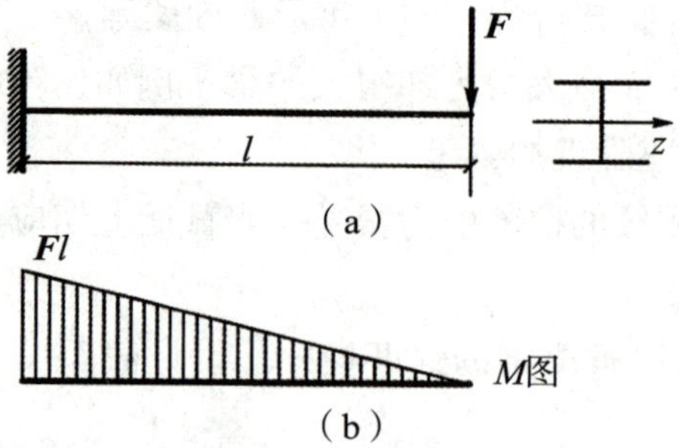

图 3-15　工字钢悬臂梁

解：绘制弯矩图（图 3-15（b））。由图知，最大弯矩发生在梁固定端截面上，其值 $M_{max}=Fl$。查型钢规格表，45c 号工字钢的 W_z=1 570 cm^3。由梁的正应力强度条件得

$$F \leqslant [F]=\frac{[\sigma]W_z}{l}=\frac{150\times10^6\ \text{Pa}\times1\ 570\times10^{-6}\ \text{m}^3}{6\ \text{m}}=39.3\times10^3\ \text{N}=39.3\ \text{kN}$$

【例 3-6】某简支梁的计算简图如图 3-16（a）所示。已知该梁跨中所承受的最大集中荷载为 F=40 kN，梁的跨度 l=15 m，该梁要求用 Q235 号钢做成，其许用应力 $[\sigma]$=160 MPa。若该梁用工字形型钢、矩形（设 $h/b=2$）和圆形截面做成，试分别设计这三个截面的截面尺寸，试确定其横截面面积，并比较其质量。

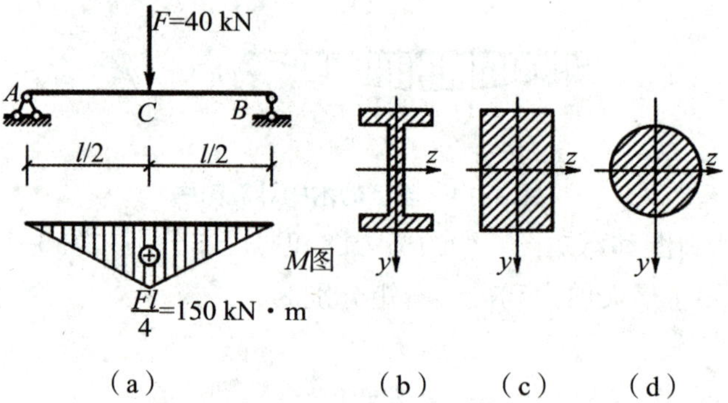

图 3-16　简支梁

解：（1）绘出梁的弯矩图，求出最大弯矩。

$$M_{max}=\frac{Fl}{4}=\frac{40\times15}{4}\ \text{kN}\cdot\text{m}=150\ \text{kN}\cdot\text{m}$$

（2）计算梁的抗弯截面系数 W_z。

$$W_z \geqslant \frac{M_{max}}{[\sigma]}=\frac{150\times10^6\ \text{N}\cdot\text{mm}}{160\text{N}/\ \text{mm}^2}=938\times10^3\ \text{mm}^3$$

（3）分别计算三种横截面的截面尺寸。

① 工字形截面尺寸。由附录查得 36c 工字钢的 $W_z=962\times10^3\ \text{mm}^3$，大于由计算所得的 $W_z=938\times10^3\ \text{mm}^3$，故可选用 36c 工字钢，其截面尺寸可定。

② 计算矩形截面的尺寸。由矩形截面的抗弯截面系数为

$$W_z=\frac{1}{6}bh^2=\frac{1}{6}\times b\times(2b)^2=\frac{2}{3}b^3$$

所以 $b=\sqrt[3]{\frac{3W_z}{2}}=\sqrt[3]{\frac{3\times938\times10^3}{2}}$ mm=112 mm

故 $h=2b=2\times112$ mm=224 mm

③ 计算圆形截面的尺寸。由圆形截面的抗弯截面系数$W_z=\frac{\pi d^3}{32}$，所以

$$d=\sqrt[3]{\frac{32W_z}{\pi}}=\sqrt[3]{\frac{32\times938\times10^3}{3.14}}\text{ mm}=211\text{ mm}$$

三种横截面形状及布置情况如图 3–16（b）、图 3–16（c）和图 3–16（d）所示。

④ 计算三种横截面的截面面积。

工字形截面查 36c 号工字钢：$A_工$=9 084 mm²

矩形截面：$A_矩=b\times h=112\times224$ mm²=25 088 mm²

圆形截面：$A_圆=\frac{\pi}{4}d^2=\frac{3.14}{4}\times211^2$ mm²=34 949 mm²

⑤ 比较三种截面梁的质量。在梁的材料、长度相同时，三种截面梁的质量之比应等于它们的横截面面积之比，即

$A_工:A_矩:A_圆$=9 084：25 088：34 949=1：2.76：3.85

矩形截面梁的质量是工字形截面梁的 2.76 倍，而圆形截面梁的质量是工字形截面梁的 3.85 倍。显然，在这三种横截面方案中，工字形截面最合理，圆形截面梁最不合理。

【例 3–7】图 3–17（a）为悬臂梁，长 l=1.5 m，由 I 14 工字钢制成，$[\sigma]$=160 MPa，q=10 kN/m，试校核其正应力强度。若改用相同材料的两根等边角钢，确定角钢型号。

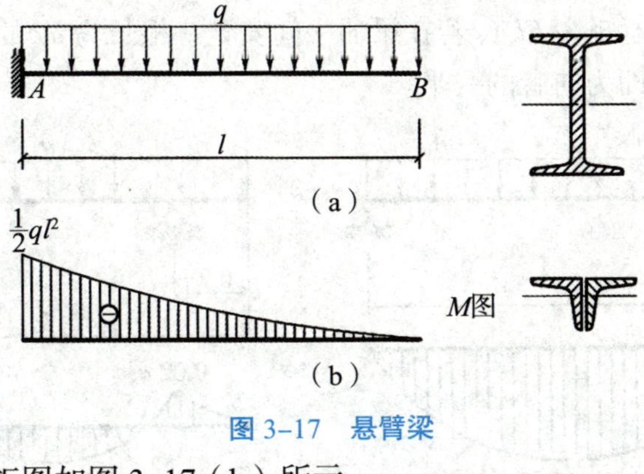

图 3–17　悬臂梁

解：（1）作出弯矩图如图 3–17（b）所示。

$$M_{max}=\frac{ql^2}{2}=\frac{10\times1.5^2}{2}\text{ kN·m}=11.25\text{ kN·m}$$

（2）查型钢表得 I 14 工字钢 W_z=102 × 10^3 mm^3，则

$$\sigma_{max}=\frac{M_{max}}{W_z}=\frac{11.25\times16^6\ \text{N}\cdot\text{mm}}{102\times10^3\ \text{mm}^3}=110.3\ \text{MPa}<[\sigma]$$

满足强度条件。

（3）确定等边角钢型号。

$$\sigma_{max}=\frac{M_{max}}{W_z}\leqslant[\sigma]$$

$$W_z\geqslant\frac{M_{max}}{[\sigma]}=\frac{11.25\times10^6}{160}\text{mm}^3=70.3\times10^3\ \text{mm}^3$$

由于是两根角钢组成，故每根角钢必须满足

$$W_z\geqslant\frac{70.3\times10^3}{2}\text{mm}^3=35.15\times10^3\ \text{mm}^3$$

查型钢表，选用∟ 10（∟ 100 × 16），W_z=37.82 × 10^3 mm^3。

四、提高梁弯曲强度的主要措施

由梁的正应力强度条件看出，欲提高梁的强度，一方面应降低最大弯矩 M_{max}，另一方面则应增大弯曲截面系数 W_z。从以上两方面出发，工程上提高梁弯曲强度的主要措施采取以下几方面。

（一）合理布置梁的支座和荷载

当荷载一定时，梁的最大弯矩 M_{max} 与梁的跨度有关，因此，首先应合理布置梁的支座。例如受均布荷载 q 作用的简支梁（图 3–18（a）），其最大弯矩为 $0.125ql^2$，若将梁两端支座向跨中方向移动 $0.2l$（图 3–18（b）），则最大弯矩变为 $0.025ql^2$，仅为前者的 1/5。其次，若结构允许，应尽可能合理布置梁上荷载。例如在跨中作用集中荷载 F 的简支梁（图 3–18(c)），其最大弯矩为 $Fl/4$，若在梁的中间安置一根长为 $l/2$ 的辅助梁(图 3–18(d))，则最大弯矩变为 $Fl/8$，即为前者的一半。

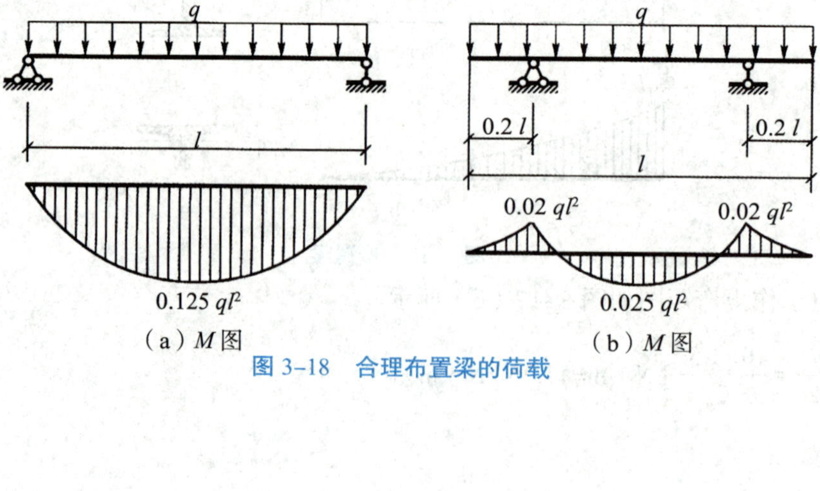

图 3–18　合理布置梁的荷载

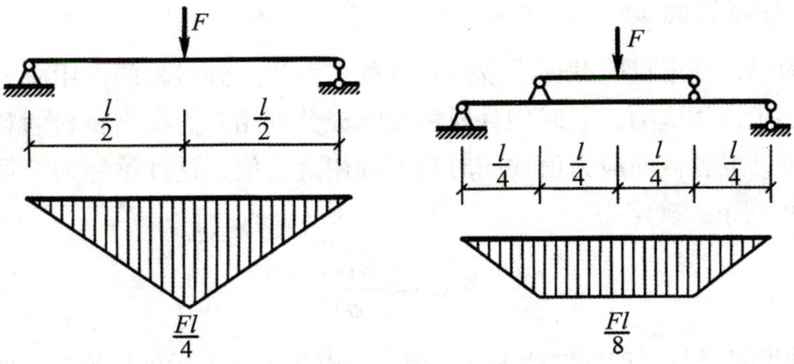

（c）M 图　　（d）M 图

图 3-18　合理布置梁的荷载（续）

（二）采用合理的截面

梁的最大弯矩确定后，梁的弯曲强度取决于抗弯截面系数。梁的抗弯截面系数 W_z 越大，正应力越小。因此，在设计中，应当力求在不增加材料（用横截面面积来衡量）的前提下，使 W_z 值尽可能增大，即应使截面的 W_z/A 比值尽可能大，这种截面称为合理截面（但做什么事都要有尺度，也不是越大越好，而是适可而止）。例如宽为 b、高为 h（$h>b$）的矩形截面梁，如将截面竖置如图 3-19（a）所示，则 $W_{z1}=bh^2/6$，而将截面横置（图 3-19（b）），则 $W_{z2}=hb^2/6$，所以 $W_{z1}>W_{z2}$。显然，竖置比横置合理。另外，由于梁横截面上的正应力沿截面高度线性分布，中性轴附近应力很小，该处材料远未发挥作用，若将这些材料移置到离中性轴较远处，可使它们得到充分利用，形成合理截面。因此，工程中常采用工字形、箱形截面等。

在讨论合理截面时，还应考虑材料的力学性能。对于抗压强度大于抗拉强度的脆性材料，如果采用对称于中性轴的横截面，则由于弯曲拉应力达到材料的许用拉应力 $[\sigma_t]$ 时，弯曲压应力没有达到许用压应力 $[\sigma_c]$，受压一侧的材料没有充分利用。因此，应采用不对称于中性轴的横截面，并使中性轴偏向受拉的一侧，如图 3-20 所示。理想的情况时满足下式

$$\frac{y_1}{y_2}=\frac{[\sigma_1]}{[\sigma_2]}$$

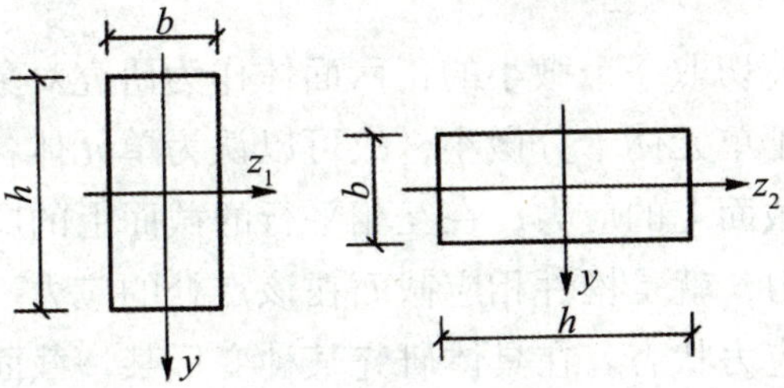

（a）　　（b）

图 3-19　截面合理放置

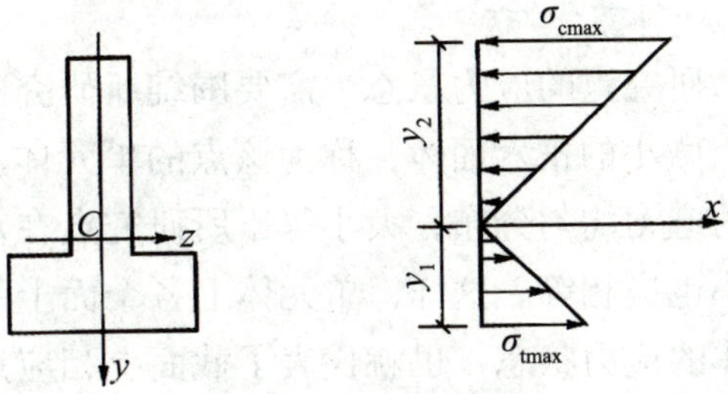

（a）　　（b）

图 3-20　合理截面

（三）采用变截面梁

对于等截面梁，当梁危险截面上危险点处的应力值达到材料的许用应力时，其他截面上的应力值均小于许用应力，此时构件材料没有充分利用。为提高材料的利用率、提高梁的强度，可以设计成各截面应力值均同时达到许用应力值，这种梁称为等强度梁。其弯曲截面系数 W_z，可按下式确定为

$$W_z(x)=\frac{M(x)}{[\sigma]}$$

显然，等强度梁是最合理的结构形式。但是，由于等强度梁外形复杂，加工制造困难，所以工程中一般只采用近似等强度的变截面梁，如图 3–21 所示。

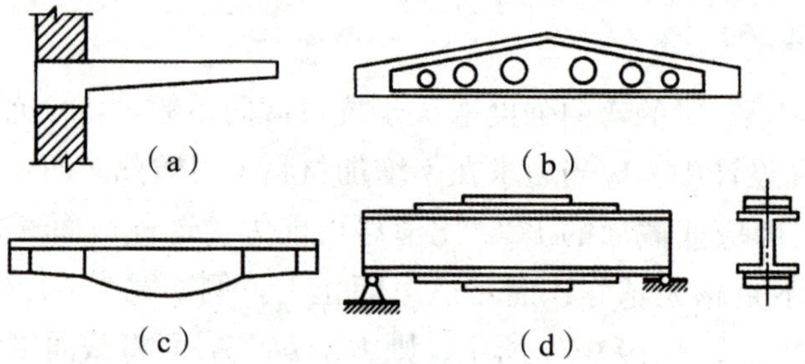

图 3–21 变截面梁

五、平面应力状态与强度理论概述

（一）平面应力状态

1. 点的应力状态

构件在同一截面上，各点的应力一般都不相等。例如，直梁弯曲时，横截面上各点正应力 σ 的大小，随其到中性轴的距离不同而不同，在梁的中性轴上其正应力等于零，在上、下边缘处则正应力为最大，其间沿梁的高度 σ 成直线规律变化。在工程中，把通过构件内任意一点，所有截面上应力分布的情况，称为该点的应力状态。

2. 单元体

研究点的应力状态，需要围绕所研究的点，切取一个微小的正六面体作为研究对象，这个微小的正六面体，称为该点的单元体。由于单元体十分微小，故可以认为单元体各面上的应力均匀分布，大小等于所研究点在对应截面上的应力；在互相平行的截面上的应力大小也应相等。这样，单元体上各个面上的应力，就是构件相应截面在该点处的应力。单元体的应力状态，也就代表了截面上相应点的应力状态。在具体研究某种变形某一截面某一点的应力状态时，通常都是沿构件的横截面、水平纵截面、铅垂纵截面（假设构件的轴线是水平的），围绕要分析应力的点 K，截取单元体。

（1）轴向拉压杆。在杆上任取一点 K（图 3–22（a）），其单元体和面上的应力如图 3–22（b）和图 3–22（c）所示。其左右面是杆横截面上 K 点处的微小面，故仅有正应力 $\sigma=\dfrac{F}{A}$，上、下面和前、后面都是杆上纵向截面上的微小面，所以没有应力。

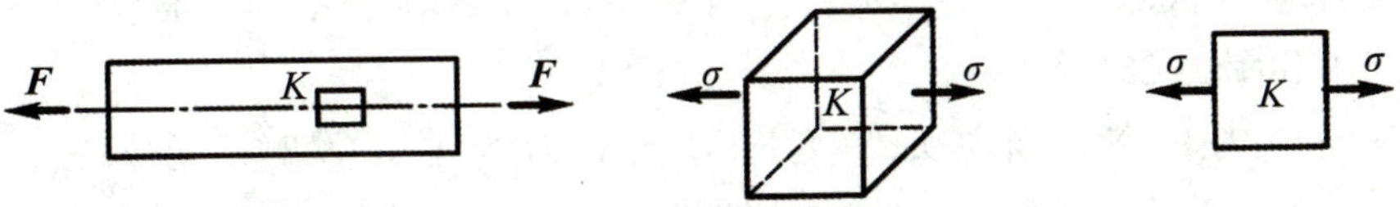

（a）　（b）　（c）

图 3–22　拉压杆某点的应力状态

（2）受扭圆轴杆。在圆轴表面上任取一点 K（图 3–23（a）），其单元体及各面上的应力如图 3–23（b）和图 3–23（c）所示。其左右面是横截面上 K 点附近的微小面，仅有切应力，其大小等于横截面上 K 点的切应力，且 $\tau_x=\dfrac{T\rho}{I_P}$，根据切应力互等定律，上、下面（纵向截面土 K 点附近的微小面）上，$\tau_y=-\tau_x$，前、后面上没有应力。

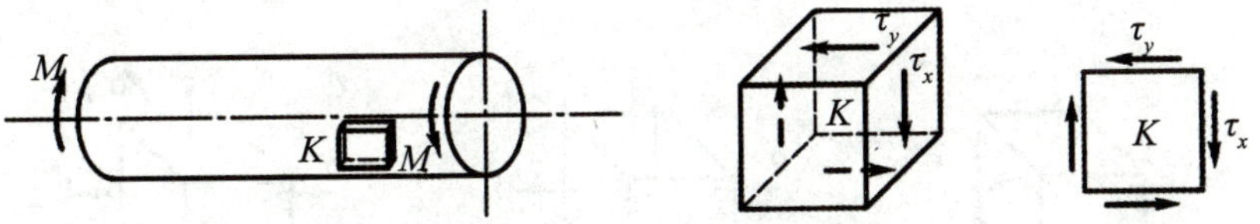

（a）　（b）　（c）

图 3–23　受扭圆轴某点的应力状态

（3）横力弯曲梁。在梁上任取一点 K（图 3–24（a）），其单元体及各面上的应力如图 3–24（b）和图 3–24（c）所示。在左、右截面上，既有正应力，又有切应力，其大小等于该横截面上 K 点处的应力，即

$$\sigma_x=\frac{M}{I_z}y,\quad \tau_x=\frac{F_S S_z^*}{I_z b}$$

根据切应力互等定理，上、下表面上的切应力 $\tau_y=-\tau_x$，前、后表面上没有应力。

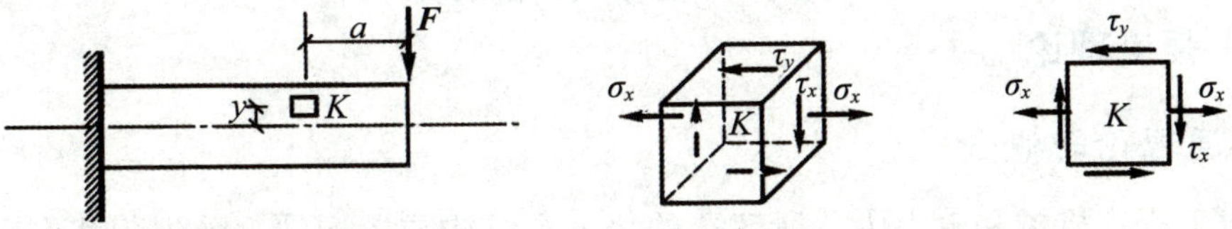

（a）　（b）　（c）

图 3–24　横力弯曲梁某点的应力状态

3. 点的应力状态分类

当杆件进行拉压、扭转、弯曲变形时，各截面上的应力是不一样的，在某个截面上切应力为零。在工程中，该截面上的正应力，称为主应力。将主应力所在的截面，称为主平面。通常根据单元体上主应力的情况，把应力状态分为三类。

（1）单向应力状态。当单元体上只有一对主应力不为零时，称为单向应力状态（图 3–25（a）和图 3–25（d））。例如，拉、压杆及纯弯曲变形直梁上各点（中性层上的点除外）的应力状态，都属于单向应力状态。

（2）双向应力状态。当单元体上有两对主应力不等于零时，称为双向应力状态（图 3–25（b）和图 3–25（e））。

（3）三向应力状态。当单元体上三对主应力均不为零时，称为三向应力状态（图 3–25（c））。单元体上的 3 个主应力按代数值大小排列为

$$\sigma_1>\sigma_2>\sigma_3$$

三向应力状态又称空间应力状态，双向、单向及纯剪切应力状态又称为平面应力状态，处于平面应力状态的单元体，可以简化为平面简图来表示，如图 3–25（d）和图 3–25（e）所示。

在应力状态里，有时会遇到一种特例，即单元体的四个侧面上只有切应力而无正应力，称为纯剪切应力状态，如图 3–25（f）所示。

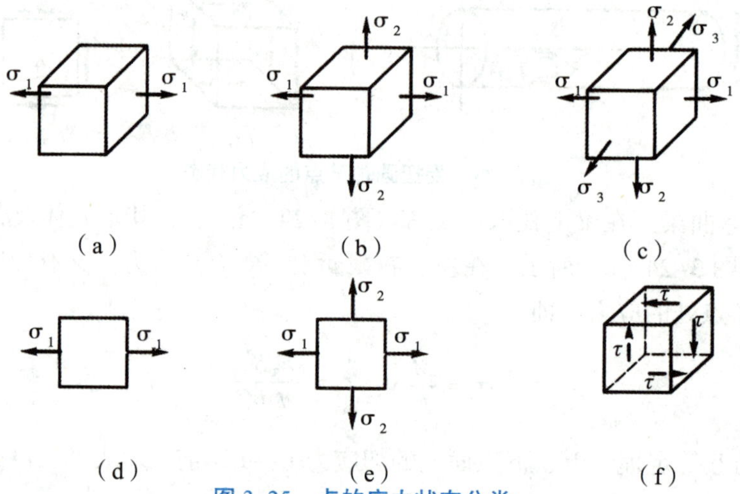

图 3–25　点的应力状态分类

（二）强度理论

1. 强度理论的概念

在土木工程、机械和电力中，所建造的每一个结构或者构件，受到荷载作用后不至于发生垮塌现象，这就是结构或构件的强度问题。在前面几个项目中，都建立起了杆件发生基本变形时的强度条件。当材料发生破坏时，总是某些截面的应力达到了某一个极限值。因此，在对材料进行简单实验的基础上，建立起杆件发生基本变形的两种强度条件为

正应力强度条件 $\sigma_{\max} \leqslant [\sigma]$

切应力强度条件 $\tau_{\max} \leqslant [\tau]$

而式中的许用正应力 $[\sigma]$ 和许用切应力 $[\tau]$，它们分别等于对试件进行轴向拉压或剪切试验确定的材料极限应力（屈服极限 σ_s、τ_s 或强度极限（σ_b、τ_b）除以安全因数。

根据上述两种强度计算，构件的强度问题应该得到解决了。但是通过大量的工程实践证明，仅用前面所述的强度条件对构件进行强度计算，是远远不能满足土木工程、机械和电力构件设计需要的。也就是说，即使构件满足了前面所述的两种强度条件，构件受力后也可能会发生破坏。通过人们对构件强度问题的深入细致的研究证明：由于构件内部存在着各种各样的应力状态，材料在不同的应力状态下，所处的物理环境也就不同，可能会发生意想不到的破坏现象。对于前面所述的正应力强度条件，它只适合材料处于单向应力状态的情况（图 3–25（a）），而对于切应力强度条件，则它只适合于材料处于纯剪切应力状态的情况（图 3–25（f））。而对处于复杂应力状态中的情况（图 3–25（b）和图 3–25（c）），则是不适用的。因此，必须解决复杂应力状态下的强度计算问题，建立与之相适应的强度计算公式，以满足工程结构设计的需要。

知识拓展

构件的破坏形式

人们通过丰富的工程实践和科学实验，发现构件的破坏形式可以归结为两类：一类是断裂破坏，一类是屈服破坏（或剪切破坏）。人们进行了认真的分析和研究，并对两类破坏的主要原因提出了种种假说，并依据这些假说建立了相应的强度条件。通常把这些对材料破坏现象的原因提出的假说，称为强度理论。显然，这些假说的正确性必须经受工程实践的检验。实际上，也正是在反复实验和实践的基础上，强度理论才日趋完善。

2. 常用四种强度理论简介

历史上提出的强度理论很多，但经过工程设计和生产实践，其中四种强度理论最为常用，并且基本上能满足工程设计的需要。这四种强度理论，只适用于常温，静荷载作用，材料均匀、连续、各向同性条件下材料的强度校核。

（1）最大拉应力理论（第一强度理论）。不论材料处于何种应力状态，只要复杂应力状态下三个主应力中的最大拉应力 σ_1，达到材料单向拉伸断裂时的抗拉强度极限 σ_b 时，材料便发生断裂破坏。按此理论，得到按第一强度理论建立的强度条件为

$$\sigma_1 \leqslant [\sigma]$$

式中　σ_1——构件危险点处的最大主拉应力；

$[\sigma]$——材料在单向拉伸时的许用应力。

（2）最大挖应变理论（第二强度理论）。无论材料处于何种应力状态，只要单元体的三个主应变中的最大伸长线应变 ε_1 达到材料单向拉伸断裂时的最大拉应变极限值 ε_{tmax}，材料即发生断裂破坏。按此理论，得到按第二强度理论建立的强度条件为

$$\sigma_1-\mu（\sigma_2+\sigma_3）\leqslant [\sigma]$$

（3）最大切应力理论（第三强度理论）。认为材料的破坏是由于最大切应力的作用，其强度条件为

$$\sqrt{\sigma^2+4\tau^2} \leqslant [\sigma]$$

（4）形状改变比能理论（第四强度理论）。认为材料的破坏原因是材料内部某点的形状改变比能密度达到材料在单向拉伸屈服时形状改变比能密度的极限值，其强度条件为

$$\sqrt{\sigma^2+3\tau^2}\leqslant[\sigma]$$

任务三 组合变形杆的应力与强度计算

任务描述

在实际工程结构中，有些构件的受力情况是很复杂的，受力后的变形常常不只是某一种单一的基本变形，而是同时发生两种或两种以上的基本变形。例如，图 3–26（a）所示的挡土墙，也同时受自重引起的压缩变形和土壤压力产生的弯曲变形；图 3–26（b）所示的圆弧梁，由于梁上的荷载没有作用在梁的纵向对称平面内，该梁同时产生扭转和弯曲变形。

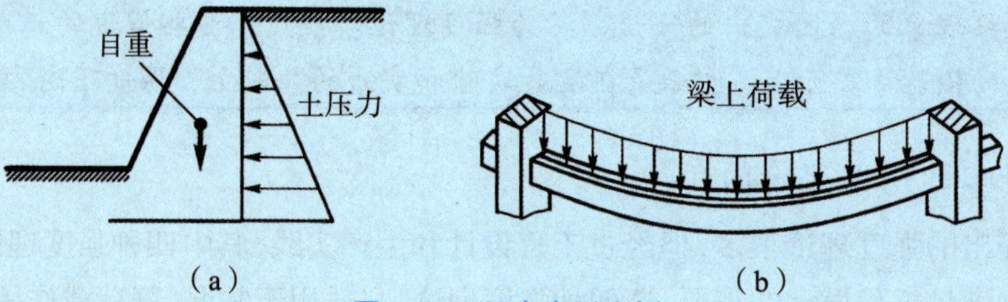

图 3–26　组合变形实例

上述这些构件，由于受复杂荷载的作用，同时发生两种或两种以上的基本变形，这种变形情况，称为组合变形。

任务分析

组合变形时的强度分析问题，主要是应力计算。只要构件的变形很小，材料服从胡克定律，力的独立作用原理是成立的，即每一种荷载引起的变形和内力不受其他荷载的影响，因此可以应用叠加法来解决组合变形问题。

任务重点与实施

一、斜弯曲强度计算

现以图 3–27（a）所示的悬臂梁为例，说明斜弯曲的概念及其应力计算的一般步骤。设矩形截面的悬臂梁在自由端处，作用一个垂直于梁轴并通过截面形心的集中荷载 F，它

与截面的形心主轴 y 成 φ 角。

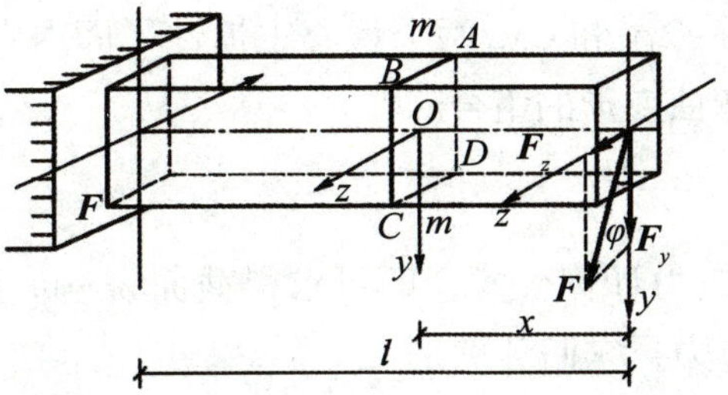

（a）

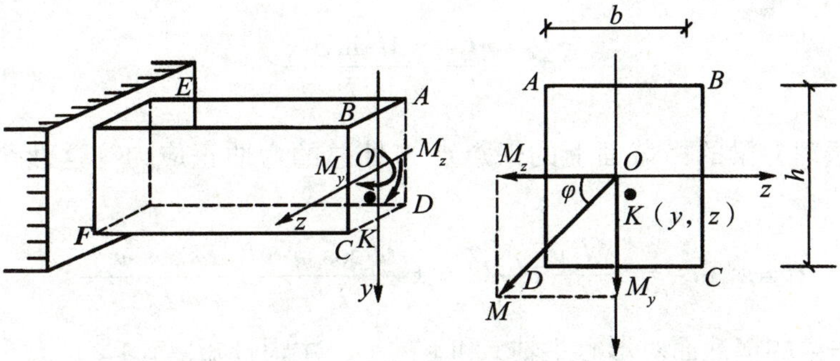

（b）

图 3–27　斜弯曲

（一）外力分析

由于外力作用平面虽然通过截面的弯曲中心，但它并不通过也不平行于杆件的任一形心主轴，则梁不发生平面弯曲。此时，可将力 F 沿 y、z 两个形心主轴方向分解，得到两个分力为

$$F_y=F\cos\varphi，F_z=F\sin\varphi$$

在 F_y 作用下，梁将在 Oxy 平面内弯曲，在 F_z 作用下，梁将在 Oxz 平面内弯曲，两者均属平面弯曲情况。因此梁在倾斜力作用下，相当于受到两个方向的平面弯曲，梁的挠曲线此时不再是一条平面曲线，也不在外力作用的平面内，通常把这种弯曲称为斜弯曲。

（二）内力分析

与平面弯曲情况一样，在斜弯曲梁的横截面上也有剪力和弯矩两种内力。但由于剪力在一般情况下影响较小，因此在进行内力分析时，主要计算弯矩的影响。在分力 F_y 和 F_z 分别作用下，梁上距自由端为 x 的任一截面 m—m 的弯矩为

$$M_z=F_y\cdot x=F\cos\varphi\cdot x$$

$$M_y=F_z\cdot x=F\sin\varphi\cdot x$$

令 $M=Fx$，它表示力 F 对截面 m—m 引起的总弯矩。如图 3–27（b）所示，显然，总弯矩 M 与作用在纵向对称平面内的弯矩 M_z 和 M_y 有如下关系

$$M_z=M\cos\varphi，\ M_y=M\sin\varphi，\ M=\sqrt{M_z^2+M_y^2}$$

M_z 和 M_y 将分别使梁在 Oxy 和 Oxz 两个形心主惯性平面内发生平面弯曲。因此，斜弯曲即为两个平面内的平面弯曲变形的组合。

（三）应力分析

应用平面弯曲时的正应力计算公式，即可求得截面 $m—m$ 上任意一点 K（y，z）处由 M_z 和 M_y 所引起的弯曲正应力，它们分别是

$$\sigma'=\frac{M_z y}{I_z}=\frac{M\cos\varphi\cdot y}{I_z}$$

$$\sigma''=\frac{M_y z}{I_y}=\frac{M\sin\varphi\cdot z}{I_y}$$

根据叠加原理，梁的横截面上的任意点 K 处总的弯曲正应力为这两个正应力的代数和，即

$$\sigma=\sigma'+\sigma''=\pm\frac{M_z y}{I_z}\pm\frac{M_y z}{I_y}=\pm\frac{M\cos\varphi\cdot y}{I_z}\pm\frac{M\cos\varphi\cdot z}{I_y} \tag{3-16}$$

式中　I_z，I_y——梁的横截面对形心主轴 z 和 y 的形心主惯性矩。

至于正应力的正负号，可以直接观察由弯矩 M_z 和 M_y 分别引起的正应力是拉应力还是压应力来决定。以正号表示拉应力，负号表示压应力。

（四）确定危险截面，进行强度计算

显然，对图 3–27（a）所示的悬臂梁来说，危险截面就在固定端截面处，其上 M_z 和 M_y 同时达到最大值。至于危险点也不难看出，就是 E、F 两点（图 3–27（b），其中 E 点有最大拉应力，F 点有最大压应力，并且都属于单向应力状态，其应力可以直接代数和相加。若材料的抗拉压强度相等，强度条件可表示为

$$\sigma_{\max}=M_{\max}\left(\frac{\cos\varphi}{W_z}+\frac{\sin\varphi}{W_y}\right)=\frac{M_{\max}}{W_z}\left(\cos\varphi+\frac{W_z}{W_y}\sin\varphi\right)\leqslant[\sigma] \tag{3-17}$$

式中　$M_{\max}$——构件危险截面上的最大弯矩。

【例 3–8】一屋架上的木檩条采用 100 mm × 140 mm 的矩形截面，跨度 4 m，简支在屋架上，承受屋面分布荷载 q=1 kN/m（包括檩条自重），如图 3–28 所示。设木材的许用应力 [σ]=10 MPa，试验算檩条的强度。

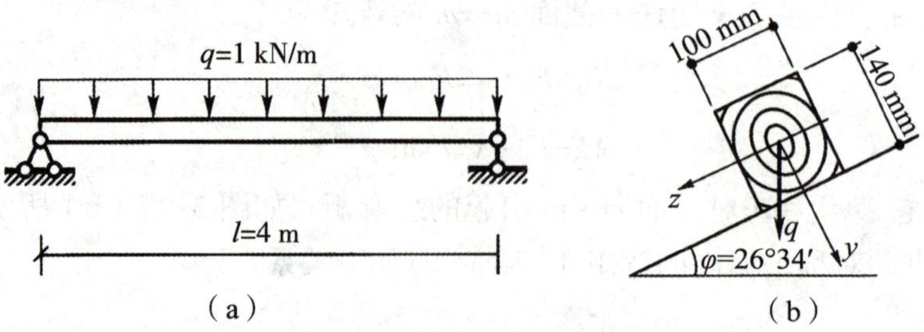

图 3–28　屋架上的木檩条

解：（1）内力计算。把檩条看作简支梁，在分布荷载作用下，跨中截面为危险截面，最大弯矩为

$$M_{max}=\frac{1}{8}ql^2=\frac{1\times4^2}{8}\text{kN}\cdot\text{m}=2\ \text{kN}\cdot\text{m}$$

（2）截面几何性质的计算。由已知截面尺寸可算得

$$W_z=\left(\frac{100\times140^2}{6}\right)\text{mm}^3=327\times10^3\ \text{mm}^3$$

$$W_y=\left(\frac{140\times100^2}{6}\right)\text{mm}^3=233\times10^3\ \text{mm}^3$$

（3）强度校核。根据强度条件式（3–17），可算得檩条的最大正应力为

$$\sigma_{max}=M_{max}\left(\frac{\cos\varphi}{W_z}+\frac{\sin\varphi}{W_y}\right)\leqslant[\sigma]$$

$$\begin{aligned}\sigma_{max}&=2\times10^6\times\left(\frac{\cos26°34'}{327\times10^3}+\frac{\sin26°34'}{233\times10^3}\right)\text{MPa}\\&=(5.47+3.84)\ \text{MPa}\\&=9.31\ \text{MPa}\leqslant[\sigma]=10\ \text{MPa}\end{aligned}$$

檩条的强度条件满足要求。

二、弯曲与拉（压）组合计算

若杆件同时受到横向力和轴向拉（压）力的作用，则杆件将发生弯曲与拉伸（压缩）组合变形。现以图 3–29（a）所示 *AB* 杆为例，具体说明弯曲与拉伸（压缩）组合变形时杆件的强度分析方法。

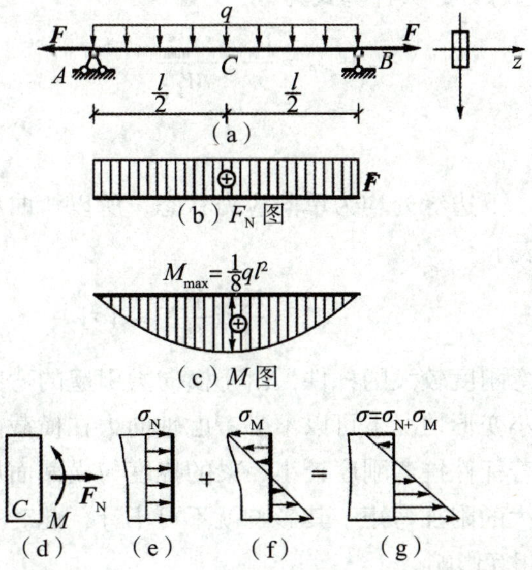

图 3–29　弯曲与拉伸组合变形

（一）外力分析，确定杆件有几种基本变形

由图可见，两端铰支的 AB 杆在均布横向荷载 q 的作用下产生弯曲变形，又在轴向力 F 的作用下将产生轴向拉伸变形。因此，AB 杆同时发生弯曲与拉伸两种基本变形。

（二）内力分析，确定危险截面

根据 AB 杆所受的外力，可以绘出轴力图和弯矩图如图 3–29（b）和图 3–29（c）所示。所以杆件中点处的截面上，同时作用有两种内力，其值均达到最大值，是此梁的危险截面，记为截面 C，如图 3–29（d）所示。其弯矩值为 $M_{max}=\dfrac{ql^2}{8}$，$F_N=F$。

（三）应力分析，确定危险点

在危险截面 C 上，轴向力 F_N 引起的正应力如图 3–29（e）所示，沿截面均匀分布的，其值为

$$\sigma_N=\frac{F_N}{A}$$

弯矩 M_{max} 所引起的正应力如图 3–29（f）所示，沿截面高度按直线规律分布。其值为

$$\sigma_M=\frac{M_{max}y}{A}$$

应用叠加法，截面上任意点处的正应力处于单向应力状态，按代数和计算其应力大小为

$$\sigma=\sigma_N+\sigma_M=\frac{F_N}{A}+\frac{M_{max}y}{I_z}$$

正应力分布规律如图 3–29（g）所示。显然，最大正应力和最小正应力将发生在离中性轴最远的下边缘和上边缘处，其计算式为

$$\sigma_{\substack{max\\min}}=\frac{F_N}{A}\pm\frac{M_{max}}{W_z}$$

（四）强度计算

由于危险截面的上、下边缘处均为单向应力状态，所以弯曲和拉伸（压缩）组合变形时的强度计算可用下式表示

$$\sigma_{\substack{max\\min}}=\frac{F_N}{A}\pm\frac{M_{max}}{W_z}\leqslant[\sigma] \qquad (3\text{-}18)$$

应该指出，对于抗弯刚度较大的杆件，由于横向力引起的弯曲变形（挠度）与横截面尺寸相比很小，因此在小变形情况下可以不必考虑轴向力在横截面上引起的附加弯矩的影响，而用叠加法计算。若杆件抗弯刚度较小，梁的挠度与横截面尺寸相比不能忽略，轴向力在横截面上将引起较大的附加弯矩，其影响就不可不计，此时叠加法不能应用，而应考虑横向力和轴向力间的相互影响。

【例 3-9】桥墩如图 3-30（a）所示。桥墩承受的荷载为上部结构传递给桥墩的压力 F_0=1 920 kN，桥墩墩帽及墩身的自重 F_1=330 kN，基础自重 F_2=1 450 kN，车辆经梁部传下的水平制动 F_T=300 kN。试绘出基础底部 AB 面上的正应力分布图。已知基础底面积为 $b\times h$=8 m×3.6 m 的矩形。

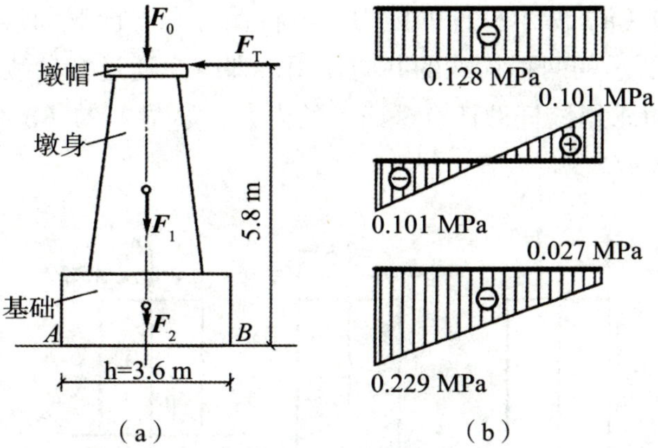

图 3-30　桥墩

解：（1）内力计算。基础底部截面上有轴力和弯矩，其数值分别为

$F_N=F_0+F_1+F_2$=（1 920+330+1 450）kN=3 700 kN

M_{max}=（300×5.8）kN·m=1 740 kN·m

（2）应力计算。由轴力 F_N 在基础底部产生的正应力为

$$\sigma_N=\frac{F_N}{A}=\frac{3\ 700}{8\times3.6\times10^3}\text{MPa}=-0.128\ \text{MPa}$$

由弯矩 M_{max} 在基础底部截面的右边缘和左边缘引起的正应力为

$$\sigma_z=\pm\frac{M_{max}}{W_z}=\pm\frac{1\ 740\times10^6}{\frac{1}{6}\times8\times10^3\times(3.6\times10^3)^2}\text{MPa}=\pm0.101\ \text{MPa}$$

所以在基础底部的左、右边缘处的正应力分别为

$$\sigma=\sigma_N+\sigma_M=\frac{F_N}{A}\pm\frac{M_{max}}{W_z}$$
$$=(-0.128\pm0.101)\ \text{MPa}$$
$$=\begin{cases}-0.027\ \text{MPa(右)}\\-0.229\ \text{MPa(左)}\end{cases}$$

基础底部截面上正应力分布规律如图 3-30（b）所示。

三、偏心压缩组合计算

如果压力的作用线平行于杆的轴线，但不通过截面的形心，则将引起偏心压缩。偏心压缩实际上仍是弯曲与压缩的组合变形问题。

（一）外力分析

图 3–31（a）表示一偏心压缩的杆件。外力 F 作用点在截面的一根形心主轴上，其作用点到截面形心 O 的距离 e 称为偏心距。由于外力作用在一根形心主轴上而产生的偏心压缩，称为单向偏心压缩。

为了分析图 3–31（a）所示杆件的内力，可将偏心力 F 向截面形心简化，其简化结果形成如图 3–31（b）所示的两种荷载的共同作用，即一个通过杆轴线的压力 F 和一个力偶矩 $M=Fe$。用截面法可求得该杆件任意截面上的内力，如图 3–31（c）所示，横截面上有轴力 $F_N=-F$，弯矩 $M_z=m=Fe$。

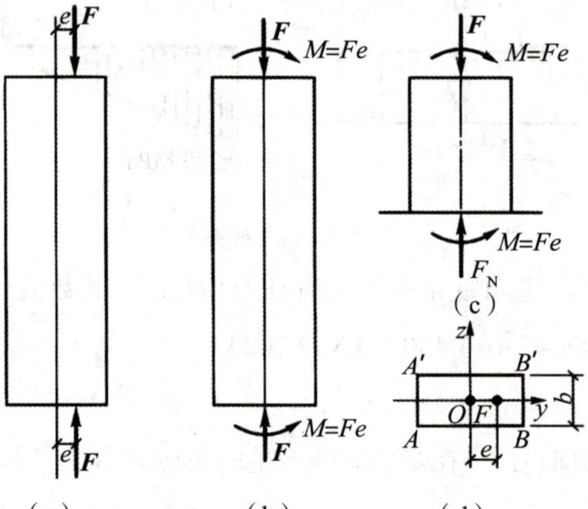

图 3–31　单向偏心压缩

（二）应力计算

根据叠加原理，将轴力 F_N 引起的正应力 $\sigma_N=\dfrac{F_N}{A}$ 和弯矩 M_z 引起的正应力 $\sigma_M=\pm\dfrac{M_z}{I_z}y$ 相加，就可以得到这种单向偏心压缩时杆件中任意横截面上任一点的正应力计算式。

$$\sigma=\sigma_N+\sigma_M=-\frac{F_N}{A}\pm\frac{M_z}{I_z}y$$

考虑到 $M_z=Fe$ 有

$$\sigma=-\frac{F_N}{A}\pm\frac{Fe}{I_z}y$$

上式中 F、y、e 均代入绝对值，正负号均可由观察变形确定。

显然，最大正应力和最小正应力分别发生在横截面的左、右两条边缘线上，其计算式为

$$\sigma_{\substack{\max\\\min}}=-\frac{F_N}{A}\pm\frac{Fe}{W_z}$$

由图 3–31（d）可以看出：单向偏心压缩时，距偏心力 F 较近的一侧边缘 BB' 处总是

产生压应力，其值为$\sigma_{\min}=-\dfrac{F_N}{A}-\dfrac{Fe}{W_z}$；而最大正应力$\sigma_{\max}=-\dfrac{F_N}{A}+\dfrac{Fe}{W_z}$总发生在距偏心力较远的那侧边$AA'$处，其值可能是压应力（图3–32（a）），也可能是拉应力（图3–32（c））。若将面积$A=bh$和抗弯截面模量$W_z=\dfrac{1}{6}bh^2$代入上式，即得

$$\sigma_{\substack{\max\\ \min}}=-\frac{F}{bh}\pm\frac{Fe}{\frac{1}{6}bh^2}=-\frac{F}{bh}\left(1\pm\frac{6e}{h}\right) \tag{3-19}$$

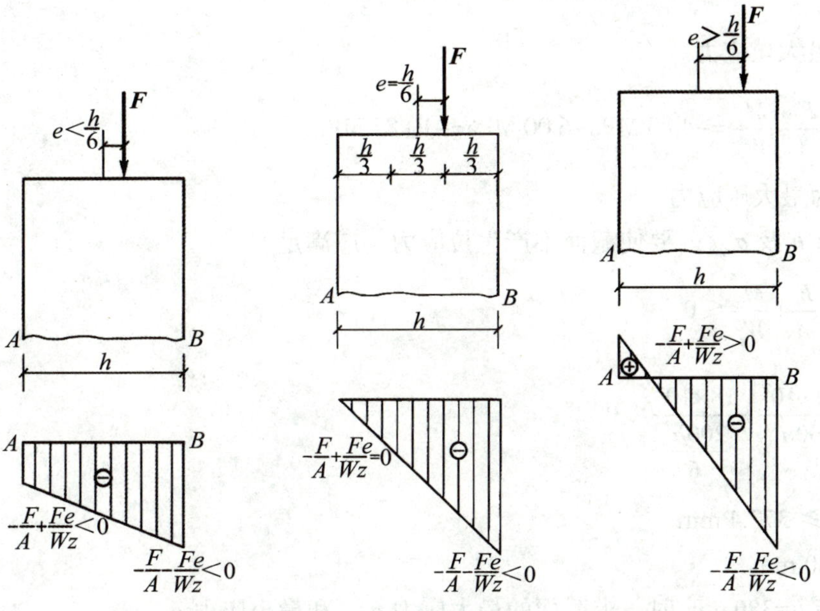

图3–32　单向偏心压缩应力分布

【例3–10】图3–33所示矩形截面柱，柱顶有屋架传来的压力F_1=200 kN，牛腿上承受吊车梁传来的压力F_2=90 kN，F_2与柱轴线的偏心距e=0.2 m。已知柱宽b=200 mm，求：

（1）若h=300 mm，则柱截面中的最人拉压力和最大压应力各为多少？

（2）要使柱截面不产生拉应力，截面高度h应为多少？在所选的h尺寸下，柱截面中的最大拉应力和最大压应力为多少？

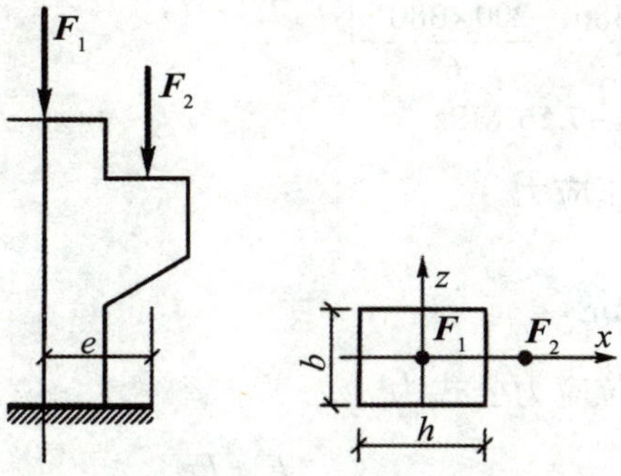

图3–33　厂房牛腿柱

解：（1）求$\sigma_{\max}$和$\sigma_{\min}$。将荷载力向截面形心平移，得柱的轴心压力为

$F=F_1+F_2=290\ \text{kN}$

截面的弯矩为

$M_z=F_2\cdot e=90\times0.2=18\ \text{kN}\cdot\text{m}$

$$\text{所以}\ \sigma_{max}=-\frac{F}{A}+\frac{M_z}{W_z}=-\frac{290\times10^3}{200\times300}\text{N/mm}^2+\frac{18\times10^6}{\frac{200\times300^2}{6}}\text{N/mm}^2$$

$$=-4.83\ \text{MPa}+6.00\ \text{MPa}=1.17\ \text{MPa}$$

σ_{max} 为最大拉应力。

$$\sigma_{min}=-\frac{F}{A}-\frac{M_z}{W_z}=-4.83\ \text{MPa}-6.00\ \text{MPa}=-10.83\ \text{MPa}$$

σ_{min} 即为最大压应力。

（2）求 h 及 σ_{max}。要使截面不产生拉应力，应满足

$$\sigma_{max}=-\frac{F}{A}+\frac{M_z}{W_z}\leqslant0$$

$$\text{即}\ -\frac{290\times10^3}{200h}+\frac{18\times10^6}{\frac{200h^2}{6}}\leqslant0$$

解得 $h\geqslant372.4\ \text{mm}$

取 $h=380\ \text{mm}$

（3）当 $h=380\ \text{mm}$ 时，求截面的最大应力 σ_{max} 和最小应力 σ_{min}

$$\sigma_{max}=-\frac{F}{A}+\frac{M_z}{W_z}=\left(-\frac{290\times10^3}{200\times380}-\frac{18\times10^6}{\frac{200\times380^2}{6}}\right)\text{N/mm}^2$$

$$=(-3.82+3.74)\ \text{MPa}=-0.08\ \text{MPa}$$

$$\sigma_{min}=-\frac{P}{A}-\frac{M_z}{W_z}=\left(-\frac{290\times10^3}{200\times380}-\frac{18\times10^6}{\frac{200\times380^2}{6}}\right)\text{N/mm}^2$$

$$=(-3.82-3.74)\ \text{MPa}=-7.56\ \text{MPa}$$

可见，整个截面上均为压应力。

四、截面核心的概念

单向偏心受压柱的最大拉应力公式为

$$\sigma_{t\max}=-\frac{F}{A}+\frac{Fe}{W}$$

如果$\left|\frac{Fe}{W}\right|>\left|\frac{F}{A}\right|$时，则横截面上将出现拉应力，这对用脆性材料制作的柱，如砖石、石柱、混凝土柱是不利的。最好使横截面不出现拉应力，这样必须使

$$\sigma_{t\max}=-\frac{F}{A}+\frac{Fe}{W}\leqslant 0$$

或使偏心距 e 为

$$e\leqslant\frac{W}{A} \tag{3-20}$$

对于直径为 d 的圆形截面

$$W=\frac{\pi d^3}{32},\ A=\frac{\pi d^2}{4}$$

所以

$$e\leqslant\frac{d}{8}$$

上式说明，当压力 F 的作用点位于截面形心附近的某一区域内时，柱截面上将不会出现拉应力。在力学中，将偏心压缩不产生拉应力的外力作用范围，称为截面核心，如图 3–34（a）阴影所示。

对于矩形截面，其截面核心如图 3–34（b）所示的阴影菱形。当压力 F 作用在 z 轴上时，将$W_y=\frac{hb^2}{6}$，$A=bh$ 代入式（3–20）得 $e=\frac{b}{6}$；同理，当力 F 作用在 y 轴上时，将$W_z=\frac{hb^2}{6}$，$A=bh$ 代入式（3–20），得 $e\leqslant\frac{h}{6}$。

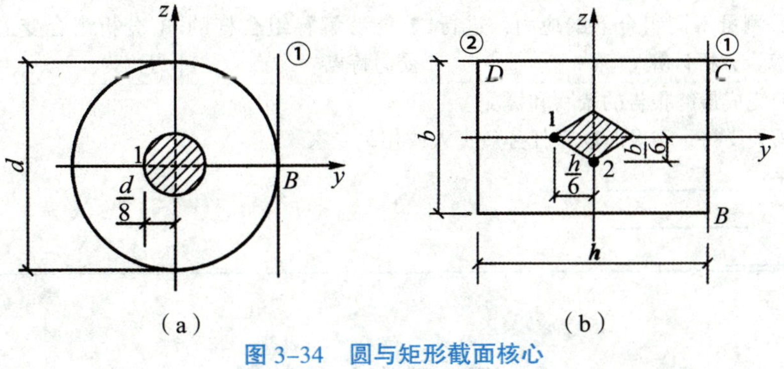

图 3–34　圆与矩形截面核心

通过以上分析可以看出，截面核心的形状、尺寸与压力 F 的大小无关，只与柱的横截两形状和尺寸有关。这样，可先根据截面的形状和尺寸，确定截面核心的范围，然后只要使压力 F 的作用点在截面核心之内，就可达到使整个截面不出现拉应力的目的。

项目小结

本项目主要介绍了杆件的应力与强度计算。首先介绍了轴向拉（压）杆横截面上的应力与应力集中；其次介绍了梁的应力与强度计算；最后介绍了组合变形杆的应力与强度计算。通过本项目的学习，读者不仅提高了应力计算的能力，还深入理解了如何运用强度理论评估结构的安全性和适用性。

【项目工单】

项目名称	项目实施	评估标准	报告要求
应力的概念	1. 通过简易的实验（如拉伸试验或压缩试验）测量不同条件下的应力； 2.记录受力后的变形和直径变化，计算应力	1. 准确记录受力数据和计算结果； 2. 理论和实践结合，清晰解释应力的概念	1. 描述实验设置和步骤； 2. 展示计算过程和应力数据； 3. 分析结果，深入讨论应力的影响
梁的应力与强度计算	1. 选择一根简支梁，通过加载实验来测量其应力和强度； 2. 计算弯矩和剪力，绘制应力分布图	1. 正确完成应力和弯矩计算； 2.能清晰绘制应力图，准确反映应力分布情况	1. 描述实验设置和步骤； 2. 展示应力计算过程及内力图； 3. 分析实验结果，探讨梁的承载能力和强度
组合变形杆的应力与强度计算	1. 设计一个由不同材料和截面构成的组合杆，进行受力实验； 2. 测量不同组合下的应力，进行综合分析计算	1. 准确记录应力测量数据； 2. 能够解释组合杆的受力特点	1. 描述实验设置和步骤； 2. 展示测量数据和计算过程； 3. 分析组合变形杆的强度和受力行为
请在项目结束前完成最终报告的撰写和提交。 若遇到问题或需要支持，请及时联系任务负责人或相关专家。 任务负责人签字：________ 任务审阅人签字：________ 日期：________			

【课后练习】

一、思考题

1. 什么是应力集中现象？工程上如何避免应力集中？
2. 哪些情况下需要进行切应力强度计算？
3. 弯曲与拉（压）组合变形时杆件的强度分析方法有哪些？

二、实训题

如图 3–35 所示的钻床，当它工作时，钻孔进刀力 $P = 2$ kN。已知力 P 的作用线与立柱轴线间的距离为 $e = 180$ mm，立柱的横截面为外径 $D = 40$ mm，内径 $d = 30$ mm 的空心圆，材料的容许应力 $[\sigma] = 100$ MPa，试校核此钻床立柱的强度。

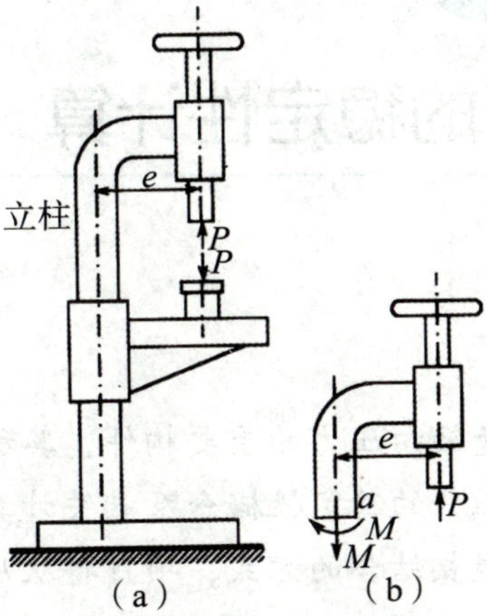

图 3–35　钻床示意图

项目四

压杆的稳定性计算

项目导读

在工程结构中，压杆是承受轴向压力的重要构件，其稳定性对于整体结构的安全性至关重要。本项目旨在深入探讨压杆的稳定性概念及相关计算方法，同时研究提高压杆稳定性的主要措施。通过理论与实践相结合的方式，项目将从压杆失稳机制出发，系统分析影响压杆稳定性的因素，以合理的计算方法评估压杆的临界载荷，并讨论有效的设计与施工措施，提升结构安全性。本项目将主要讨论压杆的稳定性问题，其他构件的稳定性问题可参阅有关的专著。

学习目标

知识目标

◇ 理解压杆稳定的基本概念。

◇ 理解压杆临界力的概念及计算方法。

◇ 学会计算压杆的临界应力，掌握其与材料性质及几何特性的关系。

◇ 了解压杆的稳定条件。

◇ 认识提高压杆稳定性的主要措施。

能力目标

◇ 能够针对具体案例进行压杆的稳定性分析，识别影响稳定性的主要因素并计算临界力和临界应力。

◇ 具备准确进行压杆稳定性计算的能力，能够将理论应用于实际工程设计中，并进行必要的改进。

素质目标

◇ 注重分析过程中的细节，培养读者养成做好细致入微的实验记录、资料整理和结果核对的良好习惯。

◇ 鼓励通过实际实验验证压杆稳定性理论，提升读者理论与实践相结合的能力。

思政目标

◇ 认识到压杆稳定性计算在建筑和结构工程中的重要性，培养读者对工程安全和社会责任的意识。

◇ 理解在追求工程效率与安全的同时，重视在材料和设计方案中融入可持续发展的观念，提升读者创新意识。

任务一　压杆稳定的概念及相关计算

任务描述

19世纪的最后20多年中，欧美发生过一系列铁路和公路桥梁以及杆系结构破坏的事故，有不少是由于压杆失稳造成，如瑞士明汉斯太因铁路桥的破坏。1891年5月14日，一座架设在莱茵河支流比尔斯河上的单轨铁路桥坠毁，74人遇难，200人受伤。经研究，桥梁破坏的原因是当载荷位于桥梁跨中时桁架中间斜杆的压应力最大，导致该杆件失稳。

任务分析

工程中，有些构件尽管具有足够的强度、刚度，却不能安全可靠地工作。构件除了强度和刚度不足而引起失效外，有时由于不能保持其原有的平衡状态而失效，这种失效形式称为丧失稳定性。

任务重点与实施

一、压杆稳定的基本概念

如图4-1所示的等直杆AB，若A端固定，B端作用沿轴线方向的荷载P，若外力P较小时，杆件保持在直线形状的平衡，微小的外界扰动将使杆件发生轻微的弯曲，干扰力解除后，杆件仍恢复直线形状，即外界的干扰不能改变其原有的铅垂平衡状态，压杆的直线平衡是稳定的；若外力P慢慢地增加到某一数值并且超过这一数值时，任何微小的外界扰动将使杆件AB发生弯曲，干扰力解除后，杆件处于弯曲状态下的平衡，不能恢复原有的直线平衡状态，杆件原有的直线平衡状态是不稳定的。若外力P继续增大，杆件将因过大的弯曲变形而突然折断。杆件维持直线稳定平衡的最大外力称为临界压力，记为P_{cr}。压杆丧失其直线形状的平衡而过渡为曲线平衡，称为丧失稳定，简称“失稳”。工程上，一般的细长压杆，由于轴向荷载的偏心或杆件的初曲率，往往因这种屈曲而导致失效。因此压杆的“失稳”也称为“屈曲”。

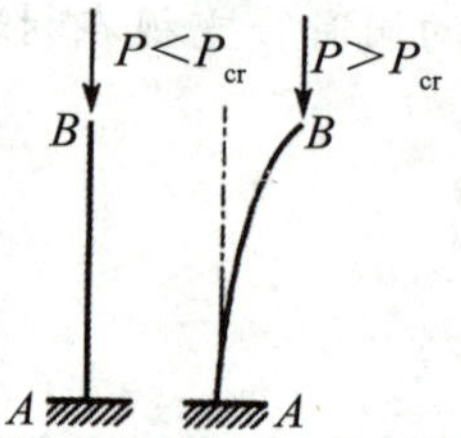

图 4–1　受压杆失稳

土木建筑中有许多细长压杆，如桁架结构中的抗压杆、建筑物中的柱等都是压杆。这类构件除了要有足够的强度外，还必须有足够的稳定性，才能正常工作。

除了压杆的失稳形式外，一些细长或薄壁的构件也存在静力平衡的稳定性问题。例如，细长圆杆的纯扭转，薄壁矩形截面梁的横向弯曲以及承受均布压力的薄壁圆环等，都有可能丧失原有的平衡状态而失效。图 4–2 给出了几种构件失稳示意图，图中虚线分别表示其丧失原有平衡形式后新的平衡状态。

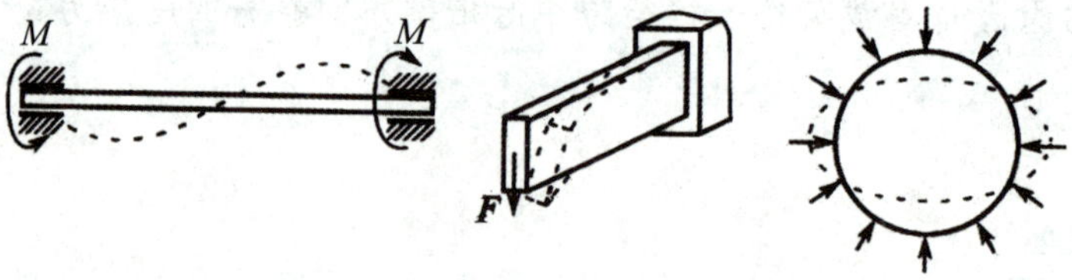

（a）　（b）　（c）

图 4–2　几种构件失稳示意图

承受轴向压力的细长压杆的平衡，在什么条件下是稳定的，什么条件下是不稳定的；怎样才能保证压杆正常、可靠地工作等问题，统称为稳定问题。稳定问题与强度和刚度问题一样，在结构和构件的设计中占有重要的地位。

二、临界力欧拉公式

临界力欧拉公式

表 4–1 中所示压杆计算简图，是稳定性理论分析的四种计算模型，是将工程实际中的受压杆件，抽象成为均质材料制成、轴线为直线（表中图形虚线）、外压力与轴线重合的“中心受压杆”。从这些理论模型出发，在弹性变形范围内，可导出压杆的临界力公式。因首先是数学家欧拉导出的，故称临界力欧拉公式。

由于杆端支承形式不同，临界力值必然不同，各种支承情况下的临界力计算公式列于表 4–1 中。为了使各种支承情况下的欧拉公式形式相同，而引入了长度因数（即压杆两端约束对临界力的影响因数。两端铰支为 1，两端固定为 0.5，一端固定一端自由为 2，一端固定一端铰支为 0.7）。因此，细长压杆在不同支承情况下的临界力计算公式写成统一形式为

$$F_{cr}=\frac{\pi^2 EI}{(\mu l)^2}=\frac{\pi^2 EI}{l_0^2} \tag{4-1}$$

式中　E——弹性模量；

I——轴惯性矩；

l——压杆实际长度；

l_0——压杆计算长度；

μ——长度因数。

表 4-1　各种支承情况下等截面细长压杆临界力的欧拉公式

支撑情况	两端铰支	一端固定 一端自由	一端固定 一端铰支	两端固定
挠曲线形状	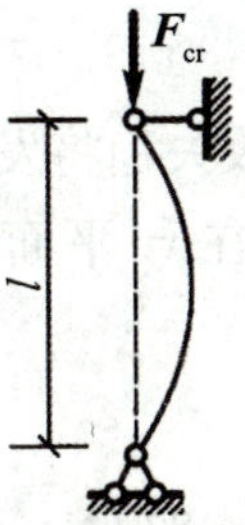	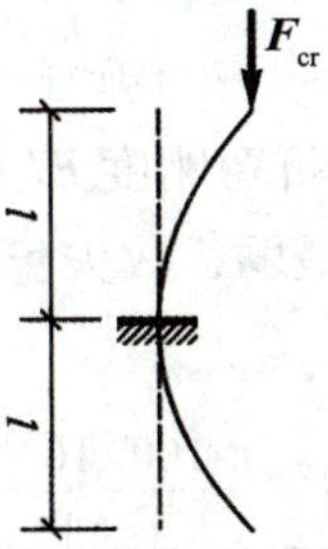	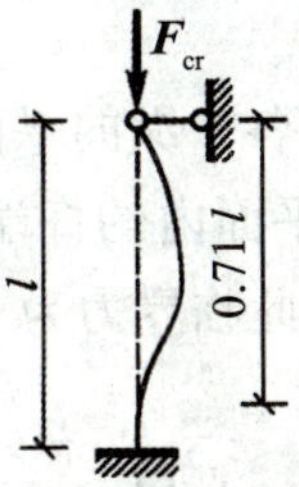	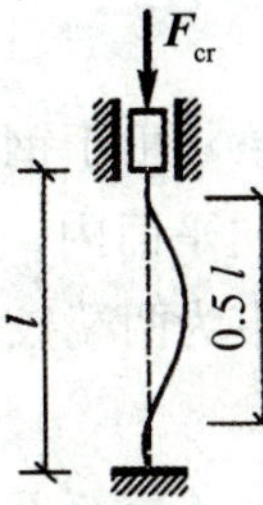
临界力公式	$F_{cr}=\frac{\pi^2 EI}{l^2}$	$F_{cr}=\frac{\pi^2 EI}{(2l)^2}$	$F_{cr}\approx\frac{\pi^2 EI}{(0.7l)^2}$	$F_{cr}=\frac{\pi^2 EI}{(0.5l)^2}$
计算长度 l_0	l	$2l$	$0.7l$	$0.5l$
长度因数 μ	1	2	0.7	0.5

提示

对于轴心压杆来说，临界力就是它的最大承载力。式（4-1）就是计算压杆临界力的通用公式，变换长度因数 μ 就能求出各种支承情况下的压杆临界力。当轴向外力 $F \leqslant F_{cr}$ 时压杆就不会失稳。在用式（4-1）计算压杆的临界力时，压杆将在 EI 值最小的纵向平面内失稳，因此，式中的轴惯性矩 I 应取截面的最小形心主惯性矩 I_{min}。

【例 4-1】一根两端铰支的 I22a 工字钢压杆，长 l=5 m，钢的弹性模量 E=200 GPa。试确定此压杆的临界力。

解：查型钢表得 I22a 工字钢的惯性矩为

I_z=3 400 cm^4，I_y=225 cm^4，取 I_{min}=225 cm^4

由表 4-1 知

$$F_{cr}=\frac{\pi^2 EI_y}{l^2}=\frac{\pi^2\times200\times10^9\times225\times10^{-8}}{5^2}\text{N}=177.47\times10^3\ \text{N}=177.47\ \text{kN}$$

即若轴向压力超过 177.47 kN 时，此压杆会失稳。

【例 4-2】一长 l=5 m，直径 d=100 mm 的细长钢压杆，支承情况如图 4-3 所示，在 xy

平面内为两端铰支，在 xz 平面内为一端铰支一端固定。已知钢的弹性模量 E=200 GPa，求此钢压杆的临界力。

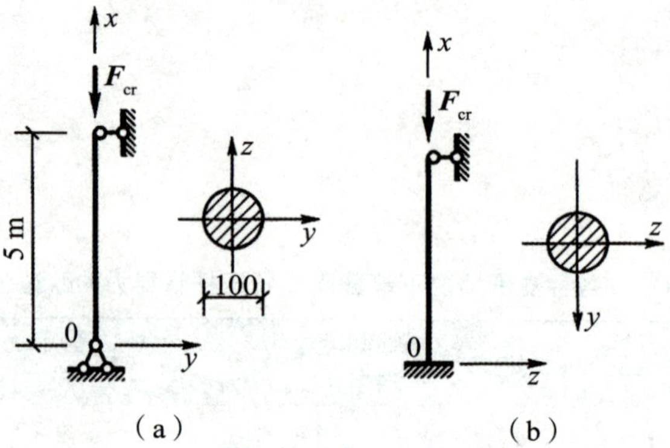

图 4-3　中心压杆

解：由于钢压杆在各个纵向平面内的抗弯刚度 EI 相同，故失稳将发生在杆端约束最弱的纵向平面内，而 xy 平面内的杆端约束最弱，故失稳将发生在 xy 平面内。xy 平面内的杆端约束为两端铰支，因此临界力为

$$F_{cr}=\frac{\pi^2 EI}{l^2}=\frac{\pi^2\times200\times10^9\times\dfrac{\pi(100\times10^{-3})^4}{64}}{5^2}\text{ N}=387\text{ kN}$$

三、压杆的临界应力

若压杆的长度、材料、截面形状和支承完全相同，而面积不同，当轴向外力逐渐增加时，截面小的压杆会先失稳。为什么呢？原因就是临界应力不同。

（一）临界应力与柔度

当压杆在临界力 F_{cr} 作用下处于平衡时，其横截面上的压应力为$\dfrac{F_{cr}}{A}$，此压应力称为临界应力，用 σ_{cr} 表示，即

$$\sigma_{cr}=\frac{F_{cr}}{A}=\frac{\pi^2 E}{(\mu l)^2}\cdot\frac{I}{A}$$

利用惯性半径 $i=\sqrt{\dfrac{I}{A}}$，则上式成为

$$\sigma_{cr}=\frac{\pi^2 E}{(\mu l)^2}\cdot i^2=\frac{\pi^2 E}{\left(\dfrac{\mu l}{i}\right)^2}$$

令 $\lambda=\dfrac{\mu l}{i}$，则临界应力的计算公式可简化为

$$\sigma_{cr}=\frac{\pi^2 E}{\lambda^2}\tag{4-2}$$

式（4-2）称为临界应力欧拉公式，是临界力欧拉公式的另一种表达形式。$\lambda=\dfrac{\mu l}{i}$称为柔度或长细比。柔度 λ 与 i、μ、l 有关，i 取决于压杆的横截面形状和尺寸，μ 取决于压杆

的支承情况。因此，柔度 λ 综合反映了压杆的长度、截面形状和尺寸以及压杆支承情况对临界应力的影响。若由相同材料制成的压杆，其临界应力仅取决于 λ，λ 值越大，则 σ_{cr} 越小，压杆就易失稳。

（二）欧拉公式的适用范围

欧拉公式是在弹性条件下推导出来的，因此临界应力 σ_{cr} 不应超过材料的比例极限 σ_P，即

$$\sigma_{cr} \leqslant \sigma_P \tag{4-3}$$

将式（4–2）代入式（4–3）得到使临界应力公式成立的柔度条件为

$$\lambda \geqslant \pi\sqrt{\frac{E}{\sigma_P}}$$

若用 λ_P 表示对应于 $\sigma_{cr}=\sigma_P$ 时的柔度值，则有

$$\lambda_P = \pi\sqrt{\frac{E}{\sigma_P}} \tag{4-4}$$

显然，当 $\lambda \geqslant \lambda_P$ 时，欧托公式才适用。通常将 $\lambda \geqslant \lambda_p$ 的杆件称为大柔度杆或细长压杆。即只有细长压杆才能用欧拉式（4–1）和式（4–2）来计算杆件的临界力和临界应力。对于常用材料的 λ_p 值可根据式（4–4）求得。如以 Q235 钢为例，E=200 GPa，σ_p=200 MPa，λ_p=100。所以说，由 Q235 钢制成的压杆，其柔度 $\lambda \geqslant \lambda_p$=100 时，才能应用欧拉公式计算临界力或临界应力。

（三）临界应力总图

对临界应力超过比例极限（$\lambda<\lambda_p$）的压杆，可分为两类。

1. 短粗杆或小柔度杆

一般来说，短粗杆不会发生失稳，它的承压能力取决于材料的抗压强度，属强度问题。

2. 中柔度杆

在工程中，这类杆是常见的。对于这类压杆大多都采用以实验为基础的经验公式，来计算临界应力。目前，我国在建筑上采用抛物线临界应力经验公式

$$\sigma_{cr}=a-b\lambda^2$$

临界力公式则为

$$F_{cr}=\sigma_{cr}A=(a-b\lambda^2)A$$

式中　λ——压杆的长细比；

a、b——与材料有关的常数，其值随材料的不同而不同。例如

Q235 钢：$\sigma_{cr}=(235-0.006\,68\lambda^2)$ MPa　（$\lambda \leqslant 123$）

16 Mn 钢：$\sigma_{cr}=(345-0.001\,61\lambda^2)$ MPa　（$\lambda \leqslant 109$）

由以上讨论可知，无论大柔度杆还是中柔度杆，其临界应力均为杆的长细比的函数。临界应力与长细比 λ 的关系曲线，称为临界应力总图。

图 4–4 为 Q235 钢的临界应力总图。图中曲线 ACB 部分是按欧拉公式绘制的（双曲线），曲线 DC 是按经验公式绘制的（抛物线），二曲线交于 C 点，C 点的横坐标为 $\lambda_C=123$，纵坐标为 $\sigma_C=134$ MPa。这里以 $\lambda_C=123$ 而不是以 $\lambda_P=100$ 作为两曲线的分界点，这是因为欧拉公式是以理想压杆导出的，与实际存在差异，因而将分界点做了修正，这样更能反映压杆的实际情况。所以，在实际应用中，对 Q235 钢制成的压杆，当 $\lambda \geqslant \lambda_C$（$\lambda_C=123$）时，才能按欧拉公式计算临界应力（或临界力），当 $\lambda<123$ 时，则用经验公式计算。

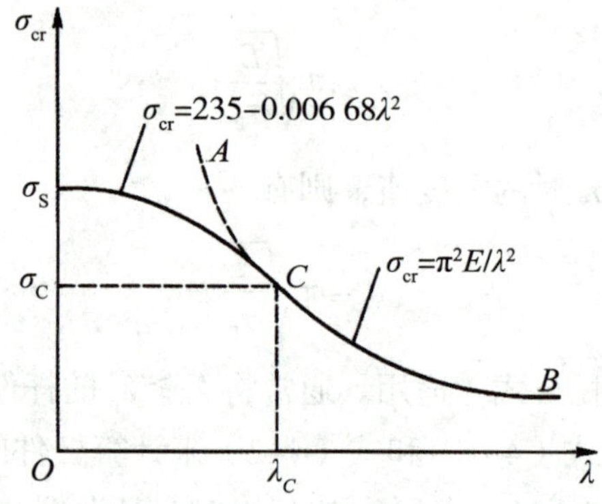

图 4–4　Q235 钢的临界应力总图

【例 4–3】三根圆截面压杆直径均为 160 mm，材料均为 Q235 钢，$E=200$ GPa，$\lambda_p=200$ MPa，$\lambda_s=240$ MPa，两端均为铰支。长度分别为 $l_1=5$ m，$l_2=2.5$ m，$l_3=1.25$ m。试计算各杆的临界力。

解：（1）计算相关数据。

$$A=\frac{\pi}{4}d^2=\frac{\pi}{4}\times 0.16^2=2\times 10^{-2}\,\mathrm{m}^2$$

$$I=\frac{\pi}{64}d^4=\frac{\pi}{64}\times 0.16^4=3.22\times 10^{-5}\,\mathrm{m}^4$$

$$i=\frac{d}{4}=4\times 10^{-2}\,\mathrm{m}$$

$\mu=1$

（2）计算各杆的临界力。

第一根杆：$l_1=5$ m

$$\lambda_1=\frac{\mu l_1}{i}=\frac{1\times 5}{4\times 10^{-2}}=125$$

因为 $\lambda_1>\lambda_P$，所以此杆属于大柔度杆，应用欧拉公式计算临界力

$$F_{cr}=\frac{\pi^2 EI}{(\mu l_1)^2}=\frac{\pi^2\times 200\times 10^9\times 3.22\times 10^{-5}}{(1\times 5)^2}\,\mathrm{N}=2\,540\ \mathrm{kN}$$

第二根杆：l_2=2.5 m

$$\lambda_2=\frac{\mu l_2}{i}=\frac{1\times 2.5}{4\times 10^{-2}}=62.5$$

因为 $\lambda_s<\lambda_2<\lambda_P$，所以第二根杆属于中柔度杆，现用抛物线经验公式计算临界应力。

$\sigma_{cr}=a-b\lambda^2=(235-0.006\ 68\times 62.5^2)$ MPa=208.91 MPa

则临界力为 $F_{cr}=\sigma_{cr}A=(208.91\times 10^6\times 2\times 10^{-2})$ N=4 178.2 kN

第三根杆：l_3=1.25 m，属于短粗杆，按强度方法计算临界力

$F_{cr}=\sigma_s A=240\times 10^6\times 2\times 10^{-2}$ N=4 800 kN

从中看出，对于同样的压杆，因长度不同，其承载力差别是很大的。

四、压杆的稳定条件（机械）

（一）实际压杆的主要“缺陷”

前面所讨论的压杆（细长和中长）都是理想化的，实际工程中的压杆存在着如下缺陷。

1. 初弯曲

实际压杆的轴线不可能是理想的直线，都具有微小的初始曲率。

2. 初偏心

压力作用点与压杆横截面形心不可能完全重合，带有微小的偶然偏心。

3. 残余应力

杆件及材料在制作（如钢材冶炼，杆件切割、焊接或安装）时常在内部产生一种自相平衡的初应力，称为“残余应力”。

由于存在缺陷，实际的压杆稳定临界力和临界应力比公式计算值要低。因此，临界力和临界应力并不能直接作为实际压杆是否失稳的判据。工程中实用的压杆稳定条件是在理想压杆临界应力计算值基础上，综合考虑了实际压杆缺陷后给予适当安全储备而建立的。

（二）压杆稳定条件

压杆稳定条件就是压杆保持稳定直线平衡的条件。按照上面的讨论，压杆要保持稳定，其实际工作应力 $\sigma=F/A$ 必须小于计算出来的临界应力，即

$$\sigma=F/A<\sigma_{cr}$$

由于实际压杆有缺陷，实际临界应力比计算出的临界应力 σ_{cr} 小，因此为了保证细长压杆和中长压杆稳定可靠，必须综合考虑一定的安全储备。因此，工程上采用将 σ_{cr} 除以一个随压杆具体柔度 λ 变化的大于 1 的系数作为压杆的稳定许用应力 $[\sigma_{st}]$。这个大于 1 的系数称为稳定安全系数，记为 $[K_{st}]$，即 $[\sigma_{st}]=\sigma_{cr}/[K_{st}]$。于是，压杆的稳定条件可写为

$$\sigma=\frac{F}{A}\leqslant[\sigma_{st}]=\frac{\sigma_{cr}}{[K_{st}]}$$

但上式不便于工程上运用，因为 σ_{cr}、$[K_{st}]$ 都是要随压杆具体柔度 λ 变化的量。为此，人们常将压杆稳定许用应力 $[\sigma_{st}]$ 改用强度许用应力 $[\sigma]$ 来表达，即

$$[\sigma_{st}]=\frac{\sigma_{cr}}{[K_{st}]}=\frac{\sigma_{cr}}{[K_{st}][\sigma]}[\sigma]$$

令 $\frac{\sigma_{cr}}{[K_{st}][\sigma]}=\varphi$，则 $[\sigma_{st}]=\varphi[\sigma]$。于是，压杆稳定条件成为

$$\sigma=\frac{F}{A}\leqslant\varphi[\sigma] \tag{4-5}$$

φ 称为稳定折减系数，随柔度 λ 变化，同时因临界应力 σ_{cr} 小于强度许用应力 $[\sigma]$，而 $[K_{st}]$ 大于 1，故 φ 一般小于 1。常用材料压杆的稳定折减系数见表 4-2。

表 4-2　常用材料压杆的稳定折减系数

λ	φ 值				
	Q215 钢和 Q235 钢	16 Mn 钢	铸铁	木材	混凝土
0	1.000	1.000	1.000	1.000	1.000
20	0.981	0.973	0.910	0.932	0.960
40	0.927	0.895	0.690	0.822	0.830
60	0.842	0.776	0.440	0.658	0.700
70	0.789	0.705	0.340	0.575	0.700
80	0.731	0.627	0.260	0.460	0.630
90	0.669	0.546	0.200	0.371	0.570
100	0.604	0.462	0.160	0.300	0.460
110	0.536	0.384		0.248	
120	0.466	0.325		0.209	
130	0.401	0.279		0.178	
140	0.349	0.242		0.153	
150	0.306	0.213		0.134	
160	0.272	0.188		0.117	
170	0.243	0.168		0.102	
180	0.218	0.151		0.093	
190	0.197	0.136		0.083	
200	0.180	0.124		0.075	

不难看出，当 φ=1 时，式（4–5）就成了轴压杆的强度条件。说明此时压杆已不存在失稳问题，只有强度问题，是粗短压杆了。从式（4–5）还可以看出，只要满足了稳定条件的压杆，必然满足强度条件。因此，工程上一般只需验算压杆的稳定性。只有当压杆横截面被削弱（如打孔洞或开口开槽等）时，才需验算这些横截面的强度。

知识拓展

构件失稳实验

除了压杆可能失稳之外，工程中还有一些构件也可能失稳。如图 4-5 所示，为小实验模拟薄梁、薄壁圆筒的失稳状况。它们的失稳特征，都表现为平衡形态的突然转变。

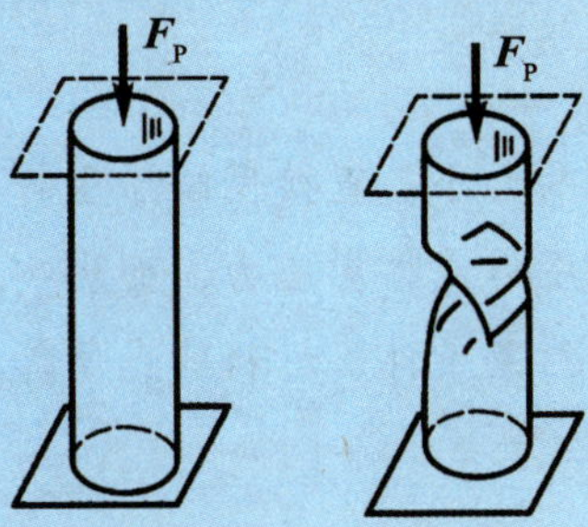

（a）薄纸筒受压失稳

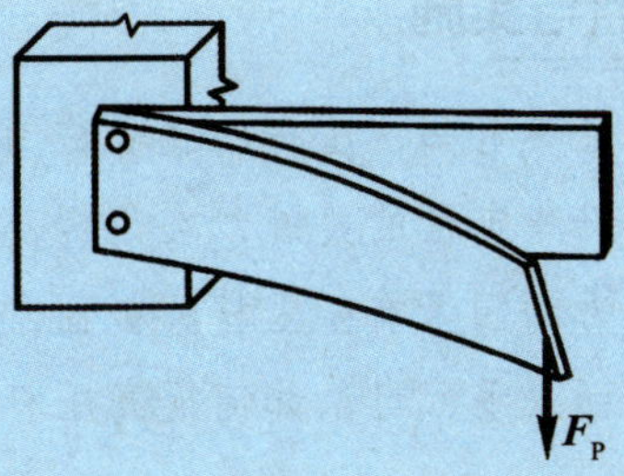

（b）硬纸片当梁演示失稳

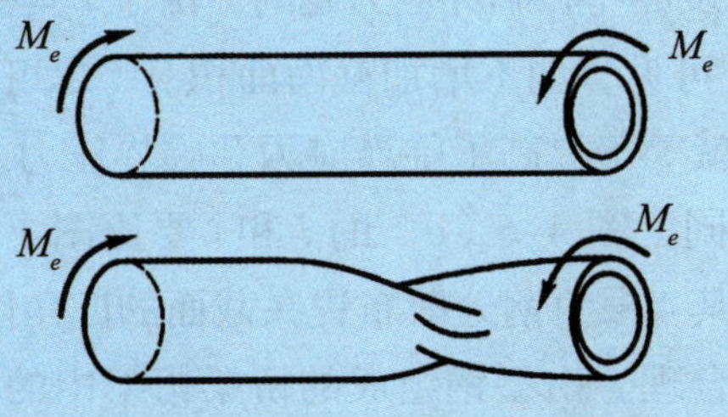

（c）薄纸筒（端部衬瓶盖施力）扭转失稳

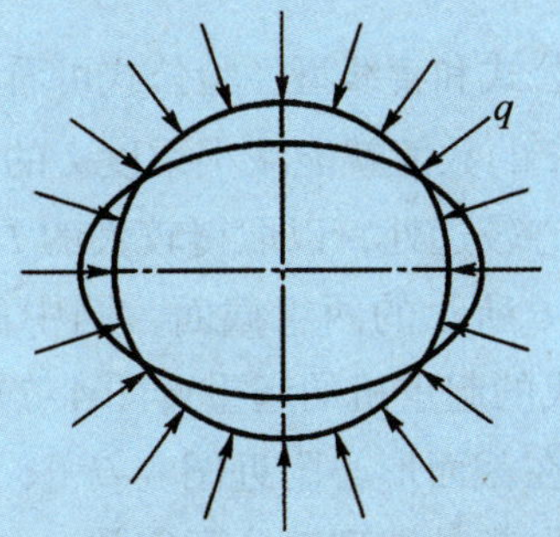

（d）饮料瓶在均布径向压力作用下失稳

图 4-5　薄梁、薄壁圆筒失稳情况

任务二　提高压杆稳定性的主要措施

任务描述

城市在建设新的立交桥时，需要使用多根压杆作为结构支撑。这些压杆的稳定性直接影响到桥梁整体的安全性和使用寿命。为此，设计团队需要制定一系列措施以提高压杆的稳定性。

任务分析

通过上述措施的实施，最终成功提高了压杆在桥梁结构中的稳定性，确保了桥梁在施工和运营过程中能够安全可靠地使用。设计团队在后续的使用监测中，也未发现任何由于压杆失稳导致的安全隐患，证明了这些措施的有效性。

任务重点与实施

由上节任务可知，压杆的临界应力或临界压力的大小，直接反映了压杆稳定性的高低。提高压杆稳定性的关键，在于提高压杆的临界压力或临界应力，而影响压杆临界应力或临界压力的因素有：压杆的截面形状、长度和约束条件、材料的性质等。因而，我们从这几方面入手，讨论如何提高压杆的稳定性。

一、选择合理的截面形状

从欧拉公式和直线型经验公式可看到，柔度越小，临界应力越高。由于 $\lambda=\frac{\mu l}{i}$，所以提高惯性半径 i 的数值就能减小柔度 λ 的数值。可见，如不增加截面面积 A，尽可能把材料放在离截面形心较远处，以取得较大的 I 和 i，就等于提高了临界应力和临界压力。

如图 4-6 所示的两组截面，圆中面积相同，图 4-6（b）的 I 和 i 要比图 a 大得多。由 4 根角钢组成的起重机的起重臂图 4-7（a），其 4 根角钢分散布置在截面的四角图 4-7（b），比集中布置在截面形心附近图 4-7（c）更为合理。由型钢组成的桥梁桁架中的压杆或建筑物中的柱，也都是把型钢分开安放，如图 4-8 所示。当然，也不能为了取得较大的 I 和 i，就无限制地增加环形截面的直径并减小其壁厚，这将使其因变成薄壁圆管而引起局部失稳，发生局部折皱的危险。对于由型钢组成的组合压杆，也要用足够的缀条或缀板把分开放置的型钢连成一个整体（图 4-7 和图 4-8）。否则，各条型钢将变为分散单独的受压杆件，反而降低了稳定性。

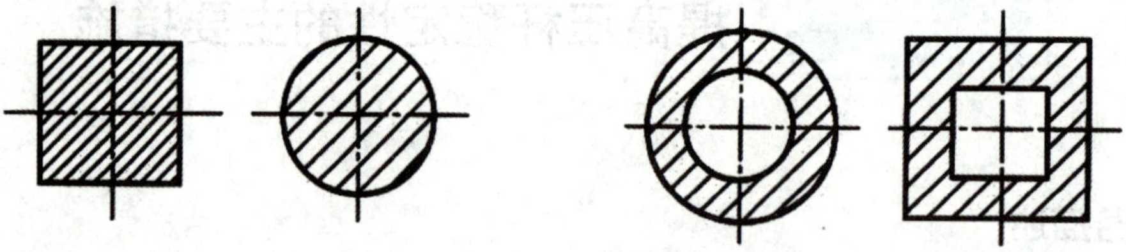

（a）　　　　（b）

图 4-6　合理的截面形状选择

当压杆两端在各弯曲平面内约束条件相同时，失稳总是发生在最小刚度的平面内。因此，当截面面积一定时，使压杆在各方向上的惯性矩 I 相等并尽可能大些，如图 4-7 和图 4-8 所示。但是，某些压杆在不同的纵向平面内，μl 并不相同。

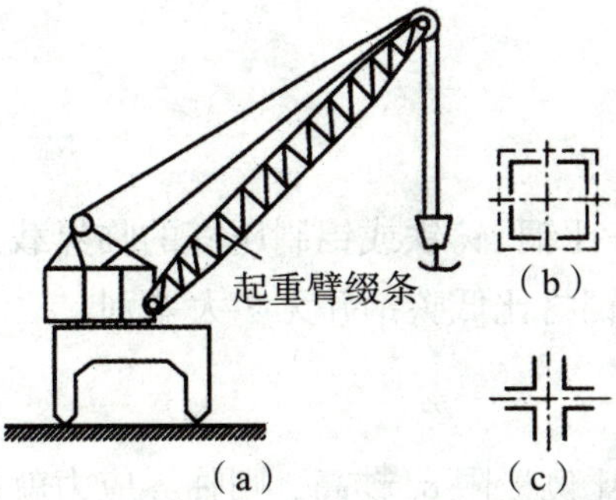

图 4–7　起重臂截面形状选择

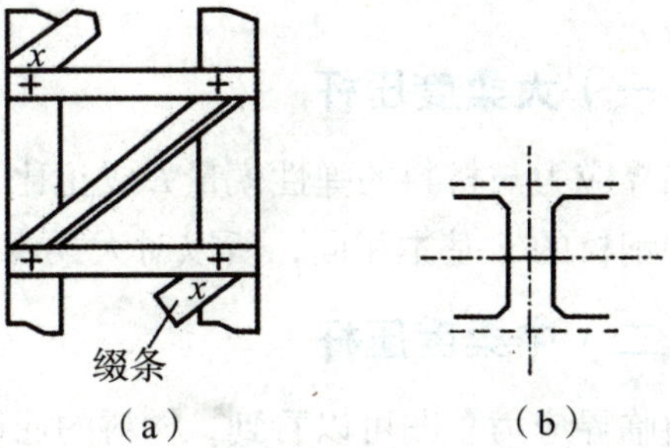

图 4–8　双槽钢压杆截面形状选择

例如，发动机的连杆，在摆动平面的平面内，两端可简化为铰支座（图 4–9（a）），$\mu_1 = 1$；而在垂直于摆动平面的平面内，两端可简化为固定端（图 4–9（b）），$\mu_2 = 1/2$。这就要求连杆截面对两个主形心惯性轴 x 和 y 有不同的 i_x 和 i_y，使得在两个主惯性平面内的柔度 $\lambda_1 = \mu_1 l_1/i_x$，$\lambda_2 = \mu_2 l_2/i_y$ 接近相等。这样，连杆在两个主惯性平面内仍可以有接近相似的稳定性。

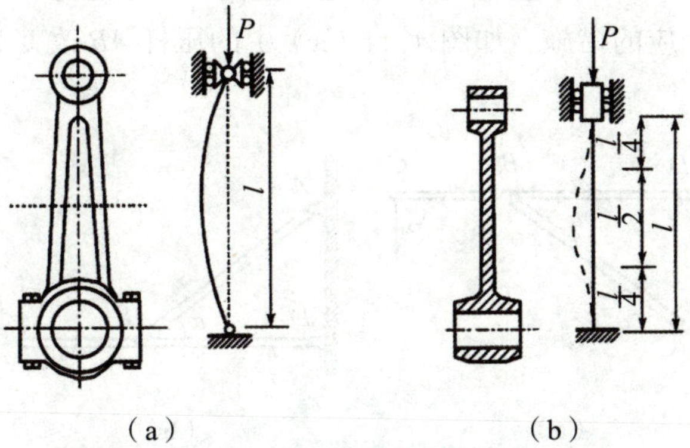

图 4–9　发动机连杆受压状态

二、改变压杆的约束条件或者增加中间支座

从欧拉公式和直线型经验公式以及 $\lambda = \mu l/i$ 可以看出，改变压杆的支座情况及压杆的有效长度 l，都直接影响临界压力的大小。从表 4 –1 可知，两端约束加强，长度系数增大，可增大压杆临界力 P_{cr}。此外，减小长度 l，如中间支座的使用等，也可大大增大杆件的临界压力 P_{cr}。如图 4–10 所示，杆件的临界压力变为

$$P_{cr} = \frac{\pi^2 EI}{\left(\frac{l}{2}\right)^2} = \frac{4\pi^2 EI}{l^2}$$

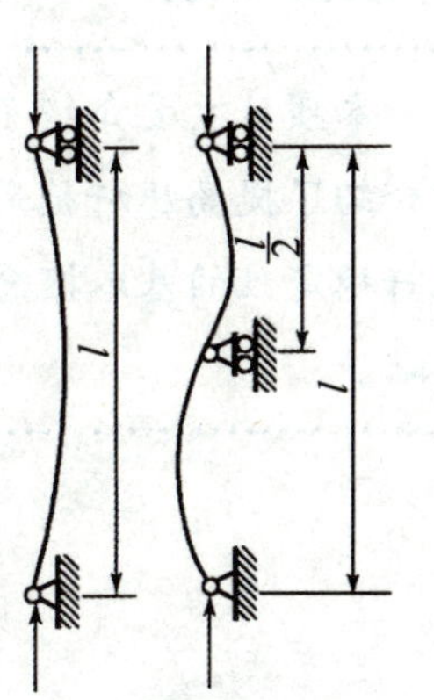

图 4–10　增加压杆中间支座

由此可见，临界压力为原来的 4 倍。

三、合理选择材料

（一）大柔度压杆

临界应力与材料的弹性模量 E 成正比。因此钢压杆比铜、铸铁或铝制压杆的临界载荷高。但各种钢材的 E 基本相同，所以对大柔度杆选用优质钢材比低碳钢并无多大差别。

（二）中柔度压杆

由临界应力总图可以看到，材料的屈服极限 σ_s 和比例极限 σ_p 越高，则临界应力就越大。这时选用优质钢材会提高压杆的承载能力。

（三）小柔度压杆

优质钢材的强度高，其承载能力的提高是显然的。

四、改善结构的形式

对于压杆，除了可以采取上述几方面的措施以提高其承载能力外，在可能的条件下，还可以从结构方面采取相应的措施。如图 4-11（a）中的压杆 AB 改变为图 4-11（b）中的拉杆 AB。

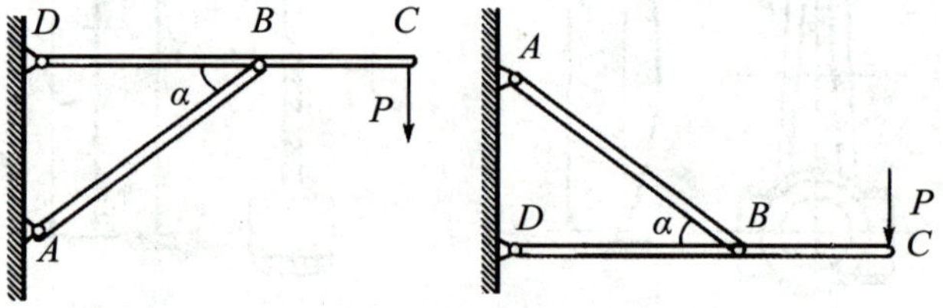

（a）　　（b）

图 4-11　改善结构形式

项目小结

本项目主要介绍了压杆的稳定性计算。首先介绍了压杆稳定的概念及相关计算；其次介绍了提高压杆稳定性的主要措施。通过本项目的学习与实践，读者应能够全面理解压杆稳定性的基本概念、计算方法及应用，这将为相关领域的研究和工程建设做出积极贡献。

【项 目 工 单】

项目名称	项目实施	评估标准	报告要求
压杆稳定的概念及相关计算	研究不同压杆模型，观察稳定与失稳现象	能否准确描述压杆稳定与失稳的区别	总结压杆稳定的基本概念，给出实例分析
提高压杆稳定性的主要措施	设计实验，验证不同措施对提高压杆稳定性的效果	能否有效实施措施并分析其对稳定性的影响	汇总实验结果，评价各种措施的优劣
请在项目结束前完成最终报告的撰写和提交。 若遇到问题或需要支持，请及时联系任务负责人或相关专家。 任务负责人签字：________ 任务审阅人签字：________ 日期：________			

【课 后 练 习】

一、思考题

1．什么是临界应力总图？

2．实际的压杆常带有哪些“缺陷”？它们对压杆的承载能力有何影响?

3．提高压杆稳定性的主要措施有哪些?试结合自己所知道的工程实例加以说明。

二、实训题

22a 工字钢所制压杆，两端铰支。已知压杆长 $l=3.5$ m，弹性模量 $E=200$ GPa，$[\sigma]=160$ MPa，承受轴向压力 $F=200$ kN。如果在腹板上开一直径 15 mm 的孔，试分别校核压杆的强度和稳定性是否满足要求。

第二部分　结构的内力与位移计算

杆系结构是结构类型之一。杆系结构，系指由若干杆件用铰结点和刚结点联合组成的承重体系。本部分具体研究的内容为：杆系结构计算简图的几何组成分析；静定结构的内力和位移计算；用力法、位移法、力矩分配法计算超静定结构内力，用静力法、机动法作梁的影响线及其应用等。有了上述知识，就可直接进行强度、刚度和稳定性计算。而结构较复杂时，有了上述知识还不能直接进行强度、刚度和稳定性计算，还要掌握一些其他知识。

项目五

平面体系的几何组成分析

项目导读

几何组成分析是结构工程中的核心内容之一，特别是在平面结构的建模和计算中，其重要性不言而喻。平面体系的几何组成分析主要研究平面结构的基本组成形式及其受力特性，目的是通过对结构的几何组成的分析，明确其自由度的计算方法，判定结构是否维持几何不变性，并在实际工程中应用这些原理进行结构设计与优化。

学习目标

知识目标

1. 理解几何组成分析的基本概念，了解及其在工程中的应用。
2. 学会运用正确的方法计算平面体系的自由度。
3. 了解平面几何不变体系的特征及其组成规则。

能力目标

1. 学会应用上述知识分析实际的平面体系问题，培养分析思维能力。
2. 掌握如何将几何组成分析应用于实际工程设计和结构分析。

素质目标

1. 培养读者在几何组成分析过程中保持严谨态度，确保分析过程的条理性和结果的准确性。

2. 通过实践项目和案例分析，提升读者理论与实践相结合的能力，增强真实工程问题的解决能力。

思政目标

1. 培养读者在结构设计中关注安全与稳定性的重要性，增强社会责任感和对工程质量的关注。

2. 通过几何组成分析的学习，培养读者诚实守信、勤奋努力的优良品质，树立工程师应有的职业道德观。

任务一 几何组成分析的概念

任务描述

对于平面体系的几何组成分析，首先要明确这样的概念，体系的几何形状改变与结构变形，是性质完全不同的事。前者指的是体系在杆件不发生变形的情况下，其几何形状发生的改变，与受力无关；后者则指，当结构在外荷载作用下，杆件截面上产生内力，从而引起结构的变形。

任务分析

结构的变形通常是微小的，在体系的几何组成分析中，不涉及杆系结构的变形问题，即在平面体系的几何组成分析中，将所有杆件当作刚体看待。

任务重点与实施

一、几何不变体系与几何可变体系

杆系体系是指由杆件组成的承载系统。按其几何组成方式分类，可分为几何可变体系和几何不变体系两大类。如图 5–1（a）所示体系为铰接四边形，是一个四链杆机构，其几何形状是不稳固的，随时可以改变其状态，这样的体系称为几何可变体系。

如图 5–1（b）所示体系与图 5–1（a）相比，多了一根斜撑杆 *CB*，成为由两个铰接三角形 *ABC* 与 *BCD* 组成的体系。显然，它在任意荷载作用下，其几何形状和位置能稳固地保持不变，这样的体系称为几何不变体系。如果在图 5–1（b）所示，体系上再增加斜杆 *AD*，便形成如图 5–1（c）所示具有一个多余杆件的几何不变体系。显然，多余约束是相对于形成几何不变体系的最少约束数而言的。严格地说，图 5–1（b）所示体系应称为无多余约束的几何不变体系，即图中四根链杆中的每一根杆都是构成几何不变体系所必不可少的，它们称为必要约束。至于图 5–1（c）所示体系中，究竟哪一根链杆属于多余约束，可有多种分析方式。实际上，图中五根链杆中的任一根都可以视作多余约束，而并非一定是斜杆 *AD*。

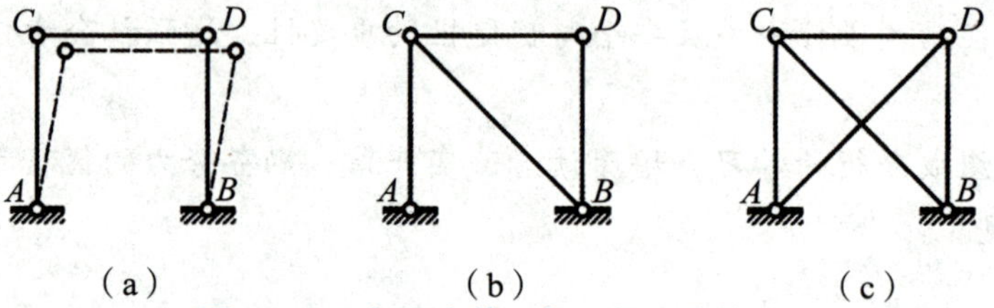

图 5–1　几何可变体系与几何不变体系

二、几何组成分析

几何组成分析是指在设计结构或选择计算简图时，首先要判定体系是几何不变体系还是几何可变体系，只有几何不变体系，才能用于结构。在工程中，将判定体系为几何不变体系还是几何可变体系的过程，称为体系的几何组成分析或称几何构造分析。

三、瞬变体系与常变体系

如图 5–2（a）所示的体系中，杆件 *AB*、*AC* 共线，*A* 点既可绕 *B* 点沿 1–1 弧线运动，同时又可沿 *C* 点沿 2–2 弧线运动。由于这两弧相切，*A* 点必然可沿着公共切线方向作微小运动。从这个角度上看，它是一个几何可变体系。

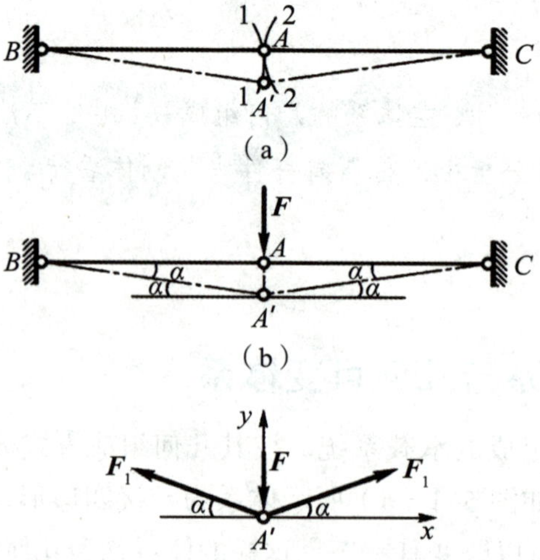

图 5–2　瞬变体系

当A点做微小运动至A'，圆弧线1–1与2–2由相切变成相离时，A点既不能沿圆弧线1–1运动，也不能沿圆弧线2–2运动。这样，A点就被完全固定了。

这种原先是几何可变，在瞬时可发生微小几何变形，其后再不能继续发生几何变形的体系，称为瞬变体系，即瞬变体系是几何可变体系的特殊情况，它属于几何可变体系范畴。从几何组成的角度分析，几何可变体系又可进一步区分为瞬变体系和常变体系。常变体系是指可以发生较大几何变形的体系，如图5–1（a）所示。

在此值得提出的是：瞬变体系虽然发生微小几何变形后变成了几何不变体系。但瞬变体系仍不能作为结构。原因如图5–2（b）所示，瞬变体系发生微小几何变形后变成的几何不变体系。取A'点为研究对象，其受力图如图5–2（c）所示。由平衡条件可知，有$F_1=\dfrac{F}{2\sin\alpha}$，当$\alpha\to0$时，$\sin\alpha\to0$，$F_1\to\infty$，即瞬变体系在外载很小的情况下，可以发生很大内力。因此，在结构设计中，即使接近瞬变体系的计算简图，也应设法避免。

四、刚片与刚片系

在体系的几何组成分析中，由于不考虑杆件本身的变形，因此，可以把一根杆件或已知几何不变部分看作一个刚体，在平面体系中又可将刚体称为刚片。刚片可大可小，它大至地球、一幢高楼，也可小至一片梁、一根链杆。由此可知，平面体系的几何组成分析，实际就变成了考察体系中各刚片间的连接方式。因此，能否准确、灵活地划分刚片，是能否顺利进行几何组成分析的关键。

五、实铰与虚铰

由两根杆件端部相交所形成的铰，称为实铰，如图5–3（a）所示。由两根杆件中间相交或延长线相交形成的铰，称为虚铰，如图5–3（b）和图5–3（c）所示。之所以这样的铰称为虚铰，是由于在这个交点O处并没有形成真正的铰，所以称它为虚铰。在此要特别指明，实铰与虚铰的约束作用是一样的。

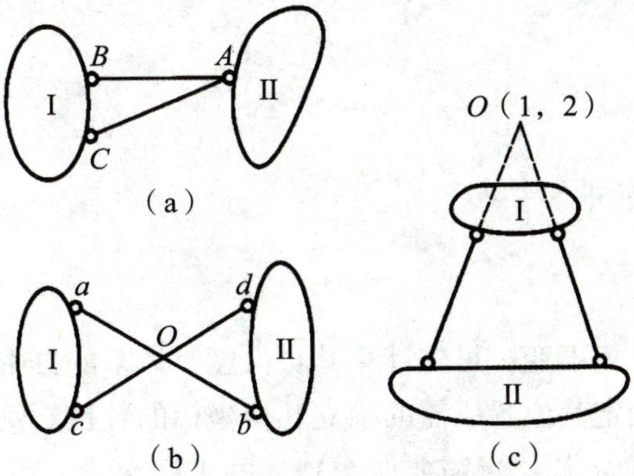

图5–3　实铰与虚铰

知识拓展

几何组成分析的目的

对体系进行几何组成分析的目的如下。

（1）判断所用杆系体系是否为几何不变体系，以决定其是否可以作为结构使用。

（2）研究结构体系的几何组成规律，以便合理布置构件，保证所设计的结构安全、实用、经济。

（3）根据体系的几何组成，确定结构是静定结构还是超静定结构，以便选择合理的计算方法和计算程序。

任务二 平面体系的计算自由度

任务描述

一个简支梁结构跨度为 6 m，两个支座分别位于两端。梁的上方没有外荷载施加，但需要计算其自由度，以评估其位移和变形。

任务分析

上述案例中的简支梁结构展示了如何计算平面体系的自由度，并提供了一个具体的应用，通过对梁的自由度分析，不仅有助于理解结构力学的基本原理，同时也是进行深入分析和优化设计的重要步骤。在复杂的实际结构设计中，合理规定计算自由度原则对于确保结构安全和功能是至关重要的。

任务重点与实施

一、自由度与约束

（一）自由度

自由度和约束

为了分析体系是否几何不变，可先计算其自由度。体系的自由度是指该体系运动时，用以完全确定其位置所需的独立几何坐标的数目。例如，一个点 A 在平面内运动时，确定其位置需要两个独立的坐标变量 x 和 y（图 5–4（a）），所以一个点在平面内有两个自由度。一个刚片在平面内运动则有三个自由度，这是因为刚片的位置可以由刚片上任意一点 A 的 x 和 y 坐标，以及刚片上任一直线 AB 的倾角 φ（图 5–4（b））来确定。

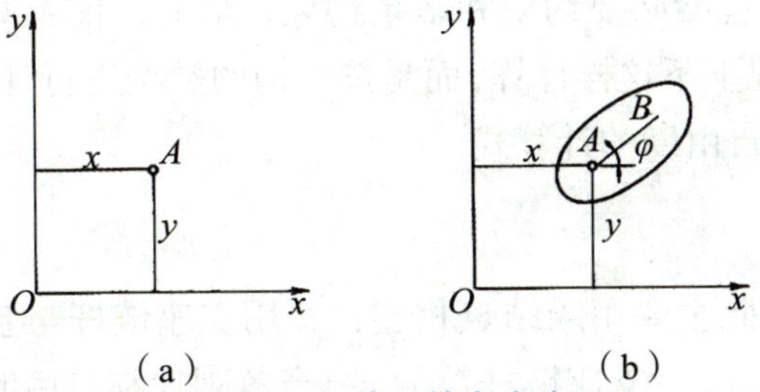

图 5-4　体系的自由度

（二）约束

约束是能够减少自由度的装置。如果能减少一个自由度，就叫一个约束；如果能减少两个自由度，就叫两个约束。约束亦称联系。体系最常用的约束或联系为链杆和铰。

1. 链杆

链杆是两端通过铰与别的物体相连的刚性杆，如图 5-5（a）中所示的杆 AC 就是链杆。它的一端以铰与刚片相连，另一端通过铰与基础相连。一个链杆能减少几个自由度，只要比较一下刚片在未连接链杆之前的自由度和连接链杆之后的自由度就清楚了。刚片在未连接链杆前有 3 个自由度，连接后自由度有两个（φ_1 及 φ_2），可见一根链杆能减少一个自由度，一根链杆相当于一个约束。在此特别指出的是，链杆不一定是直杆，曲杆、折杆都可以作为链杆，关键是两头铰接且中间不受力。

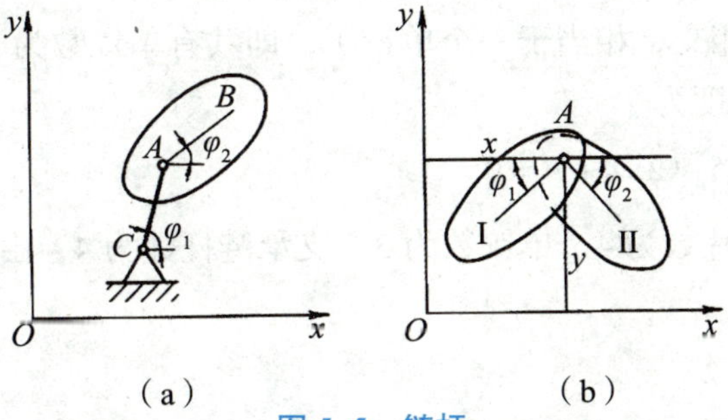

图 5-5　链杆

2. 单铰

在只讲到铰而没有具体讲是什么铰时，一般指的是单铰。单铰是指连接两个刚片的铰。如图 5-5（b）所示，用一个单铰 A 将刚片 Ⅰ 和刚片 Ⅱ 连接起来，如前所述，刚片 Ⅰ 的位置由 A 点的坐标 x 和 y 及倾角 φ_1 三个坐标确定；刚片 Ⅱ 相对于刚片 Ⅰ 而言，其位置只需通过倾角 φ_2 即可确定。当两个刚片之间无单铰连接时，在平面内有 6 个自由度，用一个单铰相连后自由度减为 4。也就是说，一个单铰相当于两个约束。

二、刚架与桁架的计算自由度

平面体系的计算自由度等于各杆件自由度的总和减去约束的总和。要想计算体系的自由度，首先，设想一个体系中什么约束也不存在，计算出各杆自由度的总和；其次，计算体系的全部约束数，其中包括必要约束和多余约束；最后，前者减去后者，就得到体系的计算自由度。但在一般情况下不这样计算，而是按结构的类型进行计算。现以刚架、桁架为例，分别建立刚架、桁架计算自由度的计算式。

（一）刚架

刚架是由若干刚片彼此主要用刚结点相连，并用支座链杆与基础相接而组成的结构。设其刚片数为 m，单铰数为 h，支座链杆数为 r。当各刚片都自由时，它们所具有的自由度总数为 $3m$；而现在加入的约束总数为（$2h+r$），因每个约束只能使体系减少一个自由度，故刚架自由度的计算式为

$$W=3m-(2h+r) \tag{5-1}$$

实际上每个约束不一定都能使体系减少一个自由度，如图 5-6 所示的体系，每个约束就没有使体系减少一个自由度，因此，W 不一定能反映体系的真实自由度。为此，把 W 称为体系的计算自由度。

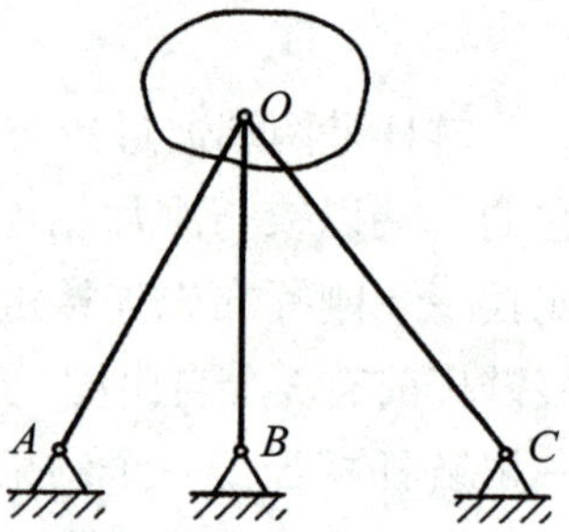

图 5-6　刚架自由度

在计算体系的计算自由度时，经常遇到将复铰换算单铰的情况。复铰是指连接三个及以上刚片的铰。设 n 为复铰连接刚片的数量，则将复铰换算成单铰的数量为 $n-1$。

【例 5-1】试计算图 5-7 所示体系的计算自由度。

解：图 5-7（a）所示体系刚片数为 5，结点 A 为单铰；结点 B 为复铰，换算成单铰数为 $3-1=2$；结点 C 为半铰（即一杆端部与另一杆中间相交，相当于一个单铰），即共有单铰数为 4，支承链杆数为 7，由式（5-1）可得计算自由度为

$$W=3m-(2h+r)=3\times5-(2\times4+7)=0$$

图 5-7（b）所示刚片数为 4，单铰数为 3，支承链杆数为 4，由式（5-1）可得计算自由度为

$$W=3\times4-(2\times3+4)=2$$

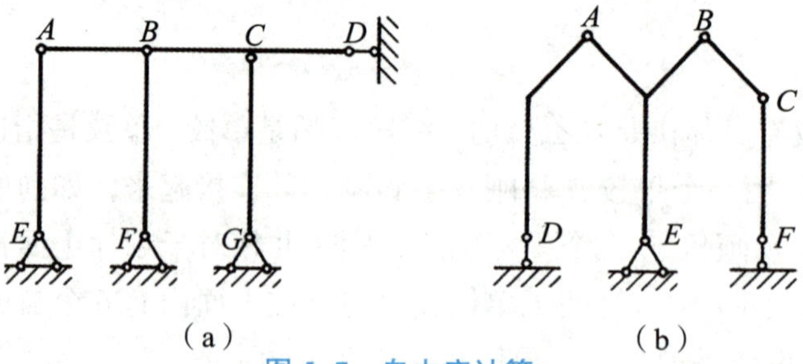

图 5-7　自由度计算

（二）桁架

平面桁架中，每个杆件的两端均有一铰（不分单铰或复铰）与其相邻的杆件相连接。设桁架铰结点数为 j（包括支座结点），杆件数为 b，链杆数为 r。如各铰结点之间无杆件连接，

则 j 个铰结点数应有 $2j$ 个自由度，结点之间每一根链杆和每一根支链杆各相当一个约束，故约束总数为（$b+r$），因此平面桁架计算自由度的计算式为

$$W=2j-(b+r) \tag{5-2}$$

其实，平面桁架的计算自由度既可按式（5–1）计算，也可按式（5–2）计算，一般后者较方便。

【例 5–2】试计算图 5–8 所示体系的计算自由度。

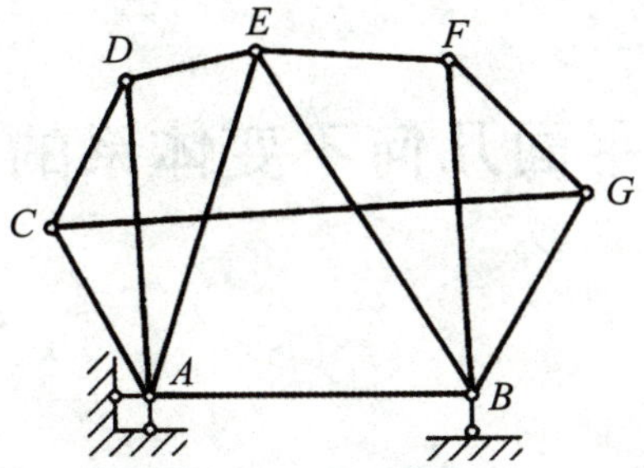

图 5–8　桁架自由度

解：此体系结点数 j=7，杆件数 b=12，支链杆数 r=3。按式（5–2）计算，得

$$W=2j-b-r=2\times7-12-3=-1$$

若用式（5–1）计算，m=12，h=17，r=3，可得计算自由度为

$$W=3\times12-17\times2-3=-1$$

显然用式（5–1）比用式（5–2）计算复杂。所以计算桁架的计算自由度时，一般用式（5–2）。

由上面两例计算可知，按式（5–1）和式（5–2）计算体系的计算自由度，所得结果有以下三种情况。

（1）W=0，表明体系具有几何不变的必要条件。

（2）W>0，表明体系缺少必要的约束，此体系必是几何可变的。

（3）W<0，表明体系具有多余约束，具有几何不变的必要条件。

由此可知，一个几何不变体系必须满足计算自由度 $W\leqslant0$ 的必要条件。但只满足必要条件不足以说明此体系一定是几何不变的，这是因为，尽管约束的数目足够，甚至还有多余约束，但由于布置不当，体系仍有可能是几何可变的。

如图 5–9 所示的两个体系，杆件、约束数均相同，计算自由度 $W=6\times2-9-3=0$，显然图 5–9（a）是几何不变体系，而图 5–9（b）是几何可变体系。因此，欲判断体系的几何不变性，一方面要检查是否符合 $W\leqslant0$ 的条件，另一方面还需检查杆件排列方式是否符合几何不变的组成规则，而且主要是后者。

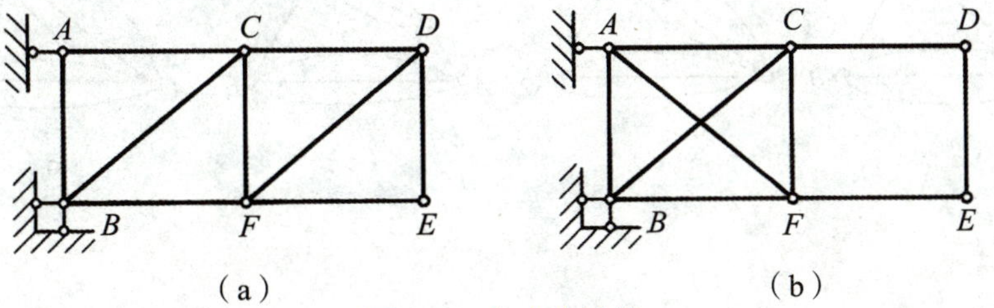

图 5–9　自由度计算

对于几何组成分析，目前常采取的做法是：对于杆件结构，当杆件较少时一般不计算计算自由度，而直接进行几何组成分析；对于杆件较多的杆件结构，当不便进行几何组成分析时，先计算计算自由度，当符合 $W \leqslant 0$ 条件后，再进行几何组成分析；若不满足条件 $W \leqslant 0$，那就不必再进行几何组成分析了，可直接判定该体系为几何常变体系。在实际工作中，对于比较简单的体系，一般不用计算计算自由度，而直接进行几何组成分析。

任务三　平面几何不变体系的基本组成规则

任务描述

将三根木片用三个铆钉铆住（图 5–10（a）），所形成的三角形是几何不变的，且无多余联系，其简图如图 5–10（b）所示。这是一个最简单、最基本且无多余联系的铰接三角形几何不变规则，其他几何不变体系规则都可由它推演出来。

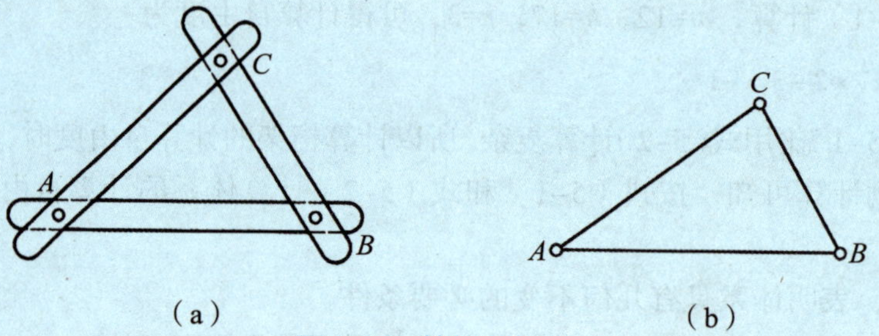

图 5–10　铰接三角形

任务分析

若将上述杆件 AB 视作刚片，则变成如图 5–11（a）所示结构，用两根不共线的链杆构成的一个铰结点装置，称为二元体。显然，在平面内增加一个结点，即增加了两个自由度（确定物体在平面内的位置所需独立坐标的数目），但增加两根不共线的链杆也增加了两个约束。

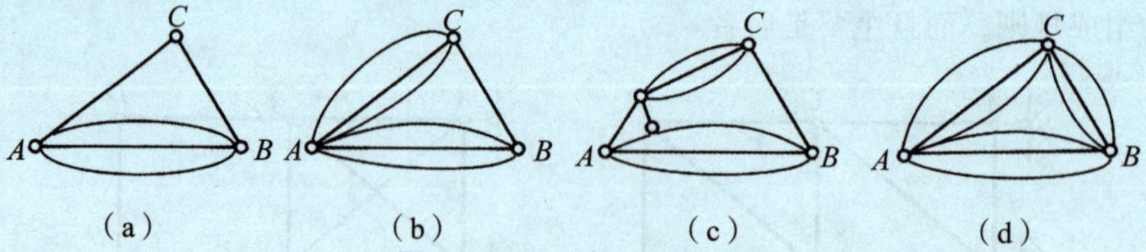

图 5–11　规则推演示意图

由此可见，在一个已知体系上依次增加或撤去二元体，不会改变原体系的自由度数。于是得到二元体规则。

任务重点与实施

一、二元体规则

在已知体系上增加或撤去二元体，不影响原体系的几何性质。换言之，已知体系是几何不变的，增加或撤去二元体，体系仍然是几何不变的；已知体系是几何可变的，增加或撤去二元体，体系仍然是几何可变的。

若将图 5-11（a）中的 AC 杆视为刚片，则变成如图 5-11（b）所示的体系。它是由两个刚片用一铰与一根不通过此铰的链杆相连接，显然它仍是几何不变的。

二、两刚片规则

两刚片用一个铰和一根不通过此铰的链杆相连接，所构成的体系是几何不变的，且无多余联系。

因一个铰相当于两根链杆，图 5-11（b）又可变为图 5-11（c）所示体系。因此又得两刚片规则的另一种形式。

两刚片用三根既不相互平行又不汇交一点的链杆连接，所构成的体系是几何不变的，且无多余联系。

若再将图 5-11（b）中 *BC* 杆视作刚片，则变成如图 5-11（d）所示的体系。它是由三个刚片用三个不在同一直线上的铰相连接，显然它也是几何不变的。由此又得三钢片规则。

三、三刚片规则

三刚片用三个不在同一直线上的铰两两相连接，所构成的体系是几何不变的，且无多余联系。

以上三个几何不变体系的组成规则，它既规定了刚片之间必不可少的最小联系数目，又规定了它们之间应遵循的连接方式，因此它们是构成几何不变体系的必要与充分条件。

由推演过程知，这三个几何不变体系组成规则，是相互联系的。对同一个体系可用不同的规则进行几何组成分析，其结果是相同的。因此，用它们进行几何组成分析时，不必拘泥于用哪个规则，而是哪个规则方便就采用哪个规则。对如图 5-12（a）所示体系进行几何组成分析，该体系有 5 根支链杆与基础相连，故将基础作为刚片分析较容易。先考虑刚片 *AB* 与基础连接，显然它符合两刚片规则的另一种形式（图 5-12（b）），故它是几何不变的。现将它们合成一个大刚片（图 5-12（c）），然后将刚片 *CDE* 视为刚片Ⅲ（图 5-12（d）），三刚片用三个不在同一直线上的铰相连接，符合三刚片规则，故知该体系是几何不变的。

在讨论两刚片规则和三刚片规则时，都曾提出一些应避免的情况，如连接两刚片的三根链杆既不能同时相交一点也不能互相平行；连接三刚片的三个铰不能在同一直线上等。如果出现了这些情形其结果又如何呢？

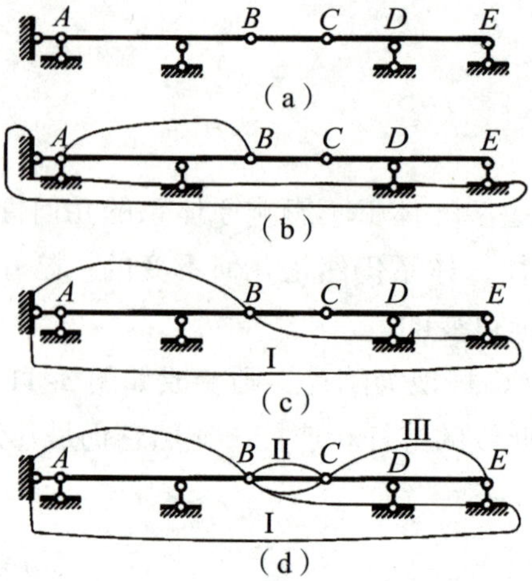

图 5-12　几何组成分析示例

如图 5-13（a）所示，三根链杆同时交于 O 点，这样 A、B 两刚片可以绕 O 点作微小的相对转动，当转动一个小角度后，这三根链杆不再同时相交一点，则不再产生相对转动，故它是瞬变体系。

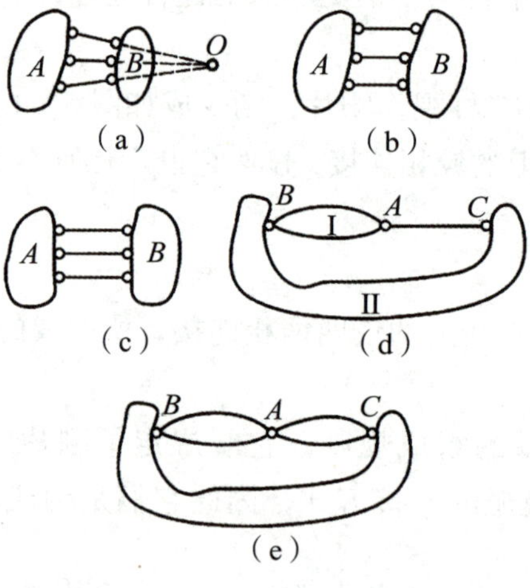

图 5-13　几何组成特例

若三根链杆相互平行，但不等长（图 5-13），则仍为瞬变体系。其理由为，当三根不等长链杆相互平行时，也可以认为这三根链杆也同时相交一点，不过交点在无穷远处而已。若 B 刚片相对 A 刚片发生转动，三根平行链杆不再平行了，也不相交一点了，故此体系也为瞬变体系。

若三根链杆平行，且等长（图 5-13（c）），则 A、B 两刚片产生相对运动后，此三根链杆仍相互平行，即在任何时刻、任何位置，这三链杆都是平行的，所以在任何时刻都能产生相对运动，因此它为常变体系。

若两刚片用一铰与通过此铰的链杆相连接（图 5-13（d）），则 A 点可作上下微小运动，当产生微小运动后，链杆 CA 不再通过 B 点，符合两刚片规则，是几何不变的，故知此体系为瞬变体系。

现在再研究连接三刚片的三个铰在同一直线上的情形。如图 5-13（e）所示，三刚片 Ⅰ、Ⅱ、Ⅲ，用同一直线上的 A、B、C 三铰相连接，则铰 A 将在以 B 点为圆心，以 BA 为半径；以及以 C 为圆心，以 CA 为半径的两圆弧的公切线上，而 A 点即为公切点，所以 A 点可以在此公切线上作微小的上下运动，当产生一微小的运动后，A、B、C 三点不在同一直线上，故不会再发生运动，所以它是一个瞬变体系。由上述推演过程又一次得知，几何瞬变体系与几何常变体系都不能作为结构计算简图，只有几何不变体系才能作为结构的计算简图，所以在定义什么是几何不变体系的规则时，指出这些特例是十分必要的。

知识拓展

搭脚手架的学问

一天，几位同学用脚手架材料搭建一个临时工棚，读者心想，操作很容易，三人高兴地去搭建了。搭好后发现有点倾斜，想把它正过来。于是东添一根杆，西插一根杆，添来添去添了不少杆，但就是正不过来。队长路过看了这种情形，二话不说，围着工棚转了两圈，指挥他们先把工棚推正，然后在一个地方加了一根杆件，工棚就再不倾斜了。他们感到惊讶，队长说："你们刚搭建的工棚为瞬变体系，你们后来添加的杆件都是多余杆件，我加的这根杆件为必要杆件，所以一加上去就不倾斜了"。读者把头一拍说："啊！搭脚手架还有这么深的学问"。

任务四　平面体系的几何组成分析示例

任务描述

进行几何组成分析的依据是平面几何不变体系的三个组成规则。这三个规则看似简单，却能灵活地解决常见结构的几何组成分析问题。其关键在于，能否灵活地选择哪些部分作为刚片，哪些杆件作为约束。

任务分析

在上述分析过程中，要注意能否用规则判定其几何不变性，通常可作以下选择：一根杆件或某个几何不变部分（包括地基）都可选作刚片；体系中的铰都是约束，至于链杆什么时候作为约束，什么时候作为刚片，不能泛泛而论，要具体问题具体分析。当用三刚片规则时，划分刚片要注意两两相交原则。两两相交原则是指划分的刚片与刚片之间的链接为两个约束。这样做的目的在于，便于用几何不变体系的三刚片规则来判定体系的几何不变性。如少于两个约束，则表示约束不够，那一定是几何常变体；如果多于两个约束，则表明约束多余，此体系可能是具有多余约束的几何不变体系。由几何组成分析的经验可知，体系的几何组成分析方法尽管灵活多样，但也不是无规律可循的。下面介绍几种常见的几何组成分析方法。

任务重点与实施

一、当体系上有二元体时

当体系上有二元体时，应先去掉二元体，再进行几何组成分析。但需注意，每次只能依次去掉体系外围的二元体而不能从中间任意抽取。例如图 5–14 中结点 *F* 处有一个二元体 *D–F–E*，拆除后，节点 *E* 处暴露出二元体 *D–E–C*，再拆除后，又可在节点 *D* 处暴露出二元体 *A–D–C*，剩下为铰接三角形 *ABC*。所以它是几何不变的，故原体系为几何不变体系。也可以继续在节点 C 处拆除二元体 *A–C–B*，则剩下的只是基础了，这说明原体系相对于基础是不能移动的。此体系既内部几何不变，又对基础固定不动，所以它一定为几何不变体系。也可从一个刚片（例如地基或铰接三角形等）开始，依次增加二元体，扩大刚片范围，使之变成原体系，便可应用二元体规则判定为几何不变体。仍以图 5–14 为例，将地基视为一个刚片，依次增加二元体 *A–C–B*、*A–D–C*、*D–E–C*、*D–F–E*，从而得到原体系，根据二元体规则可判定此体系是几何不变体系，且无多余约束。

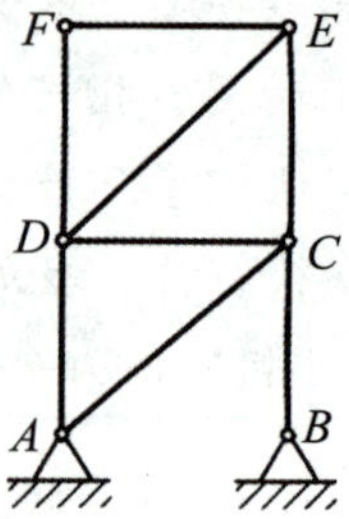

图 5–14　有二元体几何体系

二、当体系用三根支链杆按两钢片规则与基础相连接时

当体系用三根支链杆按两钢片规则与基础相连接时，可以先去掉三根支链杆，只对体系本身进行几何构成分析。如图 5–15（a）所示体系，可先去掉三根支链杆变成图 5–15（b）所示体系，再对此体系进行几何构成分析。

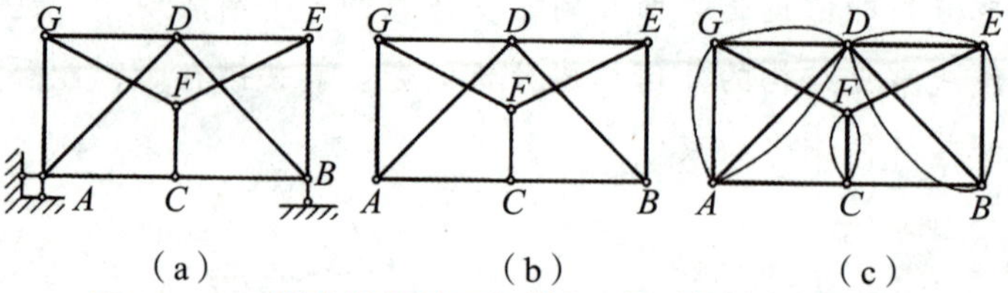

图 5–15　三根支链杆按两钢片规则与基础相连接体系

根据两两相交原则，划分成图 5–15（c）所示的刚片体系，根据规则Ⅲ，此体系是几何不变的，且无多余联系。故原体系也是几何不变的，且无多余约束。

在此需要指出的是，当体系的支链杆多于三根时，不能去掉支链杆单独进行几何构成分析，只能以整个体系进行几何构成分析。

如图 5-16（a）所示的体系，由于有四根支链杆，因此就不能去掉这四根支链杆而变成图 5-16（b）所示的体系进行几何组成分析。可以依次去掉二元体 *E–F–C*、*B–C–G*、*A–D–E*、*A–E–B*、*A–B–H*、*J–A–I*，即只剩下基础了，因此可判定此体系是几何不变的，且无多余约束。

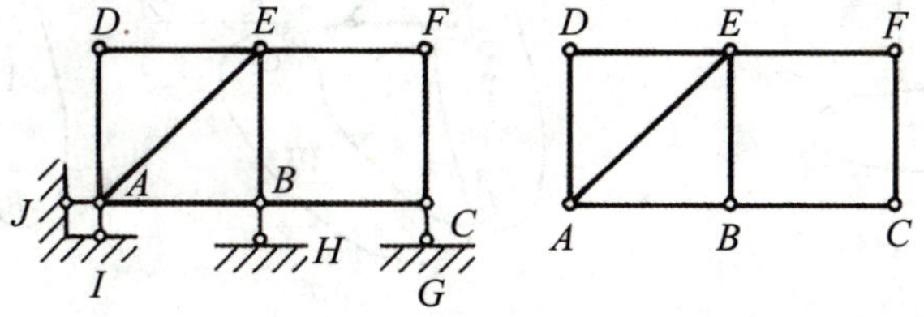

图 5-16　有四根支链杆几何体系

三、利用等效代换进行几何构成分析

对图 5-17（a）所示体系作几何构成分析，由观察可见，T 形杆 *BDE* 可作为刚片Ⅰ。折杆 *AD* 也是一个刚片，但由于它只用两只铰 *A*、*D* 分别与地基和刚片Ⅰ相连，其约束作用与通过 *A*、*D* 铰的一根直链杆完全等效，如图 5-17（a）中虚线所示。因此，可用直链杆 *AD* 等效代换折杆 *AD*。同理，可用直链杆 *CE* 等效代换折杆 *CE*。于是，图 5-17（a）所示体系可由图 5-17（b）所示体系等效代换。

由图 5-17（b）可见，刚片Ⅰ与地基用不交于同一点的三根链杆 *AD*、*BH*、*EC* 相连接，根据两刚片规则，该体系为几何不变体系，且无多余联系。

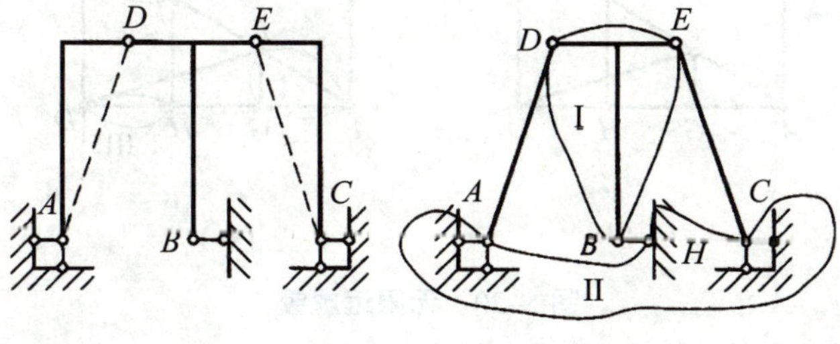

图 5-17　利用等效代换进行几何构成分析示意图

四、有一个无限远虚铰的分析方法

前面已述，由两根杆件延长线相交形成的铰，称为虚铰。如进一步细分，虚铰又分为有限远虚铰和无限远虚铰。如图 5-18 所示杆件 *AB*、*CD* 延长线所形成的虚铰 *K*，即为有限远虚铰；两平行杆 *EF*、*GH* 在无限远处形成的虚铰为无限远虚铰。实践证明，有限远虚铰和无限远虚铰在几何组成分析中作用是相同的。那么，在体系中若有一个无限远虚铰又该怎样判定它的几何不变性或可变性呢？用下例说明。

在图 5-19（a）所示体系中，刚片Ⅰ、Ⅱ、Ⅲ分别用 *A*、*B*、*C* 三铰两两相连，其中虚

铰 *A* 为无限远虚铰。分析时，可将刚片Ⅲ用链杆 *BC* 代替，于是图 5–19（a）变成图 5–19（b）所示的体系。由两钢片规则可知，此体系是几何不变的，且无多余约束。

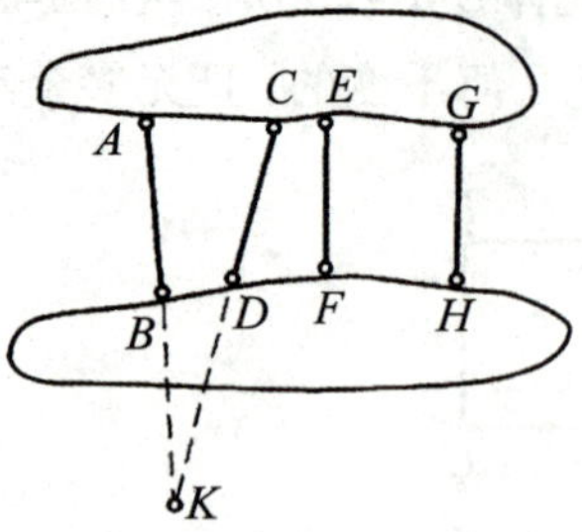

图 5–18　两铰相连

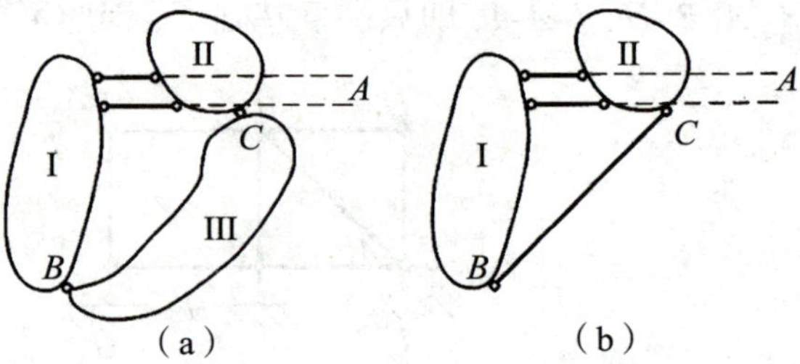

图 5–19　三铰相连

由此可知，若三刚片用两个实铰与一无限远虚铰相连接，且形成虚铰的二平行链杆不与两实铰连线平行时，则组成几何不变体系，且无多余约束。

如图 5–20（a）所示体系，根据两两相交原则可变成图 5–20（b）所示刚片体系。刚片Ⅰ与Ⅱ之间用链杆 *AB*、*EF* 连接，其虚铰在 *A* 点；刚片Ⅰ与Ⅲ之间用链杆 *GH*、*ED* 连接，其虚铰在 *D* 点；刚片Ⅱ与Ⅲ之间用相互平行的链杆 *FH*、*CD* 连接，其铰在无限远处。此三刚片用三个不在同一直线上的虚铰相连接，符合三刚片规则，故此体系为几何不变体系，且无多余约束。

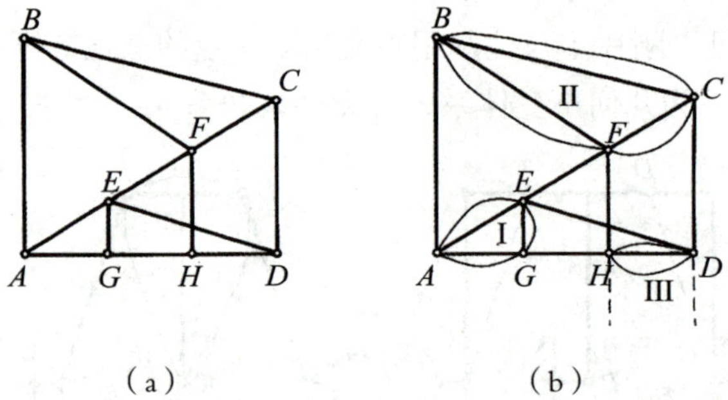

图 5–20　无限远虚铰

以上是在体系进行几何组成分析过程中常采用的一些方法，事实上并不止这些，例如，先将可一眼看出的几何不变部分先划成刚片（但在划分刚片时要注意两两相交原则）；再如，当体系分为基本部分与附属部分时，可先分析基本部分，再分析附属部分等。实际问题千变万化，不能简单套用上述方法，其关键是灵活运用上述各种方法，迅速找出各部分之间的连接方式，用规则判断它们的几何不变性。实践证明，当几何组成分析进行不下去时，大多是由于所选的刚片或约束不恰当造成的，应重新调整思路再进行试分析，直到分析出来为止。

为了进一步说明几何组成分析的思路，下面再举几个示例。

【例 5–3】试对图 5–21（a）所示体系进行几何组成分析。

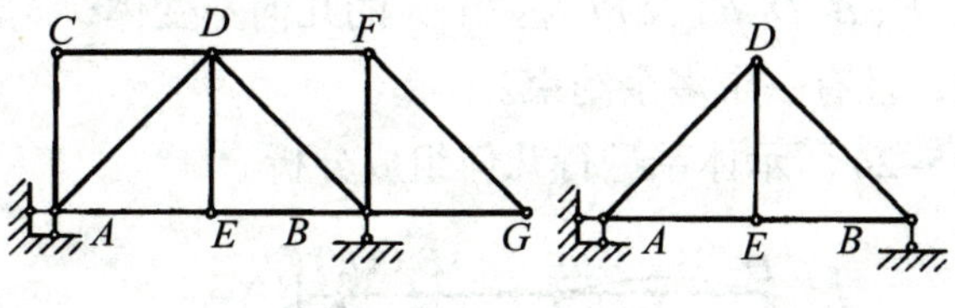

图 5-21 几何体系示意图

解：（1）自由度计算。铰结点 j=7 个，链杆 b=11 个，支链杆 r=3 个。代入式（5-2）得

$W=2\times7-11-3=0$。

即该体系具有几何不变的必要条件。

（2）几何组成分析先去掉二元体，再用两刚片规则分析。首先将二元体 A–C–D、F–G–B、D–F–B 去掉，如图 5-21（b）所示，再将 $AEBD$ 及其基础作为刚片，利用两刚片规则，可判定此体系是几何不变的，且无多余联系。

这是完整的几何组成分析过程，对于简单问题不必要计算自由度，只进行几何组成分析就行了。

【例 5-4】试对图 5-22 所示体系进行几何组成分析。

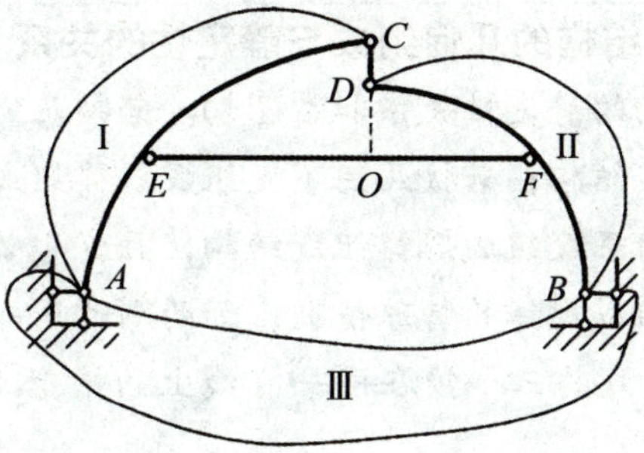

图 5-22 几何体系示意图

解：先划分三个刚片，再进行连接分析。

分别将图 5-22 中的 AC、BD 和基础分别视为刚片Ⅰ、Ⅱ、Ⅲ，刚片Ⅰ和Ⅲ以铰 A 相连，刚片Ⅱ和Ⅲ用铰 B 连接，刚片Ⅰ和刚片Ⅱ用 CD、EF 两链杆相连，相当于一个虚铰 O。连接三刚片的三个铰 A、B、O 不在一条直线上，符合三刚片规则，故该体系为几何不变体系，且无多余约束。

【例 5-5】试对图 5-23 所示体系进行几何组成分析。

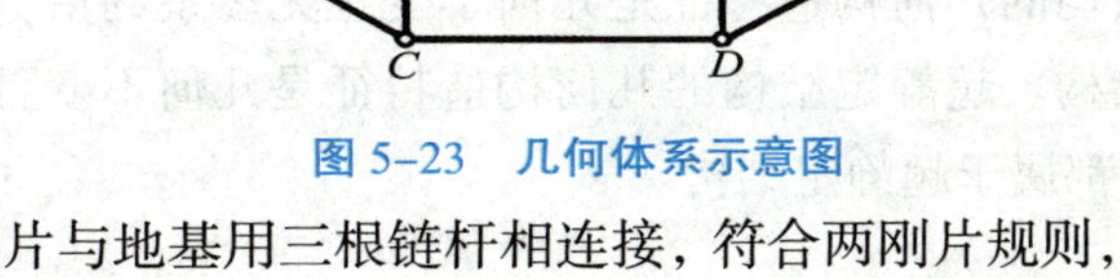

图 5-23 几何体系示意图

解：将 AB 视为刚片与地基用三根链杆相连接，符合两刚片规则，该体系为几何不变体。

在其上增加二元体 $A-C-E$、$B-D-F$，又成为一个大的几何不变体，显然 CD 链杆是多余约束。故此体系是几何不变的，且有一个多余约束。

【例 5-6】试对图 5-24 所示体系进行几何组成分析。

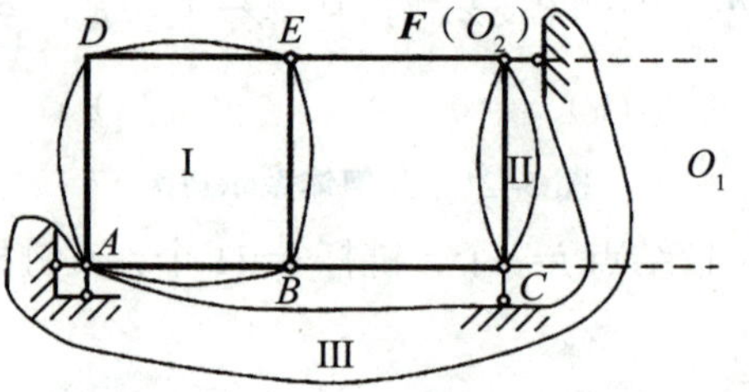

图 5-24　几何体系示意图

解：利用两两相交原则画出三个刚片，找出刚片之间的约束，将 $ADEB$、CF 杆及基础分别看作刚片Ⅰ、Ⅱ、Ⅲ，三刚片分别由 O_1、O_2、A 铰相连，三铰不共线，根据三刚片规则可知，该体系几何不变，且无多余联系。也可根据有一个无限远虚铰的分析方法判断此体系是几何不变的，且无多余联系。

知识拓展

结构的几何组成与静定性的关系

结构的几何组成与结构的静定性关系非常密切。若按几何不变组成规律组成结构，且无多余约束，一定是静定结构；若按几何不变组成规律组成结构，且有多余联系，一定是超静定结构；若按几何不变组成规律组成结构，且少于必要约束，一定是几何可变结构；若结构按几何不变组成规律的特殊情况，如两刚片用一铰与通过此铰的链杆相连接（图 5-25（a）），三刚片的三个铰在同一直线上的情形（图 5-25（b））等，所组成的结构一定是瞬变结构。

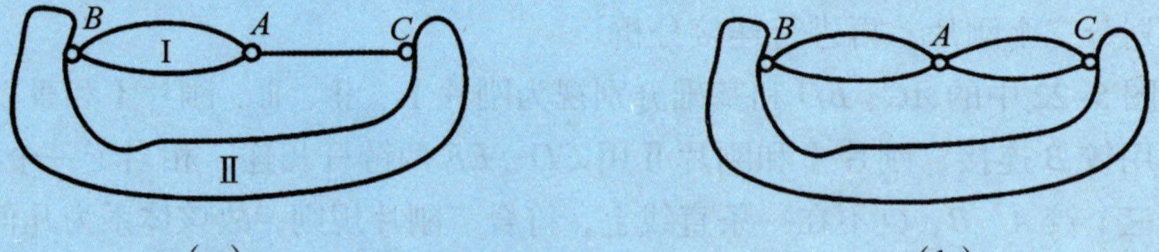

图 5-25　几何组成特例

因此，在设计结构的几何组成时，一定要按几何不变组成规律设计。这样做，既安全又节省材料。

由此可知，静定结构的几何构造特征是几何不变且无多余约束。凡符合上述组成规则的体系，一定是静定结构。超静定结构的几何构造特征是几何不变且有多余约束。凡符合上述组成规则的体系，都属于超静定结构。

提示

结构力学研究杆件结构的组成规律和合理形式，研究由于荷载、温度变化、支座移动等因素作用下，杆件结构的内力、位移计算和影响线的绘制等。

项目小结

本项目主要介绍了平面体系的几何组成分析。首先介绍了几何组成分析的概念；其次介绍了平面体系的计算自由度；再次介绍了平面几何不变体系的基本组成规则；最后介绍了平面体系的几何组成分析示例。通过本项目的学习与实践，读者将系统掌握平面体系的几何组成分析的理论与方法，从概念理解到实际应用。使读者增强对平面结构的几何组成和稳定性分析的认识，提高其在工程应用中的实际能力。

【项目工单】

项目名称	项目实施	评估标准	报告要求
几何组成分析的概念	1. 阅读相关文献和教材，明确几何组成分析的定义； 2. 讨论几何组成分析对平面体系稳定性和强度的影响	能否清晰定义几何组成分析及其在实际工程中的重要性	撰写一篇短文，总结几何组成分析的概念和应用实例
平面体系的计算自由度	1. 选择几种不同类型的平面结构（如桁架、框架、简单梁）进行自由度分析； 2. 计算各个平面结构的自由度，理解其物理意义	能否正确计算并解释不同平面体系的自由度	列出计算过程、结果，并讨论自由度对系统行为的影响
平面几何不变体系的基本组成规则	1. 学习平面几何不变体系的相关理论，例如平行线、不变形条件等； 2. 设计一个简单的平面结构，验证不变体系的组装规则	能否列举并解释几何不变体系的组成规则	总结所学规则，并通过实例说明其具体应用
平面体系的几何组成分析示例	1. 选择一个具体的平面体系（如某一建筑框架或桁架）进行几何组成分析； 2. 使用 CAD 软件或手工绘图展示体系的几何构成	能否准确分析并绘制所选平面体系的几何组成	发布分析报告，包括示意图、结构组成及其分析，并讨论设计的合理性
请在项目结束前完成最终报告的撰写和提交。 若遇到问题或需要支持，请及时联系任务负责人或相关专家。 任务负责人签字：______ 任务审阅人签字：______ 日期：______			

【课后练习】

一、思考题

1．什么是实铰与虚铰？

2．几何组成分析的目的是什么？

3．平面几何不变体系的基本组成规则有哪些？相互之间有哪些联系？

二、实训题

试对如图 5-26 所示体系进行几何组成分析，其中几何不变体系是________，几何瞬变体系是________，几何常变体系是________。

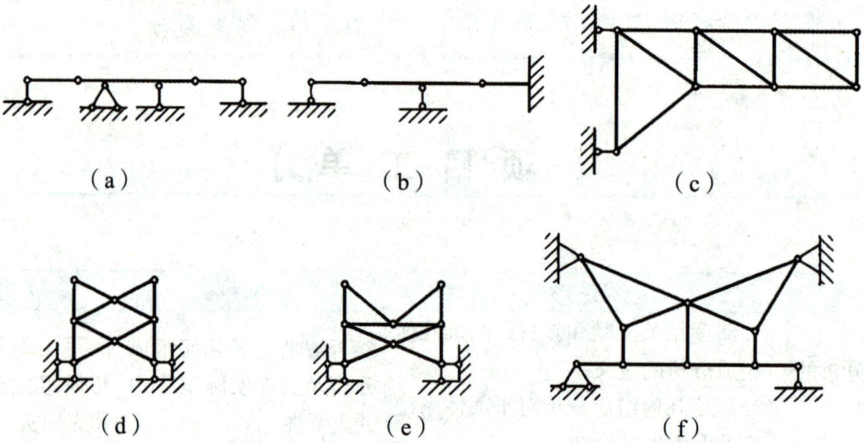

图 5-26　几何体系示意图

项目六

静定结构的内力计算

项目导读

在工程结构设计中，静定结构的内力计算是基础且关键的一环。静定结构的特点是其在几何和受力上都相对简单，可以通过静力学平衡方程直接求解其支座反力和内力分布。本项目将深入探讨不同类型的静定结构，包括多跨静定梁、静定平面刚架、静定平面桁架、静定组合结构和三铰拱，旨在通过详细的案例分析和计算方法，读者能够掌握静定结构的内力分析技术。

学习目标

知识目标

◇ 了解多跨静定梁的几何组成，掌握其内力计算方法。

◇ 了解静定平面刚架的类型，掌握其内力计算方法。

◇ 了解静定平面桁架的特征，掌握其内力计算方法。

◇ 了解静定组合结构与三铰拱的概念，掌握其内力计算方法。

能力目标

◇ 能够独立分析各类静定结构的内力，运用正确的计算方法解决实际工程问题。

◇ 能够整合不同类型的计算方法，提出合理的设计优化方案。

素质目标

◇ 培养读者准确的静定结构内力计算能力，能够将其应用于复杂工程设计中。

◇ 培养读者计算和分析过程中的严谨态度，确保工程计算的准确性和结果的可靠性。

思政目标

◇ 认识到内力计算在结构设计中的重要性，培养读者对工程安全和社会责任的意识。

◇ 培养读者严谨、诚信、负责任的职业道德，引导读者树立正确的价值观。

任务一　多跨静定梁

任务描述

多跨静定梁，是由单跨静定梁通过铰连接而成的静定结构。多跨静定梁一般要跨越几个相连的跨度，它是工程中广泛使用的一种结构形式，最常见的有公路桥梁（图6–1(a)）和房屋中的檩条梁（图6–2(a)）等，其计算简图及层次图分别如图6–1(b)、图6–1（c）和图6–2（b）、图6–2（c）所示。

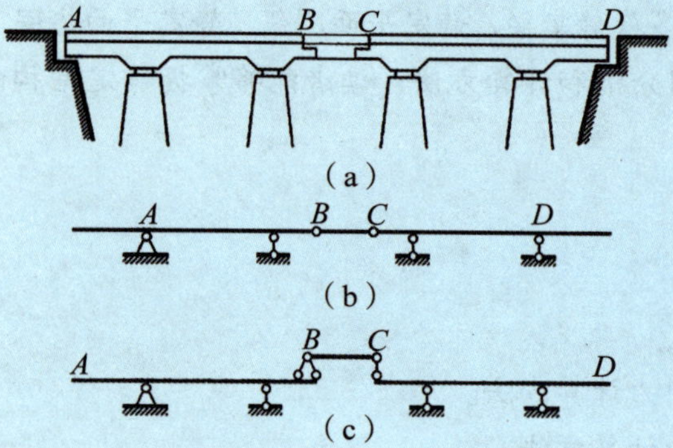

图6–1　公路桥梁

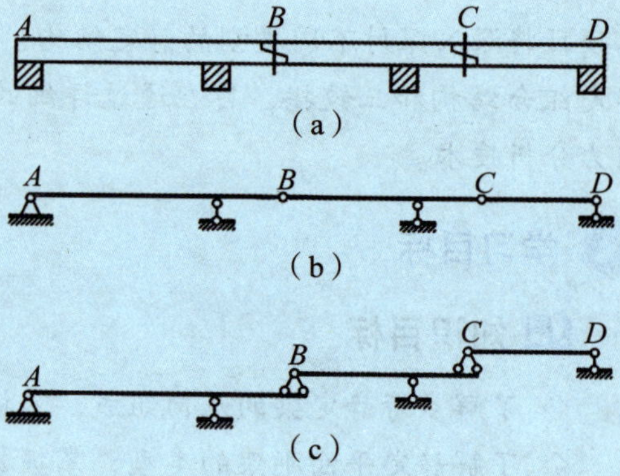

图6–2　房屋中的檩条梁

任务分析

多跨静定梁有两种基本形式：第一种如图6–1（b）所示，其特点是无铰跨和双铰跨交替出现；第二种如图6–2（b）所示，其特点是第一跨无中间铰，其余各跨各有一个中间铰。

任务重点与实施

一、多跨静定梁的几何组成

就几何组成而言，多跨静定梁的各个部分可分为基本部分和附属部分。在图6–1（b）中，*AB* 梁由三根支座链杆与基础相连接，是几何不变体系，能独立承受荷载，称为基本部分。*CD* 梁在竖向荷载作用下能独立维持平衡，故在竖向荷载作用下 *CD* 梁也可看作基本部分。而 *BC* 梁则必须依靠 *AB* 梁和 *CD* 梁的支承才能承受荷载并维持平衡，称为附属部分。

在图 6–2（b）中，*AB* 梁是基本部分，而 *BC* 梁、*CD* 梁则是附属部分。为清晰起见，可将它们的支承关系分别用图 6–1（c）和图 6–2（c）表示，这样的图形称为层次图。

从层次图中可以看出：基本部分一旦遭受破坏，附属部分的几何不变性也将随之失去；而附属部分遭受破坏，在竖向荷载作用下基本部分仍可维持平衡。

二、多跨静定梁的内力计算和内力图绘制

多跨静定梁的计算，首先要绘出其层次图。通过层次图，可以看出力的传递过程。因为基本部分直接与基础相连接，所以当荷载作用于基本部分时，仅基本部分受力，附属部分不受力；当荷载作用于附属部分时，由于附属部分与基本部分相连接，故基本部分也受力。因此，多跨静定梁的约束力计算顺序，应该是先计算附属部分，再计算基本部分。即从附属程度最高的部分算起，求出附属部分的约束力后，将其反向加于基本部分，即为基本部分的荷载，再计算基本部分的约束力。

当求出每一段梁的约束力后，其内力计算和内力图的绘制就与单跨静定梁一样，最后将各段梁的内力图连在一起即为多跨静定梁的内力图。

【例 6–1】作如图 6–3（a）所示多跨静定梁的剪力图和弯矩图。

解：首先作出多跨静定梁的层次图和层次受力图。容易得到 *BE* 属于基本部分，*AB* 和 *EG* 均为附属部分。层次图和层次受力图如图 6–3（b）和图 6–3（c）所示。

（1）求各梁段的支座反力。如图 6–3（c）所示，各段根据平衡条件可求出支座反力分别为 F_{Ay}=–5 kN，F_{By}=10 kN，F_{Ey}=–4 kN，F_{Fy}=16 kN，F_{Cy}=28.5 kN，F_{Dy}=17.5 kN。

（2）分段作出各梁段的剪力图和弯矩图，即组成多跨静定梁的剪力图和弯矩图，如图 6–3（d）和图 6–3（e）所示。

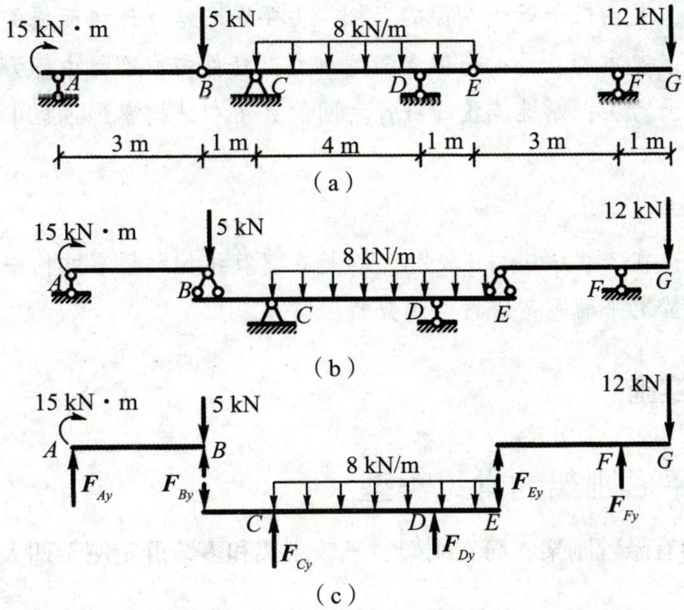

图 6–3　多跨静定梁内力图

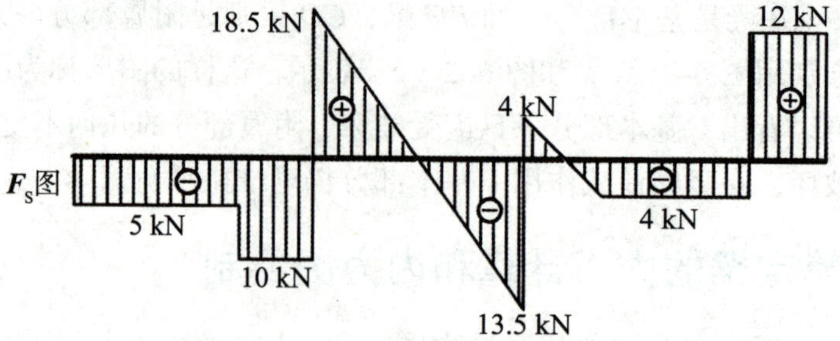

（d）

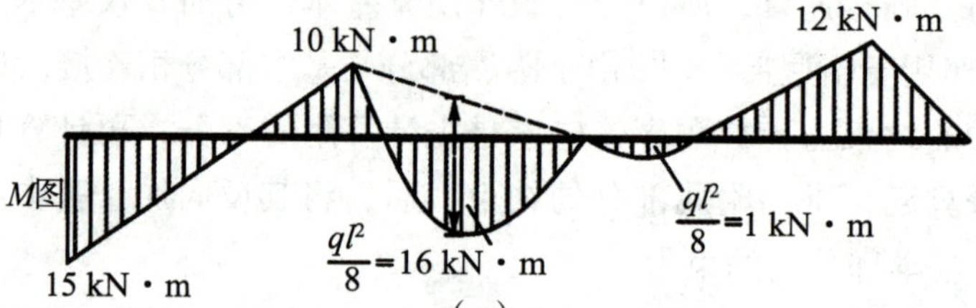

（e）

图 6-3 多跨静定梁内力图（续）

任务二 静定平面刚架

任务描述

静定平面刚架是由若干轴线共面的直杆，主要以刚结点连接而成的、无多余约束的几何不变体系。其基本特点是：全部支座约束力、杆件内力都能由静力平衡方程求出；杆件的变形以弯曲为主；刚性连接的杆件之间的夹角在结构变形过程中保持不变。

任务分析

静定平面刚架在工程中应用广泛，尤其是在建筑结构和桥梁结构中。本任务将通过一些具体案例对静定平面刚架进行详细分析。

任务重点与实施

一、静定平面刚架的常见类型

静定平面刚架有悬臂刚架、简支刚架、三铰刚架和多跨静定刚架四大类。

1. 悬臂刚架

悬臂刚架是先由若干杆件以刚结点为主连接成无多余约束的几何不变体系，再用一个固定端支座连在“基础”上而成的静定平面结构。如火车站月台的雨篷支架（图 6–4（a））、球场看台的雨篷支架（图 6–4（b））和市场摊位的雨篷支架（图 6–4（c））都是静定平面悬臂刚架。

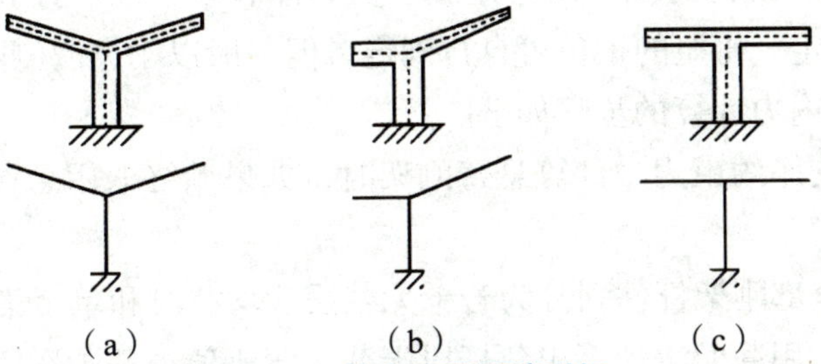

图 6–4　静定平面悬臂刚架

2. 简支刚架

简支刚架是先由若干杆件以刚结点为主连接成无多余约束的几何不变体系，再与“基础”由一固定铰支座和一可动铰支座按两刚片规则连成的静定平面结构，如图 6–5 所示。

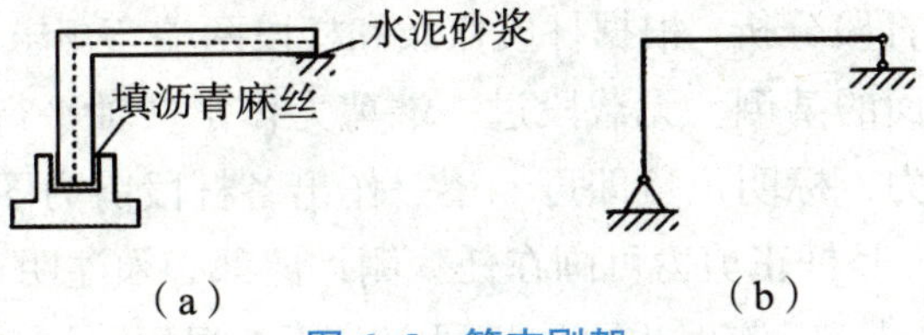

图 6–5　简支刚架

3. 三铰刚架

三铰刚架是先由若干杆件以刚结点为主连接成两个无多余约束的几何不变体系，这两个部分再与“基础”按三刚片规则以三个不共线的铰两两相连而成的静定平面结构，如图 6–6 所示。

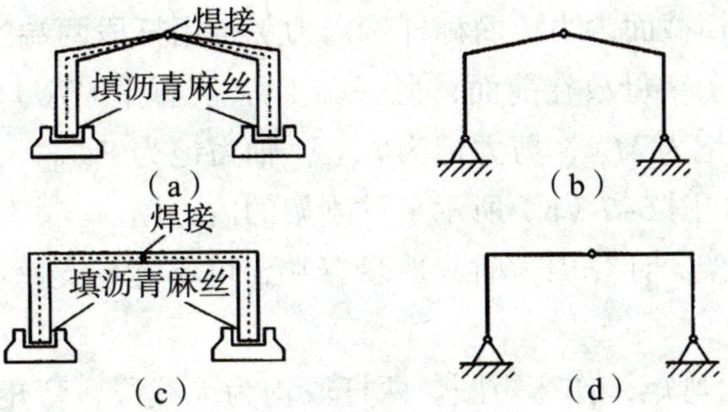

图 6–6　三铰刚架

4. 多跨静定刚架

多跨静定刚架是先由若干杆件主要以刚结点连接成若干个无多余约束的几何不变部分，

再与其他杆件或基础连成的多跨静定结构，桥梁中的 T 形刚构桥即为多跨静定刚架。

二、静定平面刚架的内力计算

平面刚架杆件横截面上的内力一般有三种：弯矩 M、剪力 F_s 和轴力 F_N。由于讲解的是静定结构，因此其全部支座约束力和内力都可由静力平衡方程来求解。同前面一样，内力计算的成果是刚架结构的内力图，即弯矩图、剪力图和轴力图。计算刚架时，剪力、轴力的正负按以前规定确定。弯矩的正负可自行确定，但一般以刚架内侧受拉为正。

静定平面刚架的内力计算的步骤如下。

（1）求结构的支座约束力。计算悬臂刚架时，如果始终取用悬臂端来计算内力，可不求支座约束力。

（2）分段。将全部刚架杆件划分为若干无载段、均载段和单个集中力作用段。

（3）计算弯矩。用截面法计算出各杆段端截面弯矩值，并画在刚架简图相应截面的受拉侧。无载段用直线连接两端弯矩即可。均载段先以虚线连接两端弯矩，再叠加等效简支梁受均布荷载的弯矩抛物线（其跨中截面值为 $ql^2/8$）。单个集中力作用段先以虚线连接两端弯矩，再叠加等效简支梁受集中力的弯矩三角形（集中力作用截面值为 Fab/l）。逐一作出各杆段弯矩图，即得全刚架弯矩图。

（4）计算剪力。取杆段分析，根据杆段荷载和杆段两端弯矩求出杆段两端截面剪力值，并画在刚架简图相应截面的某侧。无载段过一端剪力作出杆轴平行线，标明正负即可。均载段以直线连接两端剪力，标明正负即可。逐一作出各杆段剪力图即得全刚架剪力图。通常横杆正剪力画在上侧，竖杆正剪力可画在任一侧，但都必须注明正负。

（5）计算轴力。取结点（有时也可取杆段）分析，根据已知剪力和荷载值，求出杆段端截面轴力值（因为只涉及横向荷载，只需求一端即可）并画在刚架简图相应截面的某侧。过一端轴力作出杆轴平行线，标明正负即可。逐一作出各杆段轴力图即得到刚架轴力图。通常横杆正轴力画在上侧，竖杆正轴力可画在任一侧，但应标明正负。

（6）校核计算结果。取刚架的尚未分析部分（或杆件、结点）进行分析，验算其外力、内力是否满足平衡条件。若满足，说明计算结果正确。

分析时，杆段端部横截面内力（简称杆端内力）常用杆段两端的两个字母一起作下标：截面所在端（称为近端）字母放在前面，另一端（称为远端）字母放在后面。例如，AB 杆段 A 端横截面上的弯矩记为 M_{AB}，剪力记为 F_{SAB}，轴力记为 F_{NAB}。

【例 6-2】试绘出如图 6-7（a）所示悬臂刚架的内力图。

解：由于是悬臂刚架，计算内力时只取悬臂端，可不计算支座约束力。刚架分成 AB、BC 两个无载段。

（1）计算杆端截面弯矩，作弯矩图。两杆段均为无载段，弯矩图为斜直线，应求出每杆两端弯矩。去掉支座，取上部分析，如图 6-7（e）所示。设弯矩以内侧受拉为正，各内力均应画为正，下同。则

对 AB 杆：$M_{AB}=5\ \text{kN}\cdot\text{m}-2\ \text{kN}\times 2\ \text{m}=1\ \text{kN}\cdot\text{m}$（内侧受拉）

画在截面内侧。同理，M_{BA}=5 kN · m−2 kN × 2 m=1 kN·m（内侧受拉），画在截面内侧。直线连接，为一矩形，即为 *AB* 杆的弯矩图。

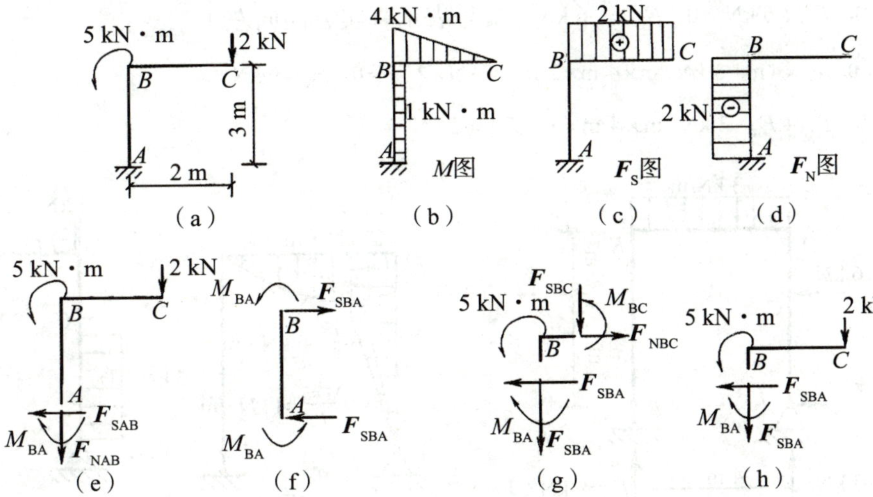

图 6-7　悬臂刚架

对 *BC* 杆：

M_{BC}=−2 kN × 2 m=−4 kN·m（外侧受拉）

画在截面上侧。M_{CB}=0。直线连接，为三角形，即为 *BC* 杆的弯矩图。

（2）计算杆端截面剪力，作剪力图。两杆段均为无载段，剪力图均为杆轴平行线，每杆只求一端剪力即可。取 *AB* 杆（也可取图 6-7（e）所示整个上部）分析，如图 6-7（f）（计算剪力时，图中可不画轴力，下同）所示。则

$$F_{SAB}=\frac{M_{AB}+M_{BA}}{l}=0$$

不用画图。同理，取 *BC* 杆分析，则 F_{SBC}=2 kN，画在上侧并作杆轴平行线，即为 *BC* 杆剪力图。

（3）计算杆端截面轴力，作轴力图。轴力图为杆轴平行线，每杆只求一端即可。取结点 *B* 分析，如图 6-7（g）所示，则由平衡条件得

$\sum F_x=0$，$F_{NBC}-F_{SBA}=0$，$F_{NBC}=0$（说明 *BC* 杆无轴力）

$\sum F_y=0$，$-F_{NBA}-F_{SBC}=0$，$F_{NBA}=-2$ kN（受压），平行线画在 *BC* 杆外侧

（4）结果校核。取尚未用过的图 6-7（h）所示带 *B* 结点的 *BC* 杆分析，画出受力图（注意：此时内力已知了，可不设为正而按实际画，以后不再说明）。则对 *B* 点取矩：

$\sum M_B$=5 kN · m−2 kN × 2 m−M_{BA}=5 kN · m−2 kN × 2 m−1 kN · m=0

在竖向投影 $\sum F_y=F_{NBA}$−2 kN=（−2）kN−2 kN=0，可证结果无误。也可由 *B* 结点上力偶矩平衡 $\sum M$=5 kN · m−M_{BA}+M_{BC}=5 kN · m−1 kN · m−4 kN · m=0，判断计算结果无误。

【例 6-3】计算如图 6-8（a）所示简支刚架的内力并作出内力图。

解：由于是简支刚架，应先求出支座约束力。

（1）求支座约束力。取刚架的整体分析，受力图如图 6-8（a）所示。

$\Sigma F_x=0$，$F_{Ax}+6\ \text{kN}=0$　$F_{Ax}=-6\ \text{kN}$（负号表示真实方向向左）

$\Sigma M_A=0$，$F_B\times4\ \text{m}-3\ \text{kN/m}\times4\ \text{m}\times2\ \text{m}-6\ \text{kN}\times2\ \text{m}=0$　$F_B=9\ \text{kN}$

$\Sigma F_y=0$，$F_{Ay}+F_B-3\ \text{kN/m}\times4\ \text{m}=0$　$F_{Ay}=3\ \text{kN}$

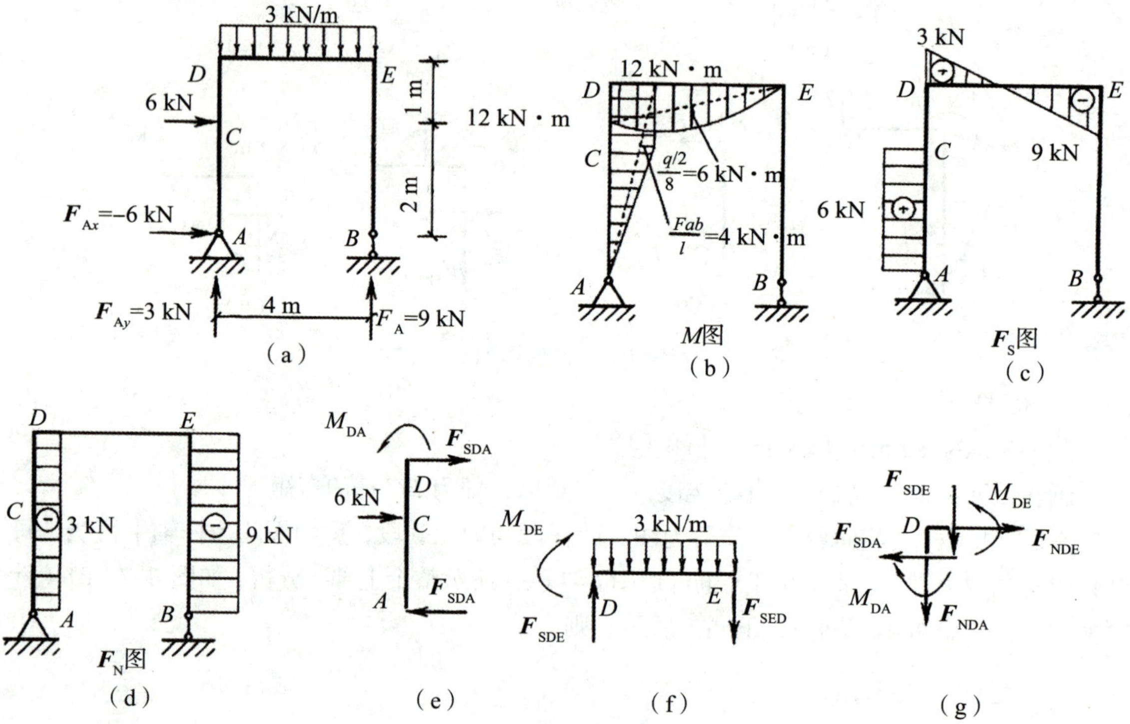

图 6-8　简支刚架

（2）计算弯矩，作弯矩图。全刚架划分为单个集中力作用段 *AD*、均载段 *DE* 和无载段 *EB*。设弯矩使刚架内侧受拉为正，由截面法计算各杆端弯矩如下。

取 *A* 截面以下外力计算，则 $M_{AD}=0$。取水平 *D* 截面以下外力计算，$M_{DA}=-F_{Ax}\times3\ \text{m}-6\ \text{kN}\times1\ \text{m}=-(-6)\ \text{kN}\times3\ \text{m}-6\ \text{kN}\times1\ \text{m}=12\ \text{kN}\cdot\text{m}$（内侧受拉）。由 *D* 结点平衡知：$M_{DE}=M_{DB}=12\ \text{kN}\cdot\text{m}$（内侧受拉）。取水平 *E* 截面以下外力计算：$M_{EB}=0$，同理 $M_{BE}=0$。由 *E* 结点平衡知：$M_{ED}=M_{EB}=0$。

将这些弯矩值画在刚架简图上相应截面的受拉侧，如图 6-8（b）所示。*AD* 段：先以虚线连成三角形，再在 *C* 截面处向内叠加 $Fab/l=6\ \text{kN}\times2\ \text{m}\times1/3=4\ \text{kN}\cdot\text{m}$，然后将此点与 $M_{AD}=0$、$M_{DA}=12\ \text{kN}\cdot\text{m}$ 两点分别以直线连接即得该段弯矩图。*DE* 段：同样先以虚线连成三角形，再在跨中截面向下叠加 $ql^2/8=3\ \text{kN/m}\times(4\ \text{m})^2/8=6\ \text{kN}\cdot\text{m}$，此点与 $M_{DE}=12\ \text{kN}\cdot\text{m}$、$M_{ED}=0$ 以抛物线连接即得该段弯矩图。*EB* 段无弯矩图。全刚架弯矩图如图 6-8（b）所示。

（3）计算剪力，作剪力图。取 *AD* 段分析，其受力图如图 6-8（e）所示。

由 $\sum M_D=0$，$M_{DA}+6\ \text{kN}\times 1\ \text{m}-F_{SAD}\times 3\ \text{m}=0$，得 $F_{SAD}=6\ \text{kN}$（也可取 A 结点分析得此结果）。在 A 截面画出 F_{SAD} 并作 AC 杆轴平行线至 C 截面，然后向右突变 6 kN，与 CD 杆轴线重合，即该段剪力图为杆轴线。

DE 段为均载段，剪力图为斜直线。取 DE 分析，受力图如图 6–8（f）所示。

由 $\sum M_D=0$，$-F_{SED}\times 4\ \text{m}-3\ \text{kN/m}\times 4\ \text{m}\times 2\ \text{m}=0$，得 $F_{SED}=-9\ \text{kN}$（也可用叠加法得此结论）。

由 $\sum F_y=0$，$F_{SDE}-3\ \text{kN/m}\times 4\ \text{m}-F_{SED}=0$，得 $F_{SDE}=3\ \text{kN}$。将这两个剪力标出并以直线连接即得该段剪力图。

EB 段无剪力，即不受剪。全刚架剪力图如图 6–8（c）所示。

（4）计算轴力，作轴力图。取 D 结点分析，其受力图如图 6–8（g）所示。

$\sum F_x=0$，$F_{SDE}-3\ \text{kN/m}\times 4\ \text{m}-F_{SED}=0$，$F_{NDE}=0$

$\sum F_y=0$，$F_{NDA}-F_{SDE}=0$，$F_{NDA}=-F_{SDE}=-3\ \text{kN}$

标出 F_{NDA}，作 AD 杆轴平行线，即为该杆轴力图。DE 杆无轴力。

同理，取 E 结点分析可知，$F_{NEB}=-9\ \text{kN}$，标出并作 EB 段平行线，即为该段轴力图。全刚架轴力图如图 6–8（d）所示。

（5）结果校核。取尚未用过的杆 CD 段分析，画出受力图，此时其内力都已知，验算 $\sum F_x$、$\sum F_y$ 和 $\sum M_C$ 是否为 0，即可判断结果正误。

【例 6–4】试计算并作出如图 6–9 所示三铰刚架的弯矩图。

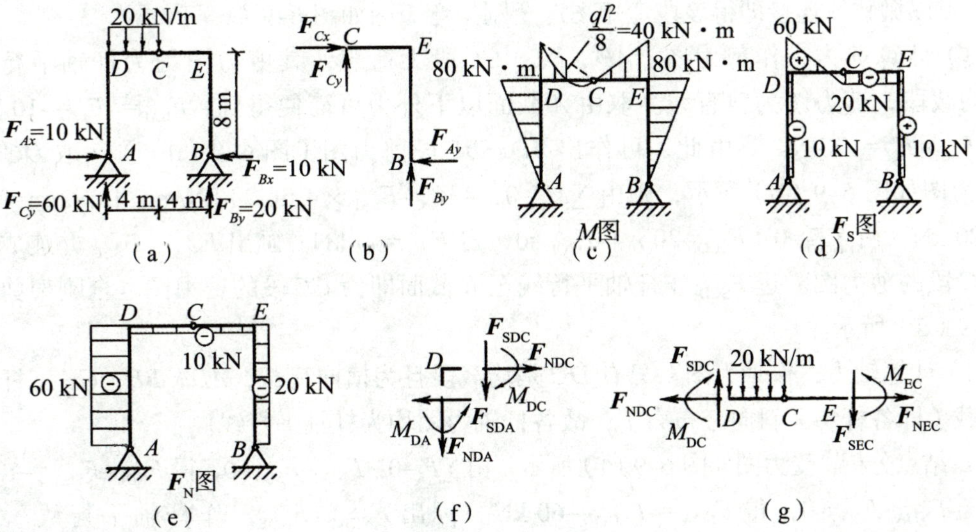

图 6–9　三铰刚架

解：计算三铰刚架必须先求出支座约束力。

（1）求支座约束力。

① 取刚架整体分析，如图 6–9（a）所示，则由平衡条件得

$\sum M_B=0$，$-F_{Ay}\times 8\ \text{m}+20\ \text{kN/m}\times 4\ \text{m}\times 6\ \text{m}=0$

$\sum F_y=0$，$F_{Ay}+F_{By}-20\ \text{kN/m}\times 4\ \text{m}=0$

$\sum F_x=0$，$F_{Ax}-F_{Bx}=0$

解得 $F_{Ay}=60\ \text{kN}$（↑），$F_{By}=20\ \text{kN}$（↑）

② 取 CB 部分分析，如图 6–9（b）所示，则由平衡条件得

$\sum M_C=0$，$-F_{Bx}\times 8\ \text{m}+F_{By}\times 4\ \text{m}=0$

解得 $F_{By}=10\ \text{kN}$（←）。

将 $\boldsymbol{F}_{Bx}$ 的值代入上式得 $F_{Ax}=10\ \text{kN}$（←）。

（2）计算弯矩值，作弯矩图。将刚架划分为 AD、DC、CE 和 EB 四段，只有 DC 是均载段，其他三段无荷载。

① AD 段：$M_{AD}=0$。再取水平 D 截面以下外力计算，$M_{DA}=-F\times 8\ \text{m}=-10\ \text{kN}\times 8\ \text{m}=-80\ \text{kN}\cdot\text{m}$（外侧受拉）。画出 M_{DA} 并与 A 点连线即为该段弯矩图。

② EB 段：$M_{Bx}=0$。再取水平 D 截面以下外力计算，$M_{EB}=-F_{Bx}\times 8\ \text{m}=-10\ \text{kN}\times 8\ \text{m}=-80\ \text{kN}\cdot\text{m}$（外侧受拉）。画出 M_{EB} 并与 B 点连线即为该段弯矩图。

③ CE 段：因 C 点为铰，故 $M_C=M_{CD}=M_{CE}=0$。结点 E 上的力偶矩平衡，故 $M_{EB}=M_{EC}=-80\ \text{kN}\cdot\text{m}$（外侧受拉）。画出 M_{EC} 并与 C 点连线即为该段弯矩图。

④ DC 段：结点 D 上的力偶矩平衡，故 $M_{DA}=M_{DC}=-80\ \text{kN}\cdot\text{m}$（外侧受拉）。画出 M_{DC} 并与 C 点虚线连接，再在中点向下叠加 $ql^2/8=20\ \text{kN/m}\times(4\ \text{m})^2/8=40\ \text{kN}\cdot\text{m}$，此点与 M_{DC}、C 点以抛物线连接即得该段弯矩图。全刚架弯矩图如图 6–9（c）所示。

（3）计算剪力，作剪力图。AD、BE、CE 段无荷载，其剪力图均为杆轴平行线，DC 是均载段，剪力图为斜直线。取由 A 截面以下外力可简便得到：$F_{SAD}=-F_{Ax}=-10\ \text{kN}$。同理，$F_{SBE}=F_{Bx}=10\ \text{kN}$。。由此，可作出 AD、BE 段剪力图（图 6–9（d））。取 DC 段分析，受力图如图 6–9（b）所示，则由 $\sum M_C=0$：$-M_{DC}-F_{SAD}\times 4\ \text{m}-20\ \text{kN/m}\times 4\ \text{m}/2\ \text{m}=0$，得 $F_{SCD}=-20\ \text{kN}$。由 $\sum F_y=0$：$F_{SCD}-20\times 4-F_{SCD}=0$，得 $F_{SCD}=60\ \text{kN}$。画出 F_{SDC}、F_{SCD} 并连成直线即为 DC 段的剪力图。过 F_{SCD} 作杆轴平行线至 E 截面即为 CE 段的剪力图。全刚架剪力图如图 6–9（d）所示。

（4）计算轴力，作轴力图。只有 DC 是均载段且为横向荷载，AD、BE、CE 三杆段上均无荷载（即各杆均无斜向分布力），故各杆轴力图均为杆轴平行线。

取 D 结点分析，受力图如图 6–9（f）所示。由 $\sum F_x=0$：$F_{NDC}-F_{SDA}=0$，得 $F_{NDC}=F_{SDA}=-10\ \text{kN}$。$\sum F_y=0$：$-F_{NDA}-F_{SDC}=0$，得 $F_{NDA}=-F_{SDC}=-60\ \text{kN}$。标出 F_{NDA}、F_{NDE}，作杆轴平行线，即得此二杆的轴力图（图 6–9（e））。同理，取 E 结点分析，得 $F_{NEB}=-20\ \text{kN}$，画出并作 BE 杆轴的平行线，即得 BE 杆的轴力图。全刚架轴力图如图 6–9（e）所示。

（5）结果校核。计算过程未涉及 DE 部分的平衡，可用其校核计算结果。其受力图如图 6–9（g）所示，各内、外力均已知。$\sum F_y=F_{DEC}-20\ \text{kN/m}\times 4\ \text{m}=0$，可见计算结果正确。也可计算，$\sum M_D=M_{DC}-M_{EC}+F_{SEC}\times 8\ \text{m}-20\ \text{kN/m}\times 4\ \text{m}\times 2\ \text{m}=80\ \text{kN}\cdot\text{m}-80\ \text{kN}\cdot\text{m}+20\ \text{kN}\times 8\ \text{m}-160\ \text{kN}\cdot\text{m}=0$ 可见计算结果正确。

任务三　静定平面桁架

任务描述

桁架是土木工程中广泛使用的一种结构形式，通常被用作大跨度结构。图 6–10（a）、图 6–10（b）、图 6–10（c）都为桁架实例，其中图 6–10（a）为钢屋架，图 6–10（b）为钢筋混凝土屋架，图 6–10（c）为钢桁架桥梁。

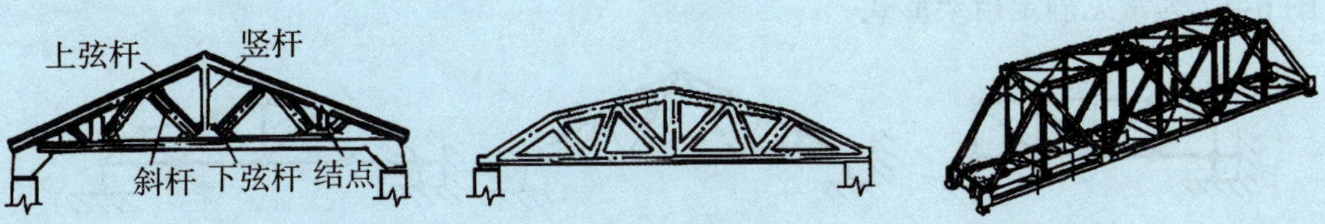

（a）　　（b）　　（c）

图 6–10　桁架

任务分析

由于其几何结构简单且受力状态可以通过静力学平衡方程完全确定，静定平面桁架在工程中应用广泛，特别是在桥梁和屋顶结构中。本任务将通过一些具体案例对静定平面桁架进行详细分析。

任务重点与实施

一、桁架的特征及分类

桁架的结构

桁架的特点：杆件都是直杆，荷载都作用于结点上，结点“刚性”相对较低（可能是结点部位强度不足导致），阻止不了外荷载作用引起的结点上各杆件之间夹角的变化。在这种情况下，结构试验和理论分析都表明，各杆的内力主要是轴力，弯矩和剪力则相对很小，可以忽略。因此桁架的计算简图可以这样来假定：桁架全部杆件都是等截面二力杆，所有结点都是理想铰结点（光滑无摩擦），结点上各杆轴线汇交于铰心，其所受外力全部作用在铰结点上。

静定平面桁架则是所有杆件的轴线都位于同一平面内的无多余约束的桁架结构。图 6–10（a）、图 6–10（b）、图 6–10（c）中的实际桁架在计算时都简化成静定平面桁架，其计算简图分别如图 6–11（a）、图 6–11（b）和图 6–11（c）所示。一个平面桁架常称为一榀，

图 6-10（c）为实际桁架是由两榀，如图 6-11（c）所示简图桁架，通过上部的横向联系、纵向联系和底部的横梁、纵梁、轨枕等连接而成的。

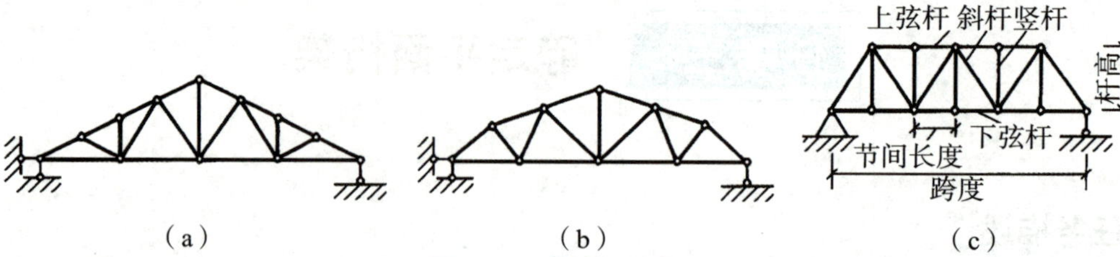

图 6-11　静定平面桁架

桁架中的杆件可按所处位置分为弦杆（即上下外围杆，上边的叫上弦杆，下边的叫下弦杆）和腹杆（即上下弦杆内的杆，倾斜的叫斜杆，竖直的叫竖杆）。弦杆上两相邻结点之间的区间叫节间，其长度称为节间长度，如图 6-11（c）所示。

图 6-12 为常见静定桁架形式。

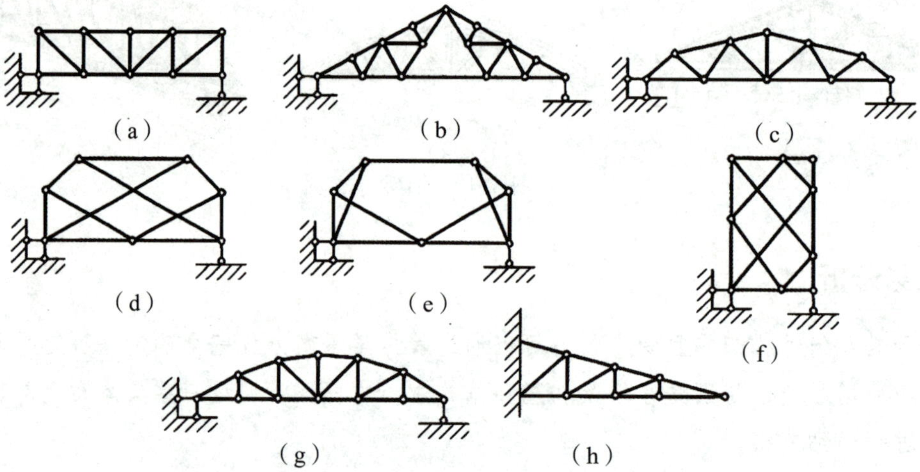

图 6-12　静定桁架形式

平面桁架按外轮廓形状可分为平行弦桁架（上下弦平行，如图 6-12（a）所示）、三角形桁架（上弦呈人字坡，下弦水平，如图 6-12（b）所示）、折线形桁架（上弦呈折线，下弦水平，如图 6-12（c）所示）、抛物线桁架（上弦节点位于一抛物线上，下弦水平，如图 6-12（g）所示）和其他桁架（图 6-12（d）、图 6-12（e）、图 6-12（f）和图 6-12（h））。

二、静定平面桁架的内力计算

桁架内力就是指桁架各杆的内力。由于桁架各杆都是二力杆，内力只有轴力，故桁架内力也就是指各杆的轴力。

桁架内力计算的方法主要有结点法和截面法。以前工程计算中也曾使用图解法，但由于作图烦琐，而且精度有限，现已很少运用。

（一）结点法

结点法是取桁架的铰结点为分析对象，画出其受力图，并据此建立平衡方程来求解桁架杆件的轴力。由于桁架的外力（荷载和支座约束力）都作用于结点上，而各杆件轴线又都汇交于铰心，故铰结点所受的各力（不论是荷载、支座约束力还是杆件轴力）构成一平面汇交力系。因此，以铰结点为分析对象时，最多只能求出两个未知轴力。故用结点法计算桁架内力时，所选取的分析结点上未知力不能超过两个。另外，画受力图时，未知轴力必须设为拉力，以避免所得轴力正负号与轴力拉压性质相矛盾的情况。

【例 6–5】试计算如图 6–13 所示静定平面桁架各杆的轴力。

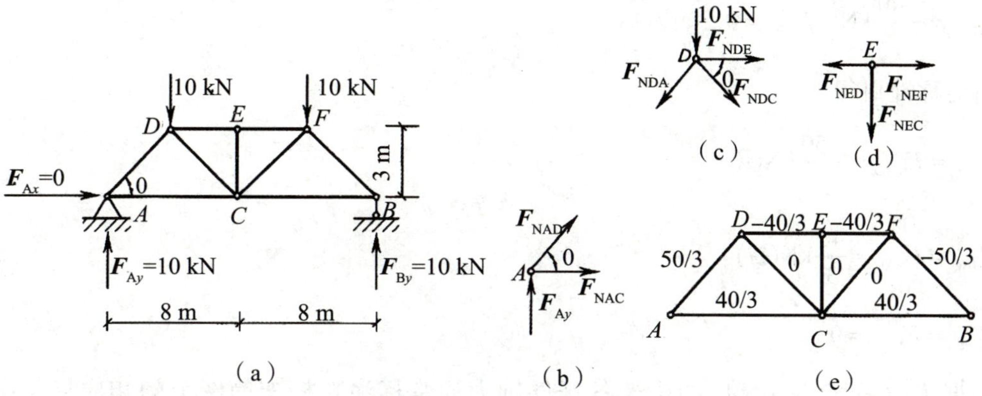

图 6–13　静定平面桁架

解：这是一个简支平行弦桁架。在求解前，任一结点上未知力都不止两个。如 A 结点上两个支座约束力及杆 AC 与杆 AD 的轴力都未知，有四个未知力。B 结点上有一个支座约束力及杆 BC 与 BF 的两个轴力共三个未知力。D、E、F 结点各有三个未知杆轴力。C 结点五个杆轴力都未知。因此，通过分析，本题应先取整体为分析对象，求出三个支座约束力。然后再取结点分析，求杆件轴力。

（1）求支座约束力

取整个桁架为分析对象，画出受力图如图 6–13（a）所示。列出平衡方程

$\sum F_x = 0$，$F_{Ax} = 0$

$\sum M_A = 0$，$F_{By} \times 16\ \text{m} - 10\ \text{kN} \times 4\ \text{m} - 10\ \text{kN} \times 12\ \text{m} = 0$

$\sum F_y = 0$，$F_{Ay} + F_{By} - 20\ \text{kN} = 0$

解得$F_{Ax} = 0$，$F_{Ay} = 10\text{kN}$（↑），$F_{By} = 10\text{kN}$（↑）。这个结果由结构及荷载的对称性也可直接得出。

（2）求桁架内力

由于该桁架结构及其荷载都正对称，故只需计算一半桁架杆件。另一半桁架的杆件轴力由对称性即可得到。也就是说，这里只需计算 AC、AD、CD、DE 和 CE 五杆的轴力。

① 先取结点 A 分析，受力图如图 6–13（b）所示，则由平衡关系得

$\sum F_x = 0$，$F_{NAC} + F_{NAD}\cos\theta = 0$

$\sum F_y = 0$，$F_{NAD}\sin\theta + F_{Ay} = 0$

因$\sin\theta = \dfrac{3}{5}$，$\cos\theta = \dfrac{4}{5}$，故解得

$F_{NAC} = \dfrac{40}{3}$ kN(拉) $F_{NAD} = -\dfrac{50}{3}$ kN(压)

② 再取结点 D 分析，受力图如图 6-13（c）所示，同理可解得

$$F_{NDE} = -\frac{40}{3}\text{kN(拉)} \quad F_{NDC} = 0$$

③ 取结点 E 分析，受力图如图 6-13（d）所示，解得

$$F_{NEF} = -\frac{40}{3}\text{kN} \quad F_{NEC} = 0$$

由对称性可得

$$F_{NBF} = F_{NAD} = -\frac{50}{3}\text{kN(压)}$$

$$F_{NBC} = F_{NAC} = \frac{40}{3}\text{kN(拉)}$$

$$F_{NFC} = F_{NDC} = 0$$

根据工程习惯，计算出的桁架各杆件轴力通常标注在桁架简图上的相应杆件旁，如图 6-13（e）所示。

（二）零杆与等力杆

1. 零杆

桁架中轴力为零的杆称为零杆。例 6-14 中 DC、EC、FC 三杆均为零杆。从理论上讲，零杆不承受力作用，是多余的。而实际上，静定桁架的零杆是绝对不能省略的，超静定桁架的零杆有的也不能省略。一方面，实际桁架中“零杆”轴力并非为零。因为实际桁架有许多“先天缺陷”，与计算简图所表达的理想模型之间有一定差距。另一方面，零杆可能是使桁架结构体系在构造上保持几何不变的必要约束，是不可或缺的。当然，在超静定桁架中，若零杆恰好是多余约束，则可以去掉。

在桁架内力计算时，如果预先不计算即能判断出零杆，则可以简化计算过程。下面介绍几种特殊结点上的零杆判定规律。

（1）V 结点不受外力时，两杆均为零杆。V 结点即二元体结点，因其像某个方位的“V”字而得名。如图 6-14（a）所示，取 V 结点分析，由$\sum F_y = 0$得$F_{N1}\sin\theta = 0$。因$\sin\theta \neq 0$，故$F_{N1} = 0$。由$\sum F_x = 0$得$F_{N2} + F_{N1}\cos\theta = 0$，将$F_{N1} = 0$代入得$F_{N2} = 0$。

（2）V 结点上受一外力作用，且外力沿其中一杆，则另一杆必为零杆。外力所沿的杆有轴力，且轴力绝对值等于外力的大小，轴力是拉（或压）相应于外力使结点的运动趋势是离开（或压紧）该杆。

如图 6–14（b）所示，V 结点受沿杆 2 的外力 F_P 作用。取结点分析，由$\sum F_y=0$得$F_{N1}\sin\theta=0$。同样，因$\sin\theta\neq0$，故$F_{N1}=0$。由$\sum F_x=0$得$F_{N2}+F_{N1}\cos\theta-F_{N1}=0$，将$F_{N1}=0$代入，得$F_{N2}=F_p$（拉，$F_p$使结点有离开 2 杆的趋势）。

（3）Y 结点不受外力时，则支杆必为零杆。Y 结点是指三杆汇交于一结点，且其中二杆共线，形成某一方位的“Y”字。如图 6–14（c）所示，取 Y 结点分析，由$\sum F_y=0$得$F_{N2}\sin\theta=0$。同理，因$\sin\theta\neq0$，故$F_{N2}=0$。

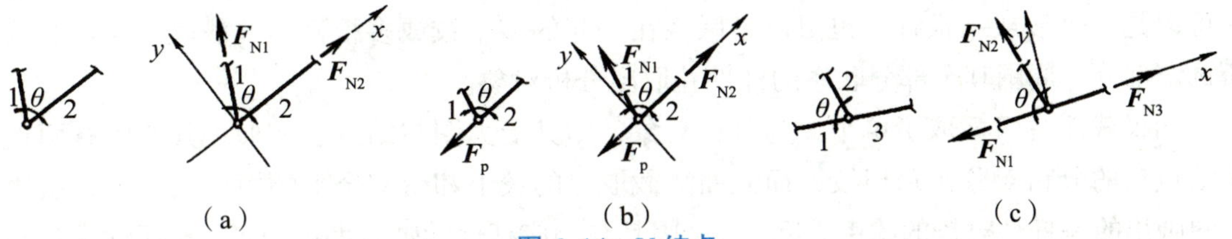

图 6–14　V 结点

2. 等力杆

桁架中，轴力绝对值相等的杆称为等力杆。例 6–5 中 *AC* 杆与 *BC* 杆、*AD* 杆与 *BF* 杆、*DE* 杆与 *EF* 杆、*DC* 杆与 *CF* 杆均分别为等力杆。在桁架内力计算时，若能先判定出等力杆，同样能简化计算过程。如在例 6–5 中，根据对称性判断出等力杆后，使计算工作量节省了一半。

下面介绍几种特殊结点上等力杆的判定规律。

（1）X 结点不受外力，则每对共线杆都为等力杆，且每对等力杆的轴力拉、压性质相同。X 结点是指四杆交于一结点，且两两共线，形成某一方位的“X”字。如图 6–15（a）所示，取 X 结点分析，由$\sum F_y=0$得$F_{N3}\sin\theta-F_{N4}\sin\theta=0$，故$F_{N3}=F_{N4}$，说明 3、4 杆为等力杆，且轴力符号相同。又由$\sum F_x=0$得$F_{N2}+F_{N3}\cos\theta-F_{N1}-F_{N4}\cos\theta=0$，故$F_{N1}=F_{N2}$，说明 1、2 杆为等力杆，且轴力符号相同。

（2）K 结点不受外力，则同侧两杆为等力杆，且轴力符号相反。K 结点是指四杆会交于一结点，其中两杆共线，另外两杆位于同侧且与两共线杆夹角相等，形成某一方位的“K”字。如图 6–15（b）所示，取 K 结点分析，由$\sum F_y=0$得$F_{N1}\sin\theta+F_{N2}\sin\theta=0$，故$F_{N1}=-F_{N2}$，说明 1、2 杆为等力杆且轴力符号相反。

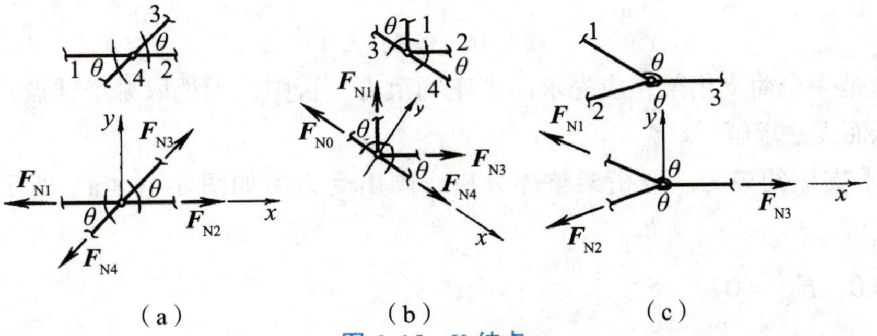

图 6–15　K 结点

（3）Y 结点不受外力，则两对称杆为等力杆，且轴力符号相同。Y 结点是指三杆汇交于一结点，其中两杆与第三杆夹角相同，形成某一方位的“Y”字。如图 6–15（c）所示，取 Y 结点分析，由$\sum F_y=0$得 $F_{N3}\sin(180°-\theta)-F_{N2}\sin(180°-\theta)=0$，故$F_{N1}=F_{N2}$，说明 1、2 杆为等力杆且轴力符号相同。

（三）截面法

这种方法是用一截面（可为平面，也可为曲面）截取桁架的一部分为分析对象，画出其受力图，并据此建立平衡方程来求解桁架杆件的轴力。截面法的分析对象是桁架的一部分，它可以是一个铰或一根杆，也可以是联系在一起的多个铰或多根杆。“截取”就是要截断所选定部分与周围其余部分联系的杆件并取出分析对象。

如果截面法只截取了单个铰为分析对象，则其受力图与结点法相似。其差别有两点：①结点法的分析对象是理想铰，而截面法截取出的铰上却留有余下的短杆段。②结点法受力图画出的是杆件对铰的约束（反）力，因其与相应杆件的轴力大小相等、拉压性质相同，故有时不加区分地把计算出的杆件约束力“当作”杆件轴力。而截面法受力图画出的是被截断杆件的轴力，计算结果就是杆件轴力，显得更直接。

不过，截面法截取的分析对象通常不宜是单个铰，而应是含有铰和杆件的更大的部分，这样才能发挥自身的优势。这种情况下，所取分析对象受的力系通常是平面一般力系，故最多可求解出 3 个未知力。因此，一般情况下截面法所取的分析对象上未知轴力不宜超过 3 个。截面法通过选择适当方位的投影轴与矩心，可使一个平衡方程只含 1 个未知量，从而简化计算过程。

如果截面法分析对象上未知轴力超过了 3 个，则除特殊力系（如含有 n 个未知力的平面力系中 n–1 个未知力汇交于一点或相互平行）外，一般要另取其他分析对象同时分析，建立含 3 个以上方程的联立方程组来求解。在计算桁架时应尽量避免这种情况出现。

【例 6–6】已知桁架荷载及尺寸如图 6–16 所示。试计算杆件 1、2、3 的轴力。

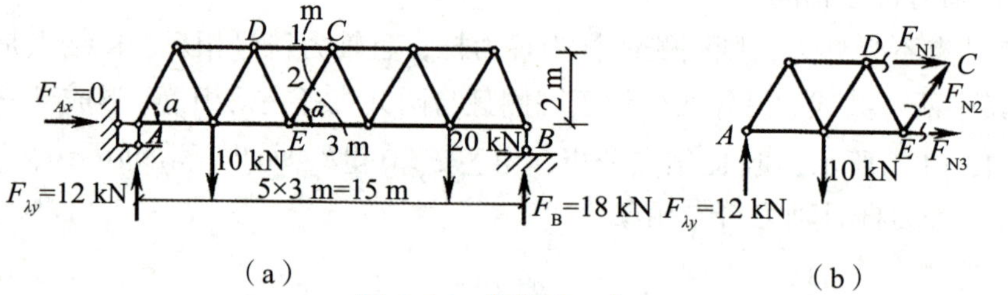

图 6–16 桁架（一）

解：这是一个简支桁架，应先求出支座约束力。否则，无论取哪个结点，未知力都超过 2 个，从而无法求解。

（1）求支座约束力。取桁架整体分析，画出受力图如图 6–16（a）所示。由平衡条件得

$$\sum F_x=0,\ F_{Ax}=0$$

$$\sum M_A=0,\ F_B\times15\ \text{m}-10\ \text{kN}\times3\ \text{m}-20\ \text{kN}\times12\ \text{m}=0$$

解得$F_A=18\ \text{kN}$（↑）

$\sum F_y=0$，$F_{Ay}+F_B-10\ \text{kN}-20\ \text{kN}=0$

解得$F_{Ay}=12\ \text{kN}$（↑）

验算：$\sum M_B=-F_{Ay}\times 15\ \text{m}+10\ \text{kN}\times 12\ \text{m}+20\ \text{kN}\times 3\ \text{m}=0$，说明约束力计算无误。

（2）求杆件轴力。用 m—m 截面将 1、2、3 杆截断，取桁架左部分为分析对象，画出受力图如图 6–16（b）所示。建立平衡方程

$\sum M_E=0$，$-12\ \text{kN}\times 6\ \text{m}+10\ \text{kN}\times 3\ \text{m}-F_{N1}\times 2\ \text{m}=0$

解得$F_{N1}=-21\ \text{kN}$（压力）

$\sum M_C=0$，$-12\ \text{kN}\times 7.5\ \text{m}+10\ \text{kN}\times 4.5\ \text{m}+F_{N3}\times 2\ \text{m}=0$

解得$F_{N3}=22.5\ \text{kN}$（拉力）

$\sum F_y=0$，$12\ \text{kN}-10\ \text{kN}+F_{N2}\sin\alpha=0$

因$\sin\alpha=4/5$，解得$F_{N2}=-2.5\ \text{kN}$（压力）

【例 6–7】求如图 6–17（a）所示桁架中杆 *ED* 的轴力。已知 *ABCD* 为正方形，*EH* // *AC*，*HG* // *AB*，*C*、*E*、*G*、*B* 四点共线，荷载 *F* 竖直向下。

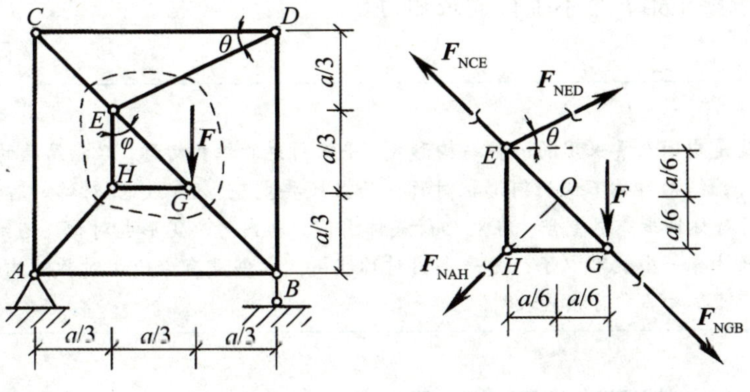

图 6–17　桁架（二）

解：通过认真分析，以图示闭合截面截取三角形 *EHG* 为分析对象，画出受力图如图 6–17（b）所示。延长 F_{NAH} 的作用线交 *EG* 杆于 *O*。由几何关系知，*O* 为等腰直角三角形 *EHG* 斜边的中点。设$\angle EDC=\theta$，由平衡条件

$$\sum M_o=0,-F\times\frac{a}{6}-F_{NBD}\cos\theta\times\frac{a}{6}-F_{NED}\sin\theta\times\frac{a}{6}=0$$

代入$\sin\theta=\frac{1}{\sqrt{5}}$，$\cos\theta=\frac{2}{\sqrt{5}}$，解得$F_{NED}=-\frac{\sqrt{5}}{3}$(压力)

本例所截取的分析对象上，有 4 个未知力，仍然求出了所需的杆件轴力。这是因为除欲求的未知轴力 F_{NED} 外，其余三个未知轴力汇交于 *O*，在以 *O* 点为矩心的力矩平衡方程中只含未知轴力 F_{NED}。

一般地，若力系中有 n 个未知力，其中 $n-1$ 个汇交于一点，则以该汇交点为矩心列出力矩平衡方程必能求解出第 n 个不汇交于该点的未知力。

【例 6-8】求上例桁架中杆 EG 的轴力。

解：以水平截面截取桁架的上半部分为分析对象，画出受力图，如图 6-18 所示。设 $\angle HEG=\varphi$，由平衡条件$\sum F_x=0$得$F_{NEG}\sin\varphi=0$。因$\sin\varphi\neq 0$，可得$F_{NEG}=0$。

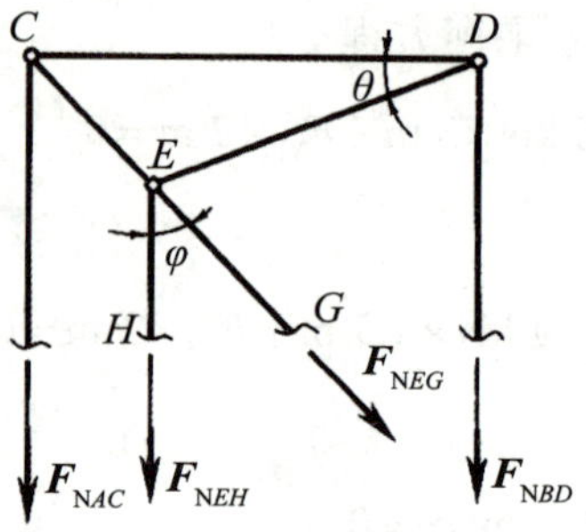

图 6-18 桁架（三）

本例所截取的分析对象上面，也有 4 个未知轴力，仍然求出了所需的杆件轴力。这是因为除欲求的未知轴力 F_{NEG} 外，其余三个未知轴力相互平行。

一般地，若力系中有 n 个未知力，其中 $n-1$ 个相互平行，则列出力系在平行方向的投影平衡方程必能求解出第 n 个不平行的未知力。

提示

结构对称，这是中国人常采用的一种结构形式。平常所说的结构对称，只指结构的几何形状对称；从严格意义上来讲，结构对称不仅几何形状对称，而且还要支座、EA 或 EI 对称。对称结构至少应有一个对称轴，可沿对称轴折叠、重合。在对称荷载作用下，其内力、变形也对称。遇到这种结构内力、位移计算题时，只计算一半就可以了，另一半用对称获得。本书没有专门讲对称结构的简化计算，如要了解这一内容，可参考多学时相应教材。

（四）结点法与截面法的联合应用

结点法和截面法各有优点。两种方法联合应用，会使桁架杆的轴力计算变得更加方便、快捷、灵活、高效。

【例 6-9】试求如图 6-19 所示桁架中杆件 1、2、3 和 4 的轴力。

解：对简支桁架，应先求出支座约束力，再计算杆件轴力。

（1）求支座约束力。取桁架整体分析，画出受力图如图 6-19（a）所示，则由$\sum F_x=0$得$F_{Ax}=0$。未知约束力只剩下 $\boldsymbol{F}_{Ay}$、$\boldsymbol{F}_{B}$，由正对称性可得$F_{Ay}=F_B=2F(\uparrow)$。

（2）求杆件轴力。

① 以 I-I 截面截取桁架左部分分析，受力图如图 6-19（b）所示，则由平衡条件

$$\sum M_C=0,-F_{N1}\times a+\frac{F}{2}\times a-2F\times a=0$$

解得$F_{N1}=-\dfrac{3}{2}F$(压)

$\sum F_y=0, F_{N1}+F_{N4}=0$

代入 F_{N1} 的值得 $F_{N4}=\dfrac{3}{2}F$(拉)

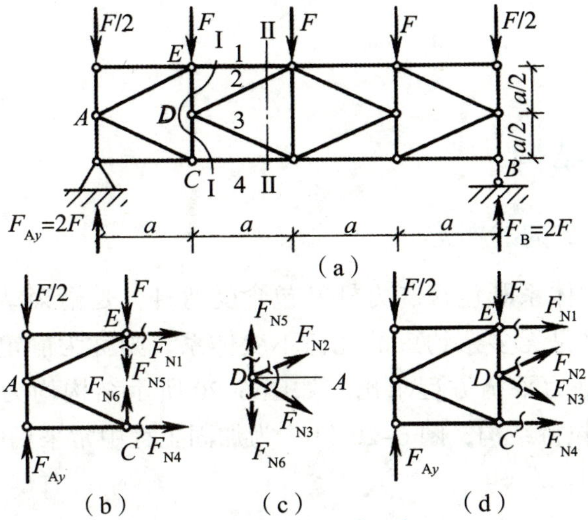

图 6–19　桁架（四）

② 取结点 D 分析，受力图如图 6–19（c）所示。因该结点是“K”形结点，且无荷载，故$F_{N2}=-F_{N3}$。

③ 以Ⅱ－Ⅱ截面截取左部分分析，受力图如图 6–19（d）所示，则由平衡条件

$$\sum F_y=0, 2F-\frac{1}{2}F-F+F_{N2}\sin\alpha-F_{N3}\sin\alpha=0$$

将$F_{N2}=-F_{N3}$和$\sin\alpha=\dfrac{1}{\sqrt{5}}$代入可解得

$F_{N2}=-F_{N3}=-\dfrac{\sqrt{5}}{4}F$（$F_{N2}$ 取负为压力，F_{N3} 取正为拉力）

任务四　静定组合结构与三铰拱

任务描述

静定组合结构是由多种不同类型的结构单元组合而成的结构体系，其几何结构和受力状态可以通过静力学平衡方程完全确定。三铰拱是一种常见的拱结构，它由三个铰接点组成，分别为两个支座和一个中间铰接点。

任务分析

静定组合结构的关键特点是，结构的所有反力和内力都可以通过静力平衡条件求解，不需要考虑结构的变形。三铰拱广泛应用于各类工程项目中，如桥梁、体育场馆、工业厂房等。设计时需要考虑材料的选择以及受力后的变形和安全性。

任务重点与实施

一、静定组合结构

（一）静定组合结构的概念

组合结构是指结构体系既包含二力杆又包含受弯杆，是桁架结构与梁或刚架结构的组合。如果这种体系又是无多余约束的几何不变体系，则称为静定组合结构，其全部约束反力和内力均可由静力平衡方程求出。如图 6–20 所示结构均为静定组合结构，其中图 6–20（a）为简易斜拉桥结构，图 6–20（b）为加固工程中常采用的结构，图 6–20（c）为下撑式五角形屋架结构。

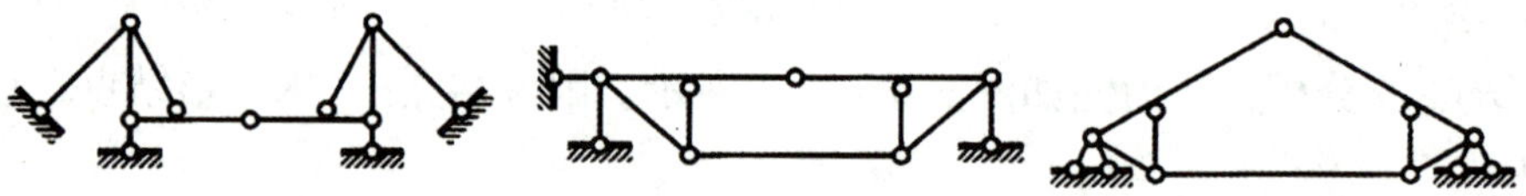
（a）　（b）　（c）

图 6–20　组合结构

（二）静定组合结构的内力计算

计算组合结构的内力，也是用截面法和结点法。具体计算时，应注意以下几点。

（1）用结点法时，不取组合结点或受弯杆端部铰结点为分析对象。因为此类结点上有梁式杆，分析起来很不方便。

（2）用截面法时，不截断受弯杆。因为受弯杆横截面上一般有剪力、弯矩和轴力三种内力，截断后未知内力太多，增加计算难度。

（3）在取脱离体时，组合结点应采用拆开的办法，二力杆可直接截断。

（4）受弯杆按梁和刚架的计算方法求内力，画出内力图（包括弯矩图、剪力图和轴力图）。二力杆求出轴力即可，也可标注在结构图中相应杆的旁边。

【例 6–10】试计算如图 6–21 所示组合结构的内力。

解：这是一个简支组合结构。应先求出支座反力，再计算杆件内力。

（1）求支座反力。取整体为分析，受力图如图 6–21（a）所示，则

$\sum F_x=0$，$F_{Ax}=0$

$\sum M_B=0$，$-F_{Ay}\times 12\ \text{m}-(20\times 12)\ \text{kN}\times 6\ \text{m}=0$，得 $F_{Ay}=120\ \text{kN}$（↑）

$\sum F_y=0$，$F_{Ay}+F_B-20\ \text{kN}\times 12\ \text{m}=0$，得 $F_B=120\ \text{kN}$（↑）

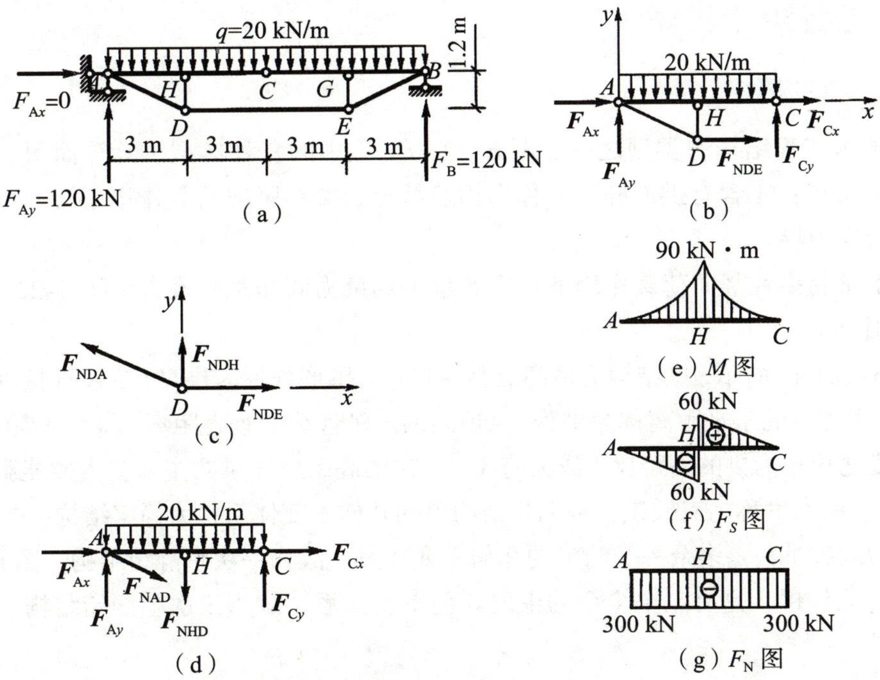

图 6-21　组合结构的内力

也可由结称性平衡直接得 $F_{Ay}=F_B=120$ kN（↑）

（2）求二力杆的轴力，从以下三方面分析。

① 拆开铰 C，截断杆 DE，取其左部分结构分析，受力图如图 6-21（b）所示，则

$\sum M_C=0$，$F_{NDE}\times1.2\text{ m}+(20\times6)\text{ kN}\times3\text{ m}-F_{Ay}\times6\text{ m}=0$

解得 $F_{NDE}=300$ kN（拉）

$\sum F_x=0$，$F_{Cx}+F_{NDE}=0$，解得 $F_{Cx}=-300$ kN（←）

$\sum F_y=0$，$F_{Cy}+F_{Ay}-(20\times6)$ kN=0，解得 $F_{Cy}=0$

② 取结点 D 分析，受力图如图 6-21（c）所示，则

$\sum F_x=0$，$300\text{ kN}-F_{NDA}\cos\theta=0$

因 $\cos\theta=\dfrac{3}{3.231}$，解得 $F_{NDA}=323.1$ kN（拉）

$\Sigma F_y=0$，$F_{NDH}+F_{NDA}\sin\theta=0$

因 $\sin\theta=\dfrac{1.2}{3.231}$ 解得 $F_{NDH}=-120$ kN（压）

③ 由对称性知：$F_{NEB}=F_{NDA}=323.1$ kN（拉），$F_{NEC}=F_{NDH}=-120$ kN（压）

（3）计算并绘制受弯杆的内力图。由于结构与荷载均对称，故只需计算并绘制一半结构的内力图即可。因此取左半结构 AC 分析，受力图如图 6-21（d）所示，注意除横向力外还有轴向力和斜向力。内力图分为 AH、HC 两个均载段绘制。经计算，绘制出 AC 段的弯矩图，剪力图和轴力图分别如图 6-21（e）、图 6-21（f）和图 6-21（g）所示。

二、三铰拱（机械）

（一）拱的概念

拱是土木工程结构的类型之一，图 6–22 为工程中的三种典型拱计算简图。拱结构必须具备两大特点：①含有拱形杆——称为构造特点；②在竖向荷载作用下会产生水平约束力——称为受力特点。

工程上常将拱在竖向荷载作用下产生的水平约束力叫作水平推力（图 6–22 中的 $\boldsymbol{F}_{Ax}$、$\boldsymbol{F}_{Bx}$），记作 F_H。

如图 6–22（a）所示，拱结构的最高点称为拱顶，拱形杆称为拱身，支座连接处称为拱趾（或拱脚）。两支座的水平距离称为拱跨。拱顶到两拱趾连线的垂直距离 f 称为拱高（或矢高）。拱高与跨度之比称为拱的高跨比（或矢跨比）。拱的高跨比对拱的主要受力性能影响很大。图 6–22（a）所示拱称为三铰拱，是无多余约束的几何不变体系，为静定结构。图 6–22（b）所示拱称为两铰拱，是多余一个约束的几何不变体系，故为一次超静定结构。图 6–22（c）所示拱称为无铰拱，是有三个多余约束的几何不变体系，故为三次超静定结构。本任务只讨论三铰拱。

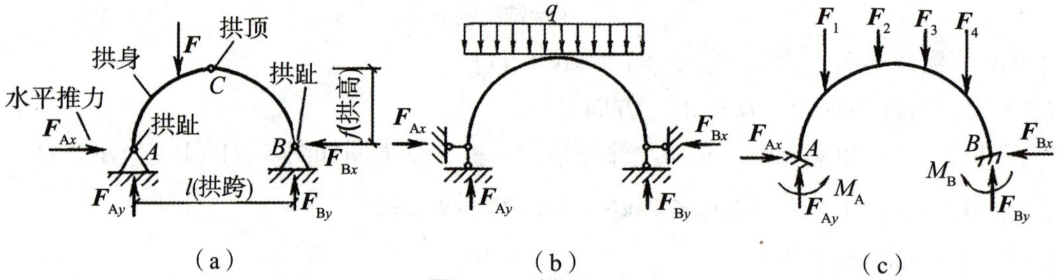

图 6–22　拱型示意图

（二）三铰拱的计算

下面以如图 6–23（a）所示三铰拱为例来讨论三铰拱的计算。已知拱轴抛物线方程为 $y=4fx(l-x)/l^2$。此处所讨论的必须是两支座铰位于同一水平线、第三铰位于拱顶的三铰拱。

1. 三铰拱支座约束力的计算

三铰拱的支座约束力计算方法与三铰刚架相同。先取整体分析，受力图如图 6–23（a）所示。由平衡条件解得

$$F_{Ay}=\frac{F\times 9\ \text{m}+q\times 6\ \text{m}\times 3\ \text{m}}{l}=\frac{100\times 9+20\times 6\times 3}{12}\text{kN}=105\ \text{kN} \quad ①$$

$$F_{By}=\frac{F\times 3\ \text{m}+q\times 6\ \text{m}\times 9\ \text{m}}{l}=\frac{100\times 3+20\times 6\times 9}{12}\text{kN}=115\ \text{kN} \quad ②$$

$$F_{As}=F_{Bx}$$

故可令

$$F_{Ax}=F_{Bx}=F_H$$

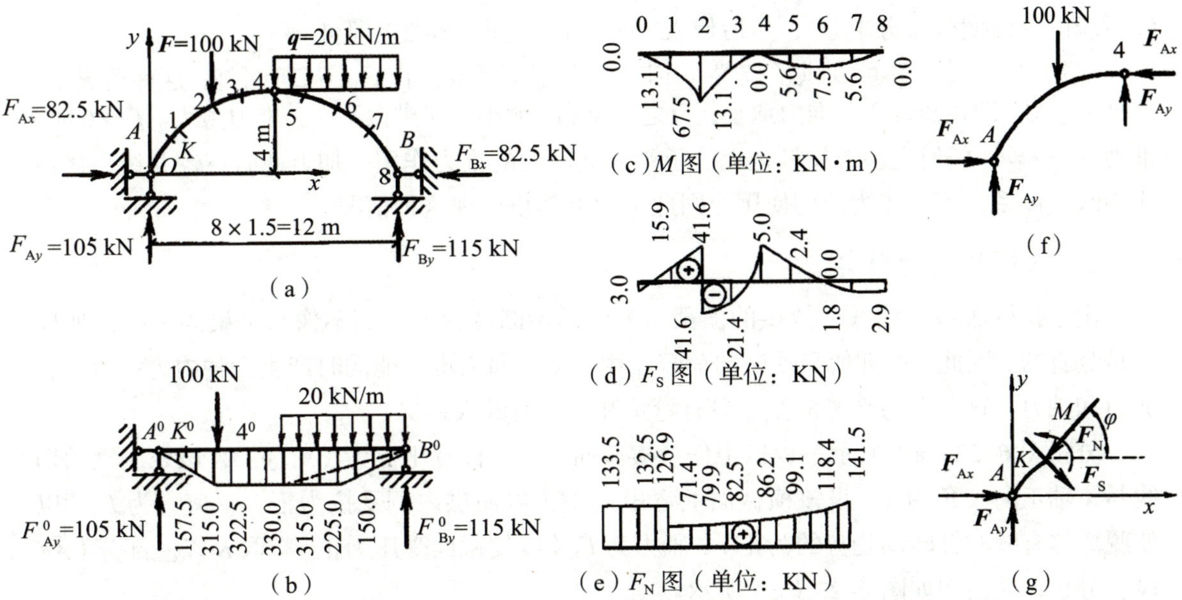

图 6–23　三铰拱

然后再取半拱分析，如图 6–23（f）所示。对点 4 取矩，可得

$$F_H = F_{Ax} = \frac{F_A \times \dfrac{l}{2} - F \times (1.5\ \text{m} \times 2)}{f} = \frac{105 \times 6 - 100 \times 3}{4}\ \text{kN} = 82.5\ \text{kN}$$

为了得到三铰拱支座约束力计算的简便方法，取一个与三铰拱跨度相同、荷载相同的简支梁（称为该三铰拱的等代梁）来分析，如图 6–23（b）所示。由平衡条件易得：

$$F^0_{Ay} = \frac{F \times 9\ \text{m} + q \times 6\ \text{m} \times 3\ \text{m}}{l} = \frac{100 \times 9 + 20 \times 6 \times 3}{12}\ \text{kN} = 105\ \text{kN}$$

$$F^0_{By} = \frac{F \times 3\ \text{m} + q \times 6\ \text{m} \times 9\ \text{m}}{l} = \frac{100 \times 3 + 20 \times 6 \times 9}{12}\ \text{kN} = 115\ \text{kN}$$

$$M^0_B = F^0_{Ay} \times 6\ \text{m} - F \times 3\ \text{m} = (105 \times 6 - 100 \times 3)\ \text{kN} = 330\ \text{kN}$$

将代梁支座约束力F^0_{Ay}、F^0_{By}与三铰拱支座约束力相比较，可得

$$F_{Ay} = F^0_{Ay}，\ F_{By} = F^0_{By} \qquad (6\text{-}1)$$

代入计算式得：

$$F_H = \frac{F^0_{Ay} \times \dfrac{l}{2} - F \times (1.5\ \text{m} \times 2)}{f} = \frac{330}{4}\ \text{kN} = 82.5\ \text{kN}$$

比较式计算结果可得

$$F_H = \frac{M^0_C}{f} \qquad (6\text{-}2)$$

可以证明，式（6–1）和式（6–2）对所讨论类型的任何三铰拱都适用。计算三铰拱的水平推力和竖向支座约束力时，可先计算很简单的等代梁支座约束力F^0_{Ay}、F^0_{By}和三铰拱顶

铰对应的代梁横截面弯矩M_C^0，然后代入式（6–1）、式（6–2）即可。

三铰拱的荷载、跨度及拱顶位置一定时，M_C^0就是定值。由式（6–2）可知：这种情况下，拱高f愈大（即拱愈陡），推力愈小；反之，拱高f愈小（即拱愈平），推力愈大。$f\to 0$时，推力$F_H\to\infty$，任何支座或拉杆也无法承受如此巨大的推力作用。加上此时三铰共线，体系成为瞬变体系，不能作为结构使用，因此工程上禁止出现这种情况。

2. 三铰拱内力计算

由于拱的轴线是曲线，故拱的横截面方位是不断变化的，而不像水平梁的横截面那样总是竖直的。因此，拱即使只受竖向荷载作用，横截面上也可能同时产生三种内力：弯矩、剪力和轴力。这一点与平梁横截面只有弯矩和剪力有较大差异。

分析图 6–23（a）所示三铰拱中任一横截面K，其位置坐标为（x，y），该处拱轴的切线与x轴正向夹角为φ。设该横截面上弯矩为M（以使拱内侧受拉为正），剪力为F_S（以使脱离体有顺时针转动趋势的为正），轴力为F_N（以使截面受压为正）。取K以左部分（AK段）分析，受力图如图 6–23（g）所示。

（1）弯矩的计算。由AK部分平衡条件$\sum M_K=0$得：$M+F_{Ax}y-F_{Ay}x=0$，解得$M=F_{Ay}x-F_{Ax}y$。因为$F_{Ay}x=F_{Ay}^0x$，代梁上与K对应的K^0截面上的弯矩为M^0，而由约束力计算可知$F_{Ax}=F_H$，故

$$M=M^0-F_Hy \tag{6-3}$$

可以证明，该式也适用于所讨论类型的任何三铰拱情况。说明三铰拱任一横截面的弯矩等于代梁对应横截面的弯矩值减去推力对截面形心的力矩。由此可见，由于推力的存在，三铰拱横截面上的弯矩比同跨同荷简支梁对应横截面上的弯矩要小。不难推知，如果将y调到适当值，可以使拱横截面弯矩为零，从而使拱不受弯（详见本节“三铰拱的合理拱轴线”部分）。

（2）剪力的计算。由AK部分平衡条件可解得$F_S=F_{Ay}\cos\varphi-F_{Ax}\sin\varphi$，同样因$F_{Ay}=F_S^0$，$F_{Ax}=F_H$，故

$$F_S=F_S^0\cos\varphi-F_H\sin\varphi \tag{6-4}$$

同样可以证明，该式对三铰拱任何情况都适用。说明三铰拱任一横截面上的剪力等于代梁对应横截面上的剪力乘以拱横截面方位角的余弦减去推力与该方位角正弦之积。注意，对于右半拱的横截面，φ为钝角。此时若取拱轴线切线与x轴所夹锐角来计算，则应取负值。

（3）轴力计算。由AK部分平衡条件可解得$F_N=F_{Ay}\sin\varphi+F_{Ax}\cos\varphi$，同样因，$F_{Ax}=F_H$，于是

$$F_N=F_S^0\sin\varphi+F_H\cos\varphi \tag{6-5}$$

也可以证明，该式对所讨论类型三铰拱任何情况都适用。说明三铰拱任一横截面上的轴向压力等于等代梁上对应横截面上的剪力乘以拱横截面方位角的正弦加上推力与方位角余弦之积。

3. 三铰拱内力图绘制

绘制三铰拱内力图的步骤如下。

（1）将拱跨等分为若干段，段长以 1 ～ 2 m 为宜，集中力或集中力偶作用点、均布荷载起止点一般也应作为分段点。

（2）按式（6–1）～式（6–5）列表计算出各分段点处拱横截面内力值。

（3）绘制拱内力图。拱内力图有两种绘制方式：一是以拱轴线为基线绘制。此时内力值必须在横截面延长线上点绘。因此内力分布线不像梁或刚架是平行的，而是呈扇形的。二是以等代梁为基线绘制，即把算出的内力值点绘在代梁对应横截面位置，作出内力图。当然它并不是代梁的内力图。

本例将拱分为八等份，每段 1.5 m。各等分点拱横截面上的内力计算结果见表 6–1。为简便起见，本例在以代梁为基线上绘制出拱的弯矩图、剪力图和轴力图，分别如图 6–23（c）、图 6–23（d）和图 6–23（e）所示。图 6–23（b）是代梁自身的弯矩图，与拱的弯矩图 6–23（c）相比较，两者的差别是很大的。还可以试以拱轴为基线作出拱的内力图，并与图 6–23（c）、图 6–23（d）和图 6–23（e）进行比较。

表 6–1　三铰拱内力计算表

拱轴分点	纵坐标 y/m	$\tan\varphi$	φ	$\sin\varphi$	$\cos\varphi$	F_S^0
0	0	1.333	53°7′	0.800	0.599	105.0
1	1.75	1.000	45°	0.707	0.707	105.0
2 左/右	3	0.667	33°42′	0.555	0.832	105.0/5.0
3	3.75	0.333	18°25′	0.316	0.948	5.0
4	4	0.000	0°	0.000	1.000	5.0
5	3.75	–0.333	–18°25′	–0.316	0.948	–25.0
6	3	–0.667	–33°42′	–0.555	0.832	–55.0
7	1.75	–1.000	–45°	0.707	0.707	–85.0
8	0	–1.333	–53°7′	–0.800	0.599	–115.0

拱轴分点	弯矩 /（kN·m）			剪力 / kN			轴力 / kN		
	M^0	$-F_H y$	M	$F_S^0\cos\varphi$	$-F_H\sin\varphi$	F_S	$F_S^0\sin\varphi$	$F_H\cos\varphi$	F_N
0	0.00	0.00	0.00	63.0	–66.0	–3.0	84.0	49.5	133.5
1	157.5	144.4	13.1	74.2	–58.3	15.9	74.2	58.3	132.5
2 左/右	315.0	–247.5	67.5	87.4/4.2	–45.8	41.6/–41.6	58.3/2.8	68.6	126.9/71.4
3	322.5	–309.4	13.1	4.7	–26.1	–21.4	1.6	78.3	79.9
4	330.0	–330.0	0.00	5.0	0.00	5.0	0.00	82.5	82.5
5	315.0	–309.4	5.6	–23.7	26.1	2.4	7.9	78.3	86.2
6	255.0	–247.5	7.5	–45.8	45.8	0.00	30.5	68.6	99.1
7	150.0	–144.4	5.6	–60.1	58.3	–1.8	60.1	58.3	118.4
8	0.00	0.00	0.00	–68.9	66.0	–2.9	92.0	49.5	141.5

为了说明拱内力的计算方法和表中数据的得出过程，在此以典型的 1、2 横截面内力计算为例介绍。

横截面 1 是普通横截面，其横坐标$x_1=1.5$ m。由拱轴线方程计算出纵坐标为

$$y_1=4fx_1(l-x_1)/l^2=[4\times4\times1.5\times(12-1.5)/12^2]\ \mathrm{m}=1.75\ \mathrm{m}$$

其切线斜率为$\tan\varphi_1=\left.\dfrac{\mathrm{d}y}{\mathrm{d}x}\right|_{x=1.5}=\left.\dfrac{4f(l-2x)}{l^2}\right|_{x=1.5}=4\times4\times(12-2\times1.5)/12^2=1$，所以$\varphi_1=45°$，$\sin\varphi_1=\cos\varphi_1=0.707$。因$M_1^0=105\ \mathrm{kN}\times1.5\ \mathrm{m}=157.5\ \mathrm{kN\cdot m}$，$F_{S1}^0=105\ \mathrm{kN}$，根据式（6–3）、式（6–4）、式（6–5）求得该截面弯矩、剪力和轴力分别为

$$M_1=M_1-F_Hy_1=157.5\ \mathrm{kN\cdot m}-82.5\ \mathrm{kN}\times1.75\ \mathrm{m}=13.1\ \mathrm{kN\cdot m}$$

$$F_{s1}=F_{S1}^0\cos\varphi_1-F_H\sin\varphi_1=105\ \mathrm{kN}\times0.707-82.5\ \mathrm{kN}\times0.707=15.9\ \mathrm{kN}$$

$$F_{N1}=F_{s1}^0\sin\varphi_1+F_H\cos\varphi_1=105\ \mathrm{kN}\times0.707+82.5\ \mathrm{kN}\times0.707=132.5\ \mathrm{kN}$$

横截面 2 为集中力作用截面，横坐标$x_2=3.0$ m。由拱轴线方程计算出纵坐标为

$$y_2=4fx_2(l-x_2)/l^2=(4\times4\times3.0\times(12-3.0)/12^2)\ \mathrm{m}=3\ \mathrm{m}$$

同上可计算出其切线斜率为$\tan\varphi_2=0.667$，所以$\varphi_2=33.69°$，$\sin\varphi_2=0.555$，$\cos\varphi_2=0.832$。由于有集中力作用，横截面左右两侧的剪力与轴力不会相等，而有突变，故应分别计算。对代梁：$M_2^0=105\ \mathrm{kN}\times3.0\ \mathrm{m}=315\ \mathrm{kN\cdot m}$，$F_{S2左}^0$=105 kN，$F_{S2右}^0$=105 kN−100 kN=5 kN。根据计算式求得该截面弯矩、剪力和袖力分别为

$$M_2=M_2^0-F_Hy_2=(315-82.5\times3)\ \mathrm{kN\cdot m}=67.5\ \mathrm{kN\cdot m}$$

$$F_{S2左}=F_{S2}^0\cos\varphi_2-F_H\sin\varphi_2=(105\times0.832-82.5\times0.555)\ \mathrm{kN}=41.6\ \mathrm{kN}$$

$$F_{S2右}=F_{S2}^0\cos\varphi_2-F_H\sin\varphi_2=(5\times0.832-82.5\times0.555)\ \mathrm{kN}=-41.6\ \mathrm{kN}$$

$$F_{N2左}=F_{S2}^0\sin\varphi_2+F_H\cos\varphi_2=(105\times0.555+82.5\times0.832)\ \mathrm{kN}=126.9\ \mathrm{kN}$$

$$F_{N2右}=F_{S2}^0\sin\varphi_2+F_H\cos\varphi_2=(5\times0.555+82.5\times0.832)\ \mathrm{kN}=71.4\ \mathrm{kN}$$

（三）三铰拱的合理拱轴线

由前部分可知，三铰拱横截面上一般存在三种内力：弯矩、剪力和轴力，但设计拱时可以让拱横截面形心纵坐标y取某一适当值，从而使其弯矩为零，剪力亦为零，于是横截面上只有轴力。如果全拱各横截面上弯矩均为零，则全拱各横截面上内力都只有轴力（为压力），各处材料能同等程度地起作用，且拱不会横向开裂。这时的拱轴线称为合理拱轴线。具有合理拱轴线的拱，可采用抗压能力强而抗拉能力弱的砖、石和混凝土砌块等脆性材料砌筑而成，从而扬长避短，充分发挥这些材料的作用。

为了确定合理拱轴线方程，可令式（6–3）中$M=0$，则$y=M^0/F_H$，其中M^0为等代梁任一横截面的弯矩，它是截面位置坐标x的函数。而推力F_H由荷载与拱高决定，对同一拱而言为定值。因而此式表明了合理拱轴线纵坐标y随截面位置坐标x而变化的规律$y=y(x)$，可写成如下形式

$$y(x)=\frac{M^0(x)}{F_H} \tag{6-6}$$

式（6-6）称为合理拱轴线方程。

【例 6-11】试确定如图 6-24 所示对称三铰拱在均布荷载 q 作用下的合理拱轴线。

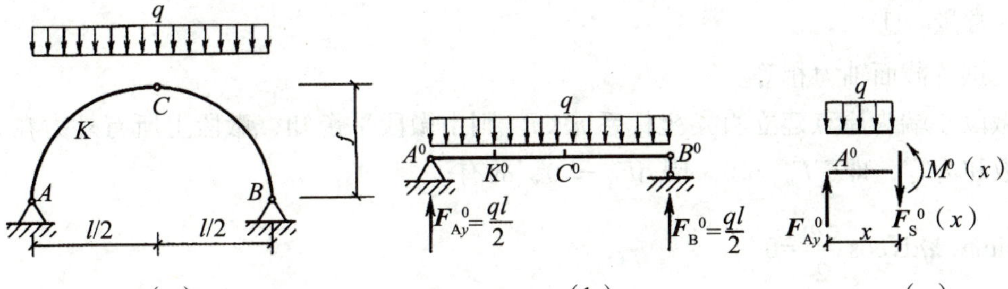

图 6-24　对称三铰拱

解：由式（6-6）可知，要确定 $y(x)$ 必先求出推力 F_H 和代梁弯矩方程 $M^0(x)$。而由式（6-2）可知，要求 F_H 就应先求出代梁上与三铰拱顶铰 C 对应截面的弯矩 M_C^0。因此，先画出该三铰拱的代梁，如图 6-24（b）所示，跨中截面弯矩为 $M_C^0=ql^2/8$，代入式（6-2）得

$$F_H=\frac{ql^2}{8f} \qquad ①$$

而代梁弯矩方程为 $M^0(x)=F_{Ay}^0x-\frac{1}{2}qx^2=\frac{1}{2}qlx-\frac{1}{2}qx^2=\frac{1}{2}qx(l-x)$　　②

将式①、式②代入式（6-6）得

$$y(x)=\frac{\frac{1}{2}qx(l-x)}{\frac{ql^2}{8f}}=\frac{4f}{l^2}x(l-x) \qquad ③$$

式③就是对称三铰拱在均布线荷载作用下的合理拱轴线方程，它是一条二次抛物线。

【例 6-12】试确定如图 6-25 所示三铰拱在沿拱轴曲率半径方向的均布荷载 q 作用下的合理拱轴。

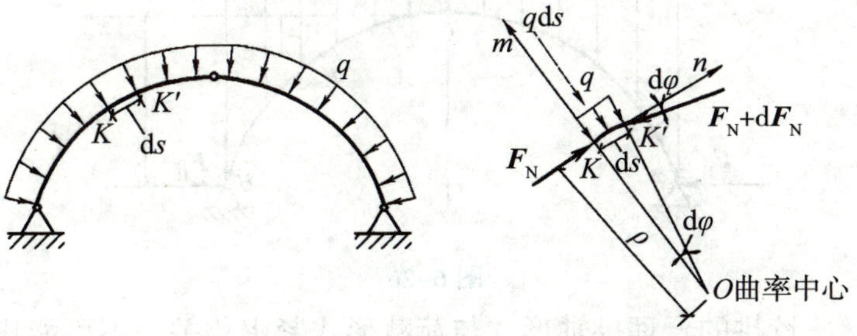

图 6-25　三铰拱

解：要成为合理拱轴线，拱各横截面上应只有轴力而无剪力与弯矩。在拱中取出一微段 ds 进行分析，其受力图如图 6-25（b）所示。设其两端截面轴力分别为 F_N 和 $F_{N}+dF_N$，

则由微段平衡可得 $\sum M_0=0$（微段上所有各力对曲率中心 O 的力矩代数和为零）。设微段曲率半径为 ρ，则因微段上荷载合力 $q\mathrm{d}s$ 通过曲率中心，故有

$(F_N+\mathrm{d}F_N)\rho-F_N\rho=0$

由此解得 $\mathrm{d}F_N=0$，故

$F_N=$ 常量　①

即全拱各截面轴力相等。

以微段左端为原点建立直角坐标系 mKn。则由微段平衡知，微段上所有外力在 m 轴上投影代数和为零，即 $\sum F_m=0$。因 $\mathrm{d}F_N=0$，故有

$$F_N\sin\varphi-q\mathrm{d}s\cos\frac{\mathrm{d}\varphi}{2}=0$$

因 $\mathrm{d}\varphi$ 是微量，故 $\sin\mathrm{d}\varphi\approx\mathrm{d}\varphi$，$\cos\frac{\mathrm{d}\varphi}{2}=1$。而 $\mathrm{d}s=\rho\mathrm{d}\varphi$，所以得

$\rho=F_N/q$　②

由式①得知 F_N 为常数，而由题设条件知全拱荷载 q 为常数，故由式②知：全拱曲率半径 ρ 也为常数，即

$\rho=$ 常数　③

这就是在题设条件下的合理拱轴方程。它是一个以极坐标表示的圆方程，说明在题设条件下的合理拱轴线为一圆弧。

同理，也可导出如图 6-26 所示荷载下三铰拱的合理拱轴是悬链线。设任一截面上的荷载为 $q=q_C+y\gamma$，其中 γ 为常数（比如桥拱圈上的填土密度）。若拱支座上的水平推力为 F_H，则该三铰拱合理拱轴的悬链线方程为

$$y=\frac{q_C}{\gamma}\left(\mathrm{ch}\sqrt{\frac{\gamma}{F_H}}x-1\right)$$

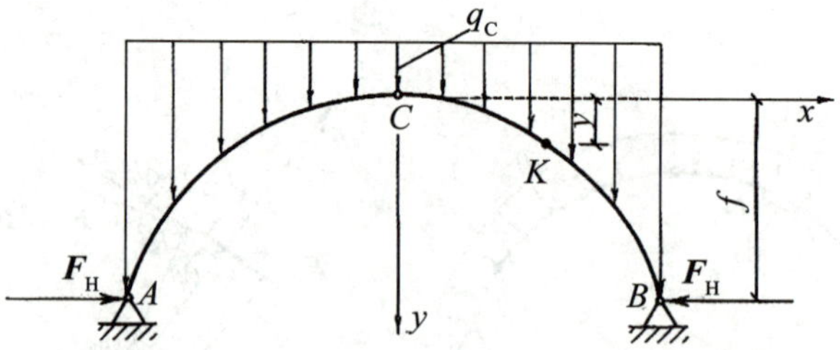

图 6-26

由以上可知，三铰拱的合理拱轴形式与荷载形式紧密相关。不可能找到一种任何荷载下都“合理”的拱轴。如果荷载不连续，“合理拱轴线”只能分段确定。而对承受移动荷载的桥梁拱，则不存在“合理拱轴线”。实际工程中只能确定相对“合理”的拱轴，使拱横截面弯矩尽可能小些。

知识拓展

静定结构的主要特性

静定结构包括静定梁、静定刚架、静定桁架、静定组合结构和三铰拱等，虽然这些结构的形式各异，但都具有共同的特性。主要有以下几点。

1. 静定结构解的唯一性

静定结构是无多余约束的几何不变体系。由于没有多余约束，其所有的支座反力和内力都可以由静力平衡方程完全确定，并且解答只与荷载及结构的几何形状、尺寸有关，而与构件所用的材料及构件截面的形状、尺寸无关。另外，当静定结构受到支座移动、温度改变和制造误差等非荷载因素作用时，只能使静定结构产生位移，不产生支座反力和内力。例如图 6–27（a）所示的简支梁 *AB*，在支座 *B* 发生下沉时，仅产生了绕 *A* 点的转动，而不产生反力和内力。又如图 6–27（b）所示简支梁 *AB*，在温度改变时，也仅产生了如图中虚线所示的形状改变，而不产生反力和内力。因此，当静定结构和荷载一定时，其反力和内力的解答是唯一的确定值。

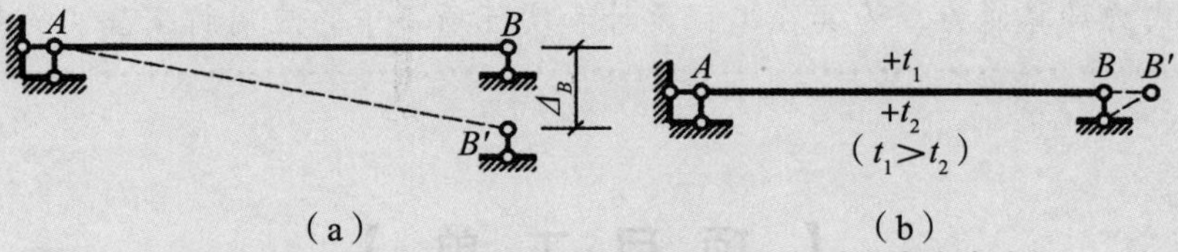

图 6–27　静定结构在支座移动和温度改变时不产生内力

2. 静定结构的局部平衡性

静定结构在平衡力系作用下，其影响的范围只限于受该力系作用的最小几何不变部分，而不致影响到此范围以外。即仅在该部分产生内力，在其余部分均不产生内力和反力。例如图 6–28 所示受平衡力系作用的桁架，仅在粗线表示的杆件中产生内力，而其他杆件的内力以及支座反力都为零。

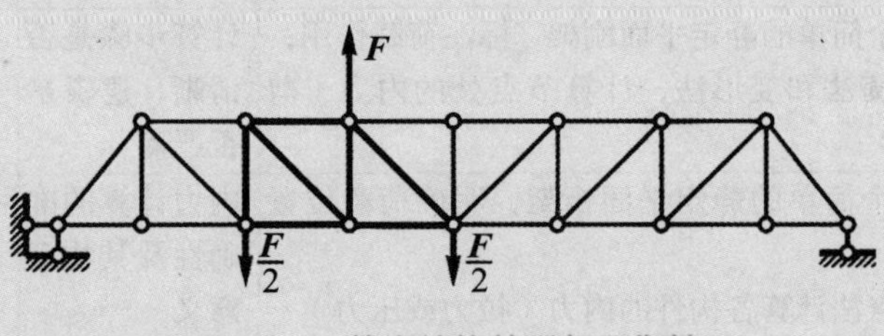

图 6–28　静定结构的局部平衡性

3. 静定结构的荷载等效性

若两组荷载的合力相同，则称为等效荷载。把一组荷载变换成另一组与之等效的荷载，称为荷载的等效变换。

当对静定结构的一个内部几何不变部分上的荷载进行等效变换时，其余部分的内力和反力不变。例如图 6–29（a）、图 6–29（b）所示的简支梁在两组等效荷载的作用下，除 *CD* 部分的内力有所变化外，其余部分的内力和支座反力均保持不变。

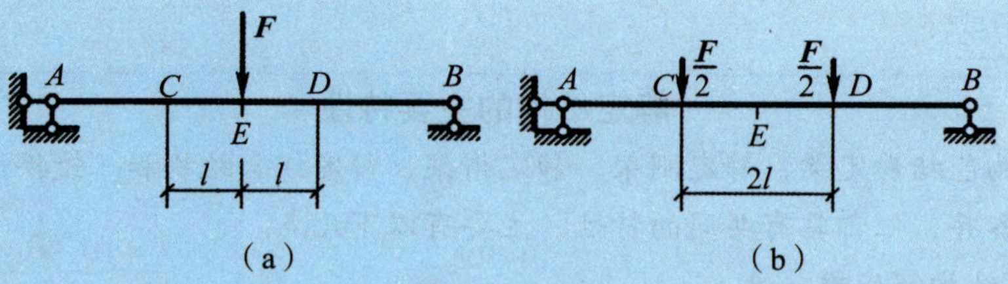

图 6-29　静定结构的荷载等效性

项目小结

本项目系统地介绍了静定结构的内力计算方法，首先介绍了多跨静定梁，其次介绍了静定平面刚架；再次介绍了静定平面桁架；最后介绍了静定组合结构与三铰拱。通过实际案例分析和计算方法的讲解，读者不仅掌握了静定结构的基本概念和特点，还深入理解了如何通过静力学平衡方程求解支座反力和内力分布。通过学习，读者将具备扎实的静定结构内力计算能力，为其在工程设计和实际项目中的应用打下坚实的基础。

【项 目 工 单】

项目名称	项目实施	评估标准	报告要求
多跨静定梁	1. 选择一张多跨静定梁的示意图，标注各跨长度、荷载分布及支撑位置； 2. 使用合适的计算方法（如超静定法、能量法等）计算各跨的弯矩和剪力	计算结果的准确性和方法的合理性	提交计算过程、结果及示意图，分析每跨梁的内力分布情况
静定平面刚架	1. 选择一个简单的静定平面刚架，标注荷载作用； 2. 运用平衡法和变形法，计算节点处的内力（剪力和弯矩）	计算步骤是否清晰、逻辑是否严谨	提交完整的计算报告，包括图示、内力表和结论
静定平面桁架	1. 选择一个简单的静定平面桁架，明确荷载位置和大小； 2. 应用节点法计算各构件的内力（拉力或压力）	内力计算的准确性及其物理意义	提交计算结果及桁架内力分布图，讨论内力的平衡和传递路径
静定组合结构	1. 设计一个静定组合结构（例如梁与桁架的结合），明确荷载作用； 2. 采用适当的方法进行整体内力计算，并分析各部分内力的作用关系	计算过程的合理性及结果的准确性	提交详细的计算报告，包括图示、内力分析和总结
三铰拱	1. 选择一个三铰拱的示意图，标出荷载和支撑铰的位置； 2. 使用合适的技术（如虚功法或者方法直接计算内力）计算铰接点的反力和拱肋内力	计算方法应用的适切性和结果的准确性	提交计算过程、内力分布表和图示，分析三铰拱的稳定性和应力特性

续表

项目名称	项目实施	评估标准	报告要求
请在项目结束前完成最终报告的撰写和提交。 若遇到问题或需要支持，请及时联系任务负责人或相关专家。 任务负责人签字：____________ 任务审阅人签字：____________ 日期：____________			

【课后练习】

一、思考题

1. 简述静定平面刚架的内力计算的步骤。
2. 常见静定桁架形式有哪些？
3. 什么是静定组合结构？计算组合结构的内力时，有哪些注意事项？

二、实训题

求图 6-30（a）所示桁架中杆 ED 的轴力。已知 $ABCD$ 为正方形，$EH \parallel AC$，$HG \parallel AB$，C、E、G、B 四点共线，荷载 F 竖直向下。

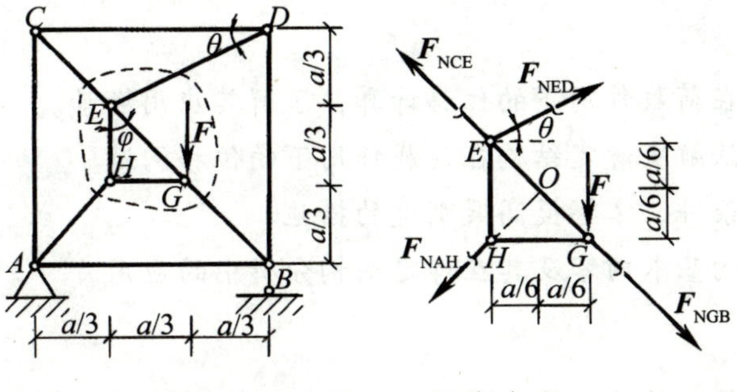

图 6-30　桁架

项目七

静定结构的位移计算与刚度校核

项目导读

在工程结构设计和分析中，位移计算和刚度校核是确保结构安全性和功能性的关键步骤。静定结构在荷载作用下的位移计算不仅有助于了解结构的变形情况，还能为后续的刚度校核提供必要的数据支持。本项目将通过以下四个任务，深入探讨静定结构的位移计算、图乘法、刚度校核以及线弹性结构的互等定理。

学习目标

知识目标

◇ 掌握静定结构在荷载作用下的位移计算，了解其应用场景。

◇ 学会运用图乘法解决静定结构在荷载作用下的位移问题。

◇ 理解梁的刚度条件，掌握提高梁刚度的措施。

◇ 了解互等定理的基本内容及其在静定结构分析中的应用。

能力目标

◇ 能够独立分析静定结构的位移问题，准确使用各种计算工具和方法。

◇ 具备准确的位移计算和刚度校核能力，能够将其应用于工程设计中。

素质目标

◇ 培养读者强调计算和分析过程中的严谨态度，确保数值和计算的精确性。

◇ 培养读者注重分析过程中的细节，培养读者细致入微的工作习惯。

思政目标

◇ 鼓励读者在团队中共同探讨和解决静定结构的位移问题，培养读者团队合作和沟通能力。

◇ 鼓励读者在传统计算方法基础上进行创新，培养读者创新思维。

任务一 静定结构在荷载作用下的位移计算

任务描述

梁在竖向荷载作用下会产生挠度，钢筋在温度升高时会伸长，建筑物在基础沉降时会倾斜，这些都属于结构的变形问题。由于组成结构的材料都是可以变形的，所以结构在受到荷载等作用时，也都会产生变形和位移。

任务分析

变形是指结构的形状发生改变，而位移是指结构某点位置的改变。如图 7-1 所示，简支梁在荷载作用下形状由直线变为曲线，这就叫梁发生了变形；而梁上截面 K 的形心由原来位置 K 移动到新的位置 K'，称该截面发生了位移。K、K' 之间的距离就是该点的线位移；同时，截面 K 还转动了一个角度 θ，称为截面 K 的角位移。

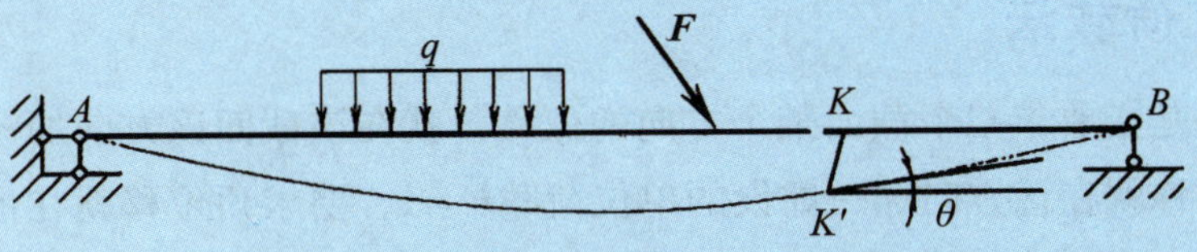

图 7-1 位移

任务重点与实施

一、进行结构位移计算的目的

结构位移计算

引起结构位移的主要原因有荷载作用、温度变化、支座移动以及材料收缩和制造误差等。进行结构位移计算的目的如下。

（一）结构刚度校核

结构刚度校核就是要验算结构在荷载等作用下，它的位移是否能够满足结构正常运行的要求。例如，吊车梁挠度过大，吊车将无法正常工作；桥梁的变形过大，就会引起列车过大的冲击和振动；风中的高层建筑水平位移过大，即使结构不会破坏，也会使工作和居住的人感到不适。所以，在各种结构相应的规范中，都对结构规定了必须满足的刚度要求。例如，吊车梁的允许最大挠度规定为跨度的 1/600；高层框架剪力墙结构的顶点水平位移不宜超过高度的 1/800 等。

（二）为结构施工提供位移数据

在跨度较大的结构中，为了避免建成后产生显著下垂，可预置拱度，先将结构做成与挠度相反的拱形，称为起拱，起拱高度须根据结构位移来确定。

（三）为超静定结构计算打下基础

实际结构除静定结构外，更多的是超静定结构。进行超静定结构受力分析时，需要同时考虑结构的平衡条件和变形协调条件，因此要进行超静定结构计算，必须先会静定结构的位移计算。

另外，在结构动力计算和结构稳定分析中，也要用到结构的位移计算。

结构位移计算是以虚功原理为基础的，本任务将在介绍虚功原理的基础上推导结构位移计算的一般公式，进而讨论梁、刚架和桁架等结构的位移计算。

提示

静定结构的位移计算是工程中常见的一种计算问题，其最常用的计算方法为单位荷载法，其计算思路是：在虚功原理的基础上建立结构位移的一般计算公式，运用单位荷载法、图乘法进行具体的位移计算。

二、单位荷载法

单位荷载法是指要求某个截面某个方向的位移，就在该截面该方向加一个同性的单位力（即要求线位移就在该方向加一虚设的单位荷载$\bar{F}=1$，要求角位移就在该方向加一虚设单位力偶$\bar{M}=1$），而求相应位移的一种方法。单位荷载法是根据变形体的虚功原理推导而来的。所谓变形体的虚功原理就是，外力虚功 = 内力虚功。这里的虚不是虚无的虚，而是指做功的力与位移无关。外力虚功 = 虚设的单位力 × 实际结构在实际荷载作用下产生的实际位移；内力虚功 = 虚设单位力在实际结构上产生的内力 × 实际力在实际结构上产生的位移。例如，在图 7–2（a）所示结构中，欲求 A 点的竖向位移 Δ，可在 A 点的竖直方向上虚加一个单位力$\bar{F}=1$，构成一个虚拟的力状态（图 7–2（b））。在 F 上加一杠以表示虚拟。同样，由虚拟力所产生的内力也在内力符号上面加一杠。结构在荷载作用下的变形状态（图 7–2（a））作为实际结构的位移状态。

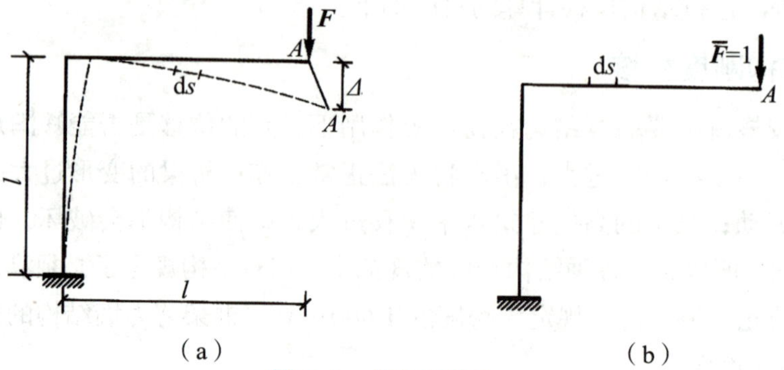

图 7–2　单位荷载法

由虚功原理可以得到位移计算的一般公式为

$$\Delta=\Sigma\int_l\frac{\bar{F}_N F_N \mathrm{d}s}{EA}+\Sigma\int_l\frac{\bar{M}M\mathrm{d}s}{EI}+\Sigma\int_l k\frac{\bar{F}_S F_S \mathrm{d}s}{GA} \tag{7-1}$$

式中　F_N、M、F_S——实际位移状 k 态中由荷载引起的结构内力；

$\bar{F}_N$、$\bar{M}$、$\bar{F}_S$——虚拟力状态中由虚拟单位力引起的结构内力；

EA、EI、GA——杆件的拉压刚度、弯曲刚度、剪切刚度；

k——切应力分布不均匀系数，与截面的形状有关；

Σ——对结构中每一杆件积分后再求和。

式（7–1）就是结构在荷载作用下的位移计算公式。当计算结果为正时，表示实际位移方向与虚拟单位力所指方向相同；当计算结果为负时，则相反。因为上述计算位移公式是加虚拟单位荷载得到的，故称为单位荷载法。

三、梁、刚架、桁架的位移计算公式

由位移通用式（7–1）可知，结构的位移包括三个方面的影响：轴向位移、弯曲位移和剪力位移的影响。在具体位移计算中，对于以弯曲变形为主的结构，如梁、刚架，由轴力和剪力产生的位移，只占弯矩产生位移的3%以下，通常可以舍去。若不计轴力和剪力的影响，式（7–1）成为

$$\Delta=\Sigma\int_l\frac{\bar{M}M\mathrm{d}s}{EI} \tag{7-2}$$

式（7–2）为梁、刚架的位移公式。

式对于平面桁架，因为每根杆只产生轴力，且每根杆的轴力 $\bar{F}_N$、F_N 和 EA 都是常量，所以式（7–1）可写为

$$\Delta-\Sigma\int_l\frac{\bar{F}_N F_N \mathrm{d}s}{EA}=\Sigma\frac{\bar{F}_N F_N l}{EA} \tag{7-3}$$

式中　l——杆件长度。

式（7–3）为桁架位移计算公式。

对于组合结构，梁式杆只考虑弯矩的影响，链杆只考虑轴力的影响，对两种杆件分别计算后相加即可。其位移计算公式为

$$\Delta=\Sigma\int_l\frac{\bar{M}M\mathrm{d}s}{EI}+\Sigma\frac{\bar{F}_N F_N l}{EA} \tag{7-4}$$

式（7–4）为组合结构位移计算公式。

四、虚单位荷载的设置

式（7–1）不仅可用于计算结构的线位移，也可以用来计算结构任何性质的位移（例

如角位移和相对位移等），只是要求所设虚单位荷载必须与所求的位移相对应，具体说明如下。

（1）若计算的位移是结构上某一点沿某一方向的线位移，则应在该点沿该方向施加一个单位集中力（图 7–3（a））。

（2）若计算的位移是结构上某一截面的角位移，则应在该截面上施加一个单位集中力偶（图 7–3（b））。

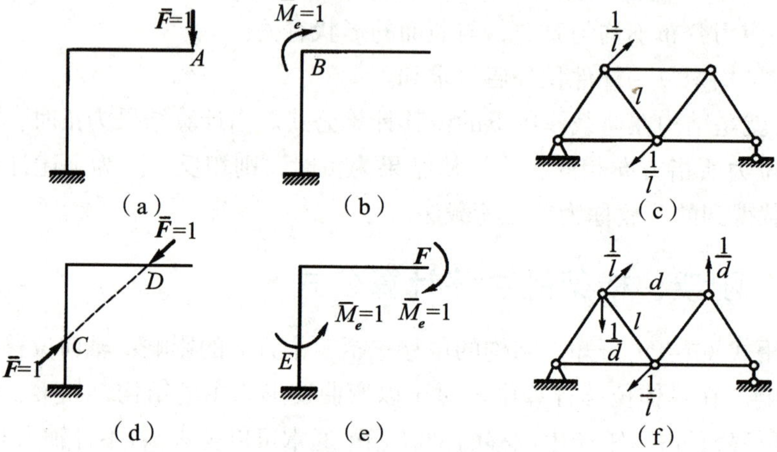

图 7–3　单位荷载设置

（3）若计算的是桁架中某一杆件的角位移，则应在该杆件的两端施加一对与杆轴垂直的反向平行集中力使其构成一个单位力偶，每个集中力的大小等于杆长的倒数（图 7–3（c））。

（4）若计算的位移是结构上某两点沿指定方向的相对线位移，则应在该两点沿指定方向施加一对反向共线的单位集中力（图 7–3（d））。

（5）若计算的位移是结构上某两个截面的相对角位移，则应在这两个截面上施加一对反向单位集中力偶（图 7–3（e））。

（6）若计算的是桁架中某两杆的相对角位移，则应在该两杆上施加两个方向相反的单位力偶（图 7–3（f））。

应该指出，虚单位荷载的指向可任意假设，若按式（7–1）～式（7–4）计算出来的结果为正，则表示实际位移的方向与虚单位荷载的方向相同，否则相反。

【例 7–1】求如图 7–4（a）所示简支梁的中点 C 的竖向位移 Δ_{CV}。已知梁的弯曲刚度 EI 为常数。

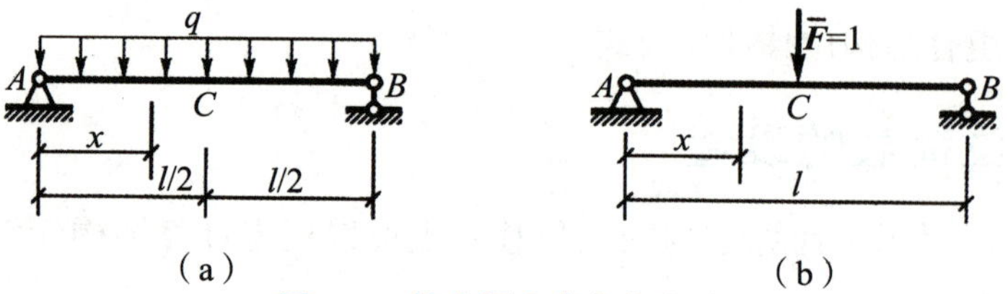

图 7–4　简支梁中点竖向位移

解：（1）虚拟力状态。为求点 C 的竖向位移 Δ_{CV}，在点 C 沿竖向虚加单位力 $\overline{F}=1$，得到如图 7–4（b）所示的虚拟力状态。

（2）分别求出在虚拟力状态和实际位移状态中梁的弯矩。设取点 A 为坐标原点，当 $0\leqslant x\leqslant\frac{l}{2}$ 时有

$$\overline{M}=\frac{1}{2}x,M=\frac{q}{2}(lx-x^2)$$

（3）应用公式计算位移。利用对称性，由式（7–2）得

$$\Delta_{CV}=2\int_0^{\frac{l}{2}}\frac{1}{EI}\times\frac{x}{2}\times\frac{q}{2}(lx-x^2)\mathrm{d}x=\frac{5ql^4}{384EI}(\downarrow)$$

计算结果为正，表示 Δ_{CV} 的方向与所设单位力的方向相同，即 Δ_{CV} 向下。

【例 7–2】求如图 7–5（a）所示刚架上点 C 的水平位移 Δ_{CH} 和截面 C 的转角 φ_C。已知各杆的弯曲刚度 EI 为常数。

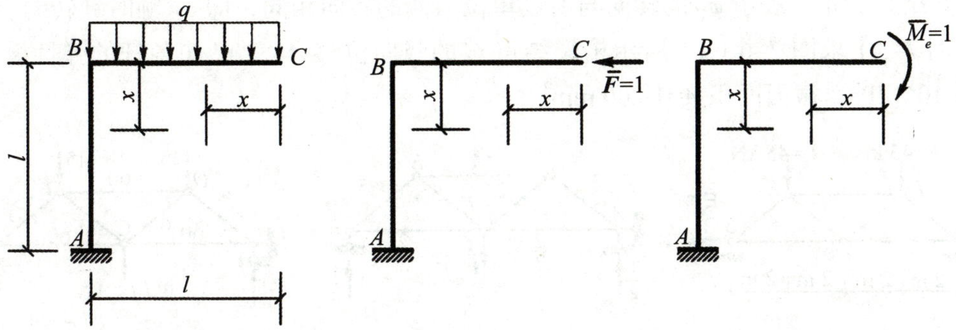

图 7–5　刚架水平位移

解：（1）求点 C 的水平位移 Δ_{CH}。

① 虚拟力状态。为求点 C 的水平位移 Δ_{CH}，可在点 C 沿水平方向虚加单位力 $\overline{F}=1$，得到如图 7–5（b）所示的虚拟力状态。

② 分别求出在虚拟力状态和实际位移状态中各杆的弯矩。建立图示坐标系，在两种状态中刚架各杆的弯矩分别为

横梁 BC：$\overline{M}=0$，$M=-\frac{1}{2}qx^2$

竖柱 AB：$\overline{M}=x$，$M=-\frac{1}{2}ql^2$

③ 应用公式计算位移。由式（7–2），求得 C 点的水平位移为

$$\Delta_{CH}=\Sigma\int_l\frac{\overline{M}M}{EI}\mathrm{d}x=\frac{1}{EI}\int_0^l x\frac{1}{EI}\times\left(-\frac{1}{2}ql^2\right)\mathrm{d}x=\frac{ql^4}{4EI}(\rightarrow)$$

计算结果为负值，表示 Δ_{CH} 的方向与所设单位力的方向相反，即 Δ_{CH} 向右。

（2）求截面 C 的转角 φ_C。

① 虚拟力状态。为求截面 C 的转角 φ_C，在截面 C 虚加单位力偶$\overline{M}_e=1$，得到如图 7–5（c）所示的虚拟力状态。

② 分别求出在虚拟力状态和实际位移状态中各杆的弯矩。建立图示坐标系，在两种状态中刚架各杆的夸矩分别为

横梁 BC：$\overline{M}=-1$，$M=-\dfrac{1}{2}qx^2$

竖柱 AB：$\overline{M}=-1$，$M=-\dfrac{1}{2}ql^2$

③ 应用公式计算位移。由式（7–2），求得截面 C 的转角为

$$\varphi_C=\frac{1}{EI}\int_0^l(-1)\times\left(-\frac{1}{2}ql^2\right)\mathrm{d}x+\frac{1}{EI}\int_0^l(-1)\times\left(-\frac{1}{2}qx^2\right)\mathrm{d}x=\frac{2ql^3}{3EI}\ (\curvearrowright)$$

计算结果为正，表示 φ_C 的转向与所设单位力偶的转向相同，即 φ_C 顺时针转向。

【例 7–3】求图 7–6（a）所示桁架结点 C 的竖向位移 Δ_{CV}。已知各杆的弹性模量均为 $E=2.1\times10^5$ MPa，截面面积 $A=1\ 200\ \mathrm{mm}^2$。

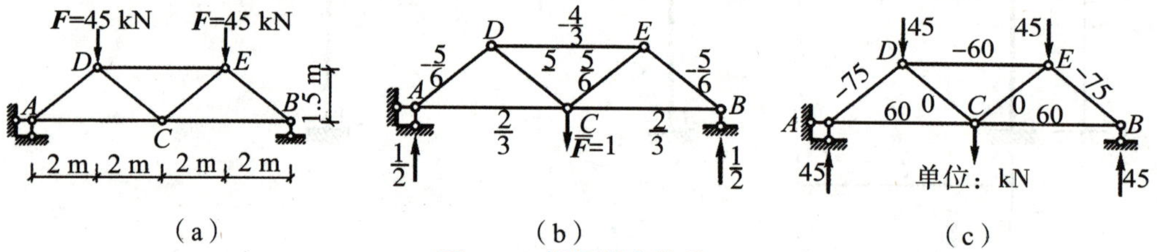

图 7–6　桁架结点位移

解：（1）虚拟力状态。为求点 C 的竖向位移 Δ_{CV}，在点 C 沿竖向虚加单位力$\overline{F}=1$，得到如图 7 – 6（b）所示的虚拟力状态。

（2）分别求出在虚拟力状态和实际位移状态中各杆的轴力。计算虚拟力状态中各杆的轴力如图 7 – 6（b）所示。计算实际位移状态中各杆的轴力如图 7 – 6（c）所示。

（3）应用公式计算位移。由桁架位移计算公式（7–3），有

$$\Delta_{CV}=\Sigma\frac{\overline{F}_N F_N l}{EA}$$

具体计算过程可列表进行，见表 7–1。由于桁架及荷载的对称性，在表中计算时，只计算了半个桁架，其中杆 DE 的长度只取一半。求最后位移时乘以 2，即

$$\Delta_{CV}=2\times1.88\ \mathrm{mm}=3.76\ \mathrm{mm}\quad(\downarrow)$$

计算结果为正，表示 Δ_{CV}= 的方向与所设单位力的方向相同，即 Δ_{CV}= 向下。

表 7-1　计算表

杆件	$\overline{F}_N$	F_N/ kN	杆长 l/ mm	A/ mm²	EI（ kN/ mm²）	（$\overline{F}_N F_N l/EA$）/ mm
AC	2/3	60	4 000	1 200	2.1×10^2	0.63
AD	–5/6	–75	2 500	1 200	2.1×10^2	1.62
DE	–4/3	–60	$0.5\times4\ 000$	1 200	2.1×10^2	1.63
DC	5/6	0	2 500	1 200	2.1×10^2	0
Σ=1.88 mm						

【例 7-4】组合结构如图 7-7（a）所示。其中 CD、BD 为链杆，其拉压刚度为 EA；AC 为梁式杆，其弯曲刚度为 EI。在 D 点有集中荷载 F 作用。求 D 点的竖向位移 Δ_{DV}。

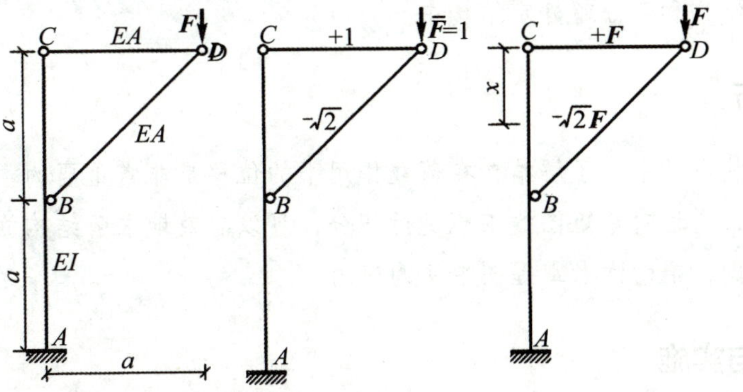

图 7-7　组合结构位移

解：（1）虚拟力状态。为求点 D 的竖向位移 Δ_{DV}，可在点 D 沿竖向虚加单位力 $\overline{F}=1$，得到如图 7-7（b）所示的虚拟力状态。

（2）分别求出在虚拟力状态和实际位移状态中各杆的内力。计算虚拟力状态和实际位移状态中链杆的轴力分别如图 7- 6（b）、图 7- 6（c）所示。梁式杆的弯矩为

BC 轩：$\overline{M}=x$，$M=Fx$

AB 杆：$\overline{M}=a$，$M=Fa$

（3）应用公式计算位移。由组合结构位移计算公式式（7-4），求得 D 点的竖向位移为

$$\Delta_{DV}=\Sigma\frac{\overline{F}_N F_N}{EA}l+\Sigma\int_l\frac{\overline{M}M}{EI}\mathrm{d}x$$

$$=\frac{1}{EA}(1\times F\times a+\sqrt{2}\times\sqrt{2}F\times\sqrt{2}a)+\int_0^a\frac{Fx^2}{EI}\mathrm{d}x+\int_a^{2a}\frac{Fa^2}{EI}\mathrm{d}x$$

$$=\frac{(1+2\sqrt{2})Fa}{EA}+\frac{4Fa^3}{3EI}(\downarrow)$$

计算结果为正，表示 Δ_{DV} 的方向与所设单位力的方向相同，即 Δ_{DV} 向下。

任务二 图乘法

任务描述

图乘法是一种用于计算梁和刚架在荷载作用下弯矩分布和位移的方法。其基本原理是通过将力学图（如弯矩图）相乘来求解结构的位移。图乘法通常用于计算结构的位移，特别是在静定结构和部分超静定结构中。

任务分析

在工程结构设计中，了解结构在荷载作用下的位移是非常重要的。图乘法是一种常用的计算方法，通过对弯矩图的乘积进行积分，可以有效地求解结构的位移。本任务将通过具体的案例，帮助读者掌握图乘法的应用。

任务重点与实施

一、图乘法位移计算公式

在荷载作用下，计算梁和刚架的位移时，须进行如下积分运算

$$\Delta_{KP}=\sum\int\frac{\bar{M}M}{EI}\mathrm{d}s$$

其中，$\bar{M}$表示单位荷载弯矩表达式，M为荷载弯矩表达式。

当荷载较复杂时，要写出上述弯矩表达式是比较麻烦的，积分也很困难。但若结构的各杆段符合下列条件。

（1）杆轴为直线。

（2）EI为常数。

（3）$\bar{M}$和M两个弯矩图中至少有一个是直线图形，则可用下述图乘法来代替积分运算，以简化计算工作。

在工程实际中，梁、刚架大都满足上述条件，这样积分式中的ds就可用dx代替，EI可提到积分号外面，即

$$\int\frac{\bar{M}M}{EI}\mathrm{d}s=\frac{1}{EI}\int\bar{M}M\mathrm{d}x$$

积分号内为弯矩$\bar{M}$与M的乘积。

图7–8为等截面直杆AB段上的$\bar{M}$图和M图，设两弯矩图中由直线段构成的弯矩图形

为 M_j 图，任意形状的图形为 M_i 图。现以杆轴为 x 轴，以 M_j 图的延长线与 x 轴的交点 O 为原点，并设置 y 轴。因 M_j 为直线变化，有 $M_j = x \cdot \tan\alpha$，故上面的积分式成为

$$\frac{1}{EI}\int \bar{M}M\mathrm{d}x = \frac{1}{EI}\int M_i M_j \mathrm{d}x = \frac{1}{EI}\int x \cdot \tan\alpha M_i \mathrm{d}x = \frac{\tan\alpha}{EI}\int x M_i \mathrm{d}x = \frac{\tan\alpha}{EI}\int x\mathrm{d}A$$

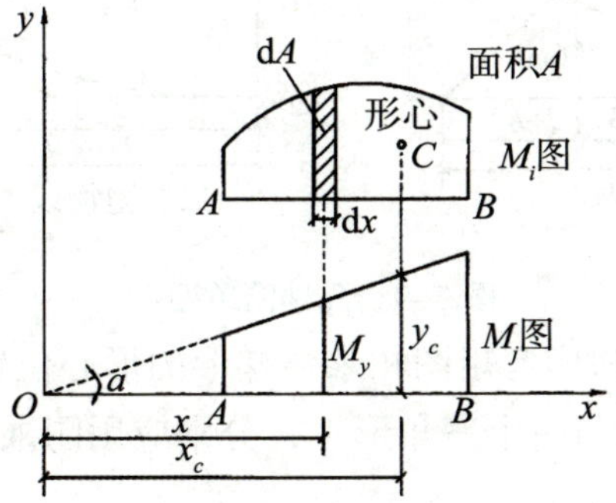

图 7-8 截面图

式中，$dA = M_i dx$ 为 Mi 图中有阴影线的微段面积，故 $x\mathrm{d}A$ 为微面积 $\mathrm{d}A$ 对 y 轴的面积矩。积分为 $\int x\mathrm{d}A$ 为整个 AB 段上 M_i 图的面积对 y 轴的面积矩。根据面积矩定理，它应等于 AB 段上 M_i 图的面积 A 乘以其形心到 y 轴的距离 x_C，因此有

$$\frac{\tan\alpha}{EI}\int_A^B x\mathrm{d}A = \frac{\tan\alpha}{EI}Ax_C = \frac{1}{EI}A(x_C\tan\ \alpha) = \frac{1}{EI}Ay_C$$

式中，y_c 为 M_i 图的形心处对应的 M_j 的纵矩。所以，

$$\int\frac{\bar{M}M}{EI}\mathrm{d}s = \frac{1}{EI}\int\bar{M}M\mathrm{d}x = \frac{1}{EI}Ay_C$$

$$\Delta_{KP} = \sum\int\frac{\bar{M}M}{EI}\mathrm{d}s = \sum\frac{Ay_C}{EI}\mathrm{d}s \qquad (7\text{-}5)$$

式（7–5）就是图乘公式。图乘法将求位移计算中的积分运算转化为一个弯矩图的面积 A 与该弯矩图形心处对应的另一个直线弯矩图的纵矩 y_c 的乘积，使得位移计算更简易。

二、注意事项

在应用图乘法计算结构位移时应注意下列几点。

（1）必须符合应用条件，即杆件应是等截面直杆，两个图形中至少有一直线图形，而且 y_c 应取自直线图形。如果两个图形均为直线图形，纵矩 y_c 可取自其中任一直线图形。

（2）若面积 A 和纵矩 y_c 在杆件的同侧，则乘积 Ay_c 取正号；反之，取负号。

（3）常用的几种简单图形的面积及形心位置如图 7–9 所示。在各抛物线图形中，顶点是指其切线平行于基线的点，若图形的顶点在中点或端点，则称为标准抛物线图形。

（4）当图形的面积或形心位置不易确定时，可将其分解为几个简单的图形，然后用简单的图形分别与另一图形相乘，最后把所得结果相加。

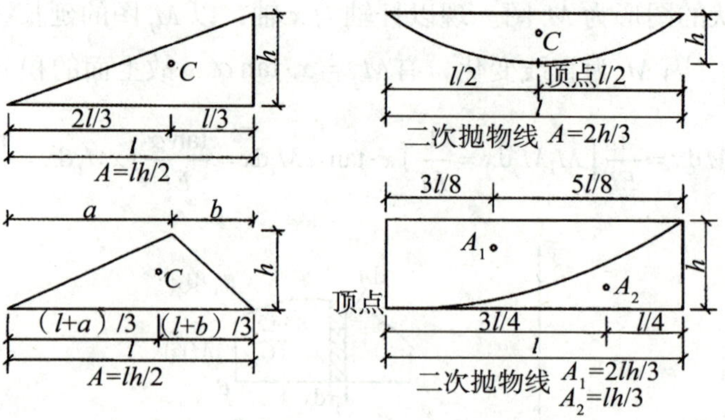

图 7–9　几种简单图形

例如，图 7–10 所示两个梯形弯矩图相乘，梯形的形心位置不易确定，可将其分解成两个三角形（也可分为一个矩形与一个三角形），分别应用图乘法，并将计算结果相加。

$$\frac{1}{EI}\int M_iM_j\mathrm{d}x=\frac{1}{EI}\left(A_1y_1+A_2y_2\right)\quad ①$$

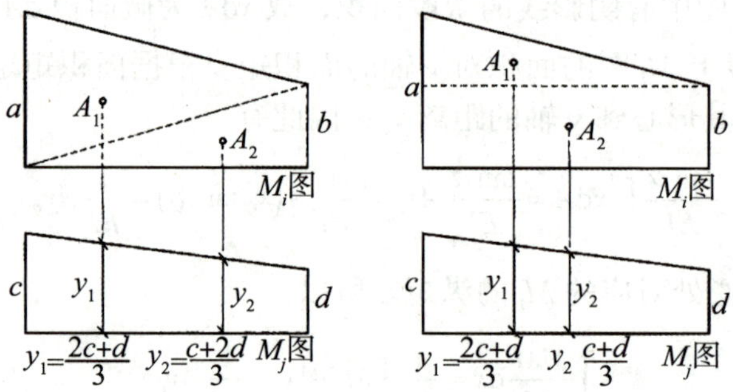

图 7–10　梯形弯矩图

当 a 和 b 不在基线的同一侧时（图 7–11），仍然可分为两个三角形，只是这两个三角形分别在基线的两侧，a 和 b 有不同的正负号，式①仍可适用。

又如，在均布荷载作用下的直杆中，如图 7–12 所示，其弯矩图是一个由两端弯矩组成的梯形与简支梁受均布荷载产生的一个标准二次抛物线图形的叠加，因此可将其分解为两个简单图形：一个梯形与一个标准二次抛物线。

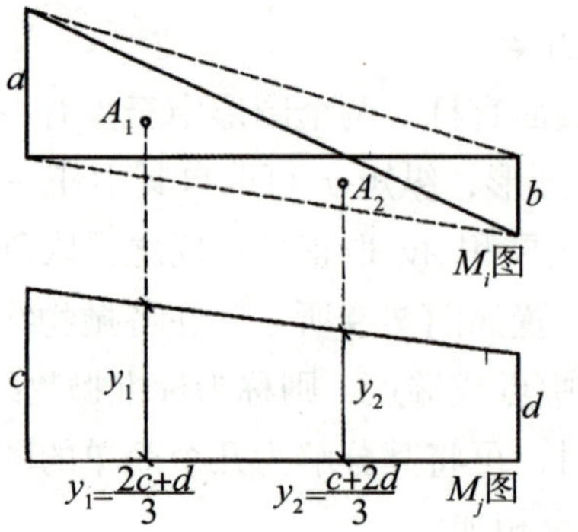

图 7–11　弯矩图（一）

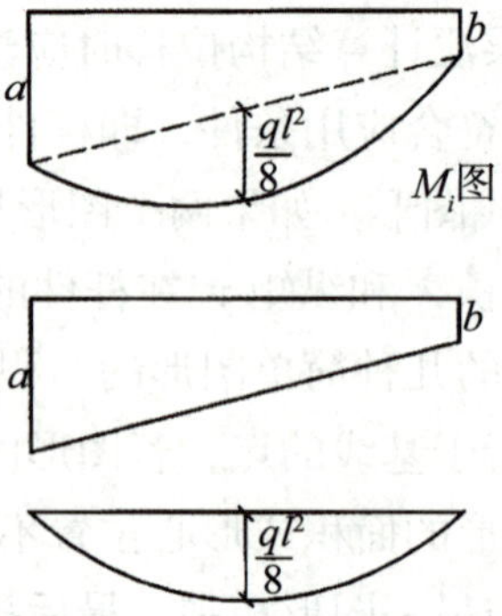

图 7–12 弯矩图（二）

（5）当直线图形不是由一段直线而是由若干段直线段组成时（图 7–13），由于各段具有不同的倾角，应分段进行计算。

$$\frac{1}{EI}\int \bar{M}M\mathrm{d}x=\frac{1}{EI}\left(A_1y_1+A_2y_2+A_3y_3\right) \quad ②$$

（6）当直杆各段的截面不相等，即 EI 不同时（图 7–14），应分段进行计算。

$$\int\frac{\bar{M}M}{EI}\mathrm{d}x=\frac{A_1y_1}{EI_1}+\frac{A_2y_2}{EI_2}+\frac{A_3y_3}{EI_3} \quad ③$$

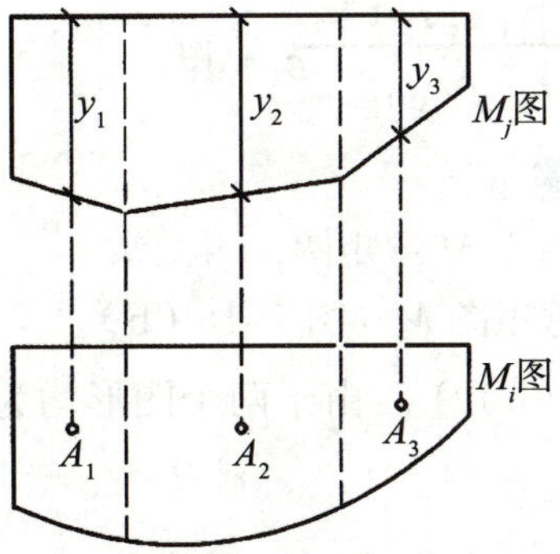

图 7–13　弯矩图（三）

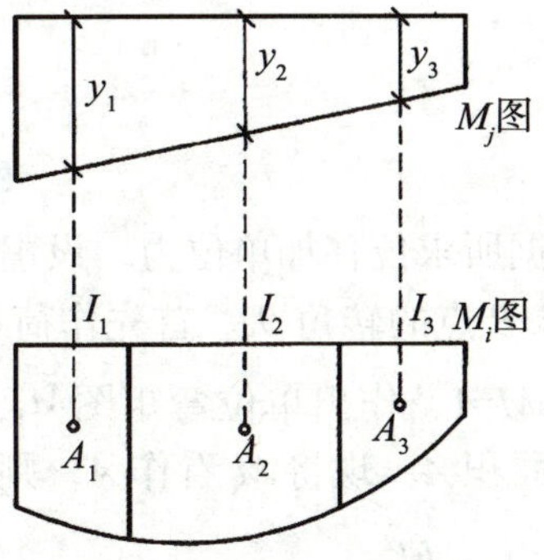

图 7–14　弯矩图（四）

【例 7–5】试用图乘法计算如图 7–15 所示简支梁在均布荷载 q 作用下中点的挠度。

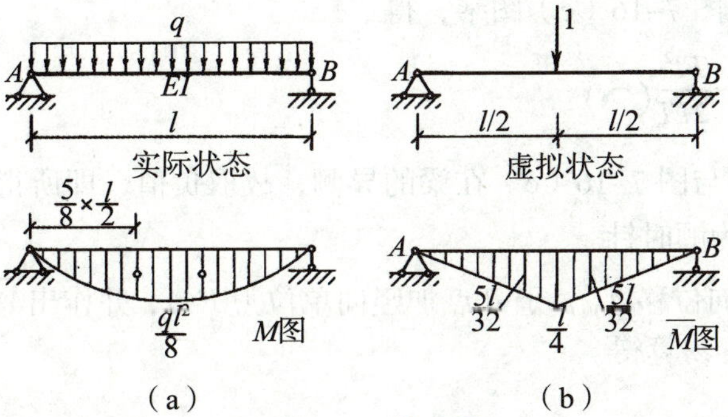

图 7–15　简支梁

解：根据所求位移加单位力，设虚拟状态，并作 $\bar{M}$、M 弯矩图，再图乘。

作虚拟状态如图 7–15（b）所示，分别作出实际状态的 M 图和虚拟状态的 $\bar{M}$ 图，分别如图 7–15（a）、图 7–15（b）所示。$\bar{M}$ 图由两段直线组成，因此图乘时应分段进行。将 M 图从中点分开，由于两边对称，因此该图形为标准二次抛物线图形。

$$\varDelta_{\max}=\int\frac{\bar{M}M}{EI}\mathrm{d}x=\frac{A_1y_1}{EI}+\frac{A_2y_2}{EI}=2\times\left(\frac{2}{3}\times\frac{l}{2}\times\frac{ql^2}{8}\right)\times\frac{5l}{32}\frac{1}{EI}=\frac{5ql^4}{384EI}(\downarrow)$$

与例（7–5）利用积分法计算相比，显然图乘法要简单些。

【例 7–6】求如图 7–16（a）所示悬臂梁 B 截面的转角 θ_B 及 B 点、C 点的竖向位移 $\varDelta_{BV}$ 和 $\varDelta_{CV}$。

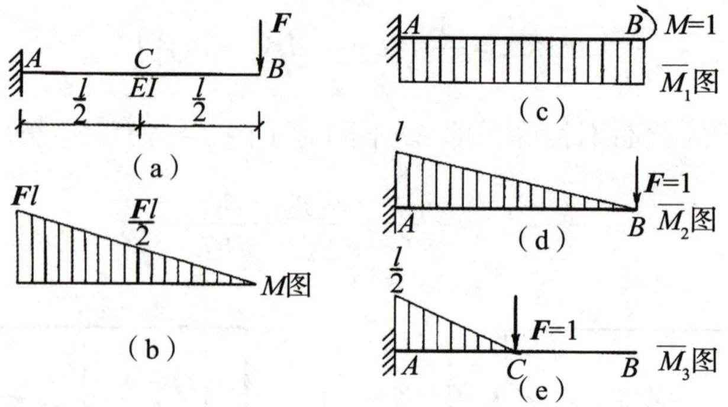

图 7–16　悬臂梁

解：根据所求位移加单位力，设虚拟状态，作$\overline{M}$、M 弯矩图，再图乘。

（1）求 B 点的转角 θ_B。首先作荷载作用下的弯矩图 M（图 7–16（b））。然后于 B 点加单位力偶 M=1，作出单位弯矩图$\overline{M}_1$，（图 7–16（c））。由于两个图形均为直线，可任取一个作为面积 A。现将 M 看作 A，则有

$$A=\frac{1}{2}\cdot Fl\cdot l=\frac{Fl^2}{2}$$

$$y_C=1$$

由图 7–16（b）和图 7–16（c）图乘，得

$$\theta_B=\frac{-1}{EI}\left(\frac{Fl^2}{2}\times 1\right)=-\frac{Fl^2}{2EI}(\curvearrowright)$$

因为图 7–16（b）与图 7–16（c）在梁的异侧，故取负值，即所得结果为负，说明实际转角与虚设 M 相反，为顺时针。

（2）求 B 点的竖向位移 $\varDelta_{BV}$。于 B 点加竖向单位力 F=1，并作出$\overline{M}_2$图（图 7–16（d）），将 M 图作为面积 A，容易算得

$$A=\frac{1}{2}\cdot l\cdot Fl=\frac{Fl^2}{2}$$

$$y_C=\frac{2}{3}l$$

由图 7–16（b）和图 7–16（d）图乘，得

$$\varDelta_{BV}=\frac{1}{EI}\left(\frac{Fl^2}{2}\times\frac{2}{3}l\right)=\frac{Fl^3}{3EI}(\downarrow)$$

（3）求 C 点的竖向位移 $\varDelta_{CV}$。于 C 点加竖向单位力 F=1，作出单位弯矩图$\overline{M}_3$（图 7–16（e）），将 AC 段$\overline{M}_3$作为面积 A，其起点和终点所对应的 M 图是直线，故可应用图乘法计算式，得

$$A=\frac{1}{2}\times\frac{l}{2}\times\frac{l}{2}=\frac{l^2}{8}$$

$$y_C=\frac{2}{3}Fl+\frac{1}{3}\cdot\frac{Fl}{2}=\frac{5}{6}Fl$$

由图 7–16（b）和图 7–16（e）图乘，得

$$\Delta_{\text{CV}}=\frac{1}{EI}Ay_C=\frac{1}{EI}\times\frac{l^2}{8}\times\frac{5}{6}Fl=\frac{5Fl^3}{48EI}(\downarrow)$$

可以自行考虑，如果把 M 看作 A，y_C 取自图 7–16（e），那么又该如何进行图乘呢？

【例 7–7】求如图 7–17（a）所示外伸梁外伸端 C 点的竖向位移 Δ_{CV}。

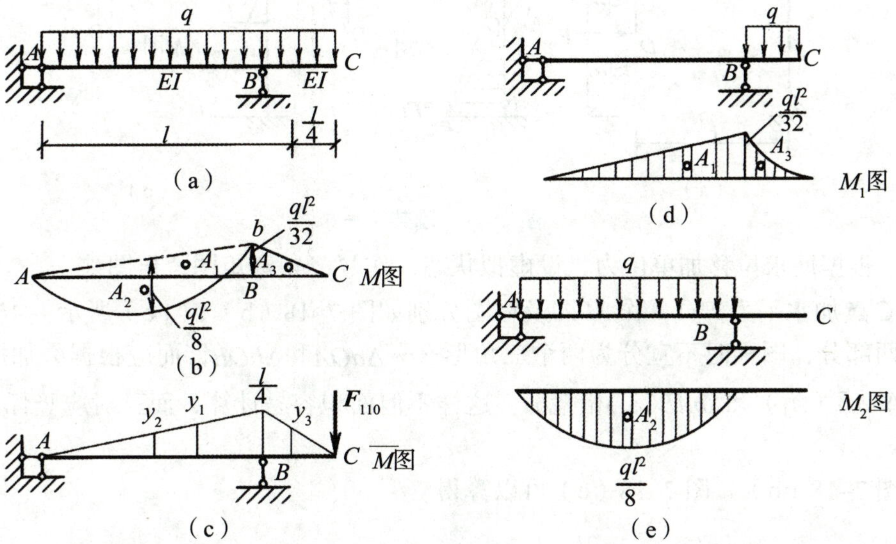

图 7–17　弯矩图

解：根据所求位移加单位力，设虚拟状态，作 $\bar{M}_1$、M 弯矩图，再图乘。

作出荷载作用下的弯矩 M 图（图 7–17（b））。事实上，图 7–17（b）等于图 7–17（d）与图 7–17（e）的叠加。为求 Δ_{CV}，在 C 处加单位力 F=1，并作出 $\bar{M}$ 图（图 7–17（c））。因 $\bar{M}$ 图包括两段直线，故整个梁应分为 AB 和 BC 两段，分别应用图乘法。AB 段的 M 图可分解为 A_1（图 7–17（d））与 A_2（图 7–17（c））相叠加。由图 7–17（d）、图 7–17（e）、图 7–17（c）算得

三角形面积 $A_1=\frac{1}{2}l\times\frac{ql^2}{32}=\frac{ql^3}{64}$

对应 $\bar{M}$ 的竖标 $y_1=\frac{2}{3}\times\frac{l}{4}=\frac{l}{6}$

抛物线面积 $A_2=\frac{2}{3}l\times\frac{1}{8}ql^2=\frac{ql^3}{12}$

对应 $\bar{M}$ 的竖标 $y_2=\frac{1}{2}\times\frac{l}{4}=\frac{l}{8}$

BC 段为抛物线，因 C 端 F_S=0，故知是标准二次抛物线，其面积为

$$A_3=\frac{1}{3}\times\frac{l}{4}\times\frac{ql^2}{32}=\frac{ql^3}{384}$$

对应$\overline{M}$的竖标 $y_3=\frac{3}{4}\times\frac{l}{4}=\frac{3l}{16}$

由此可得 $\Delta_{CV}=\frac{1}{EI}\left(\frac{ql^3}{64}\times\frac{1}{6}-\frac{ql^3}{12}\times\frac{l}{8}+\frac{ql^3}{384}\times\frac{3l}{16}\right)=-\frac{15ql^4}{2\,048EI}(\uparrow)$

【例 7-8】求如图 7-18（a）所示刚架的 C 点的水平位移 Δ_{CH}。已知 EI= 常数。

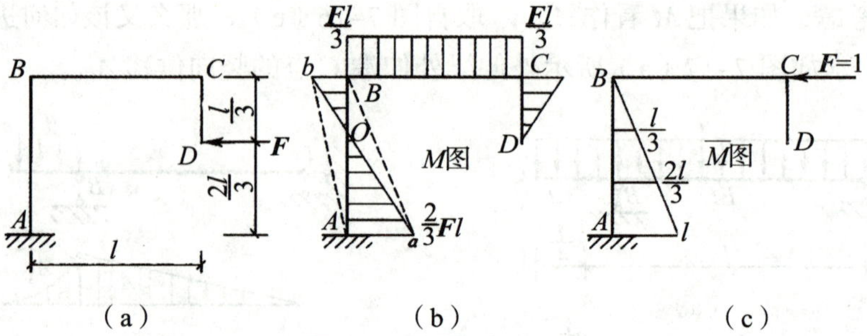

图 7-18　刚架（一）

解：根据所求位移加单位力，设虚拟状态，作$\overline{M}$、M 弯矩图，再图乘。

于 C 点加水平力 F=1，作 M 图及$\overline{M}$图分别如图 7-18（b）、（c）所示。AB 杆的 M 图有正负两部分，图乘时不宜分为两个三角形——ΔaOA和ΔbOB，而应根据叠加原理，把 M 看作是ΔaAB（A_1）和$\Delta bAB(A_2)$相叠加。这样不但面积容易计算，而且对应竖标 y_1、y_2 也容易算出。

由图 7-18（b）、图 7-18（c）可以算得

$$A_1=\frac{1}{2}\times l\times\frac{2}{3}\times Fl=\frac{Fl^2}{3},\quad y_1=\frac{2l}{3}$$

$$A_2=\frac{1}{2}\times l\times\frac{1}{3}\times Fl=\frac{Fl^2}{6},\quad y_2=\frac{l}{3}$$

所以 $\Delta_{CH}=\frac{1}{EI}\left(\frac{Fl^2}{3}\times\frac{2l}{3}-\frac{Fl^2}{6}\times\frac{l}{3}\right)=\frac{Fl^3}{6EI}(\leftarrow)$

【例 7-9】试用图乘法求图 7-19（a）所示刚架 A、B 截面的竖向相对线位移。已知各杆 EI 为常数。

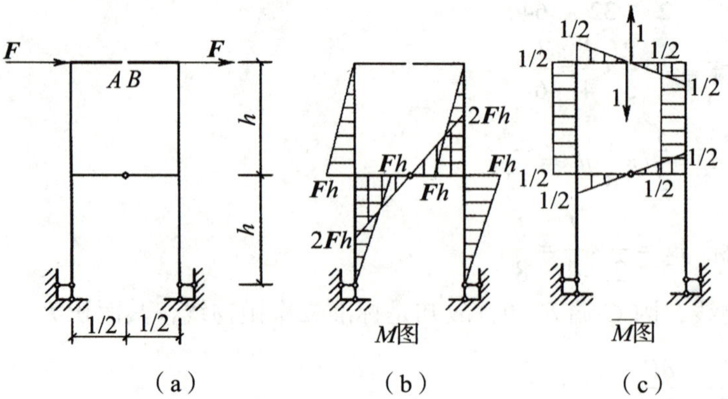

图 7-19　刚架（二）

解：根据所求位移加单位力，设虚拟状态，作$\bar{M}$、M弯矩图，再图乘。

先计算A、B之间的竖向相对线位移，在A、B上加一对方向相反的竖向单位力，分别作出实际状态的M图和虚拟状态的$\bar{M}_1$图，如图 7–19（b）、图 7–19（c）所示。由图乘法得

$$\Delta_{\mathrm{ABV}}=\sum\frac{Ay_c}{EI}=2\left[\left(\frac{1}{2}Fh\times h\right)\times\frac{l}{2}+\left(\frac{1}{2}\times\frac{l}{2}\times 2Fh\right)\times\frac{2}{3}\times\frac{l}{2}\right]\frac{1}{EI}=\frac{Flh(3h+l)}{6EI}$$

计算结果为正，说明A、B之间的竖向相对线位移与虚拟广义力的方向相同。

知识拓展

定结构支座移动时的位移计算

对于静定结构，支座移动并不引起内力，因而杆件不会发生变形。此时结构产生的位移为刚体位移。根据虚功原理可推导出静定结构支座移动时的位移计算公式

$$\Delta_{\mathrm{CV}}=-\Sigma\bar{F}_{\mathrm{R}}C \tag{7–6}$$

式中，C为实际位移状态中的支座位移；$\bar{F}_{\mathrm{R}}$为虚拟单位力状态对应的支座反力；$\Sigma\bar{F}_{\mathrm{R}}C$为反力虚功，当反力$\bar{F}_{\mathrm{R}}$与实际支座位移$C$方向一致时其乘积取正，相反时为负。

计算结果Δ_{C}为正时，说明所求位移与所设单位力的方向一致，为负时与所设单位力的方向相反。此外，式（7–6）右边前面的负号，为原来移项时所得，不可漏掉。

任务三　梁的刚度校核

任务描述

杆件不仅要满足强度条件，还要满足刚度条件。对梁而言，校核梁的刚度是为了检查梁在荷载作用下产生的位移是否超过容许值。

任务分析

计算梁变形的主要目的是为了判别梁的刚度是否足够以及进行梁的设计。工程中梁的刚度主要由梁的最大挠度和最大转角来限定。

任务重点与实施

一、梁的刚度条件

在建筑工程中，一般只校核在荷载作用下梁截面的竖向位移，即挠度。梁的刚度校核标准就是挠度的容许值f与跨度l的比值，用$\left[\frac{f}{l}\right]$表示。梁在荷载作用下产生的最大挠度$y_{\max}$与跨度l的比值不能超过$\left[\frac{f}{l}\right]$，即

$$\frac{y_{\max}}{l} \leqslant \left[\frac{f}{l}\right] \tag{7-7}$$

式（7–7）即为梁的刚度条件。根据梁的不同用途，相对容许挠度可从有关结构设计规范查出，一般钢筋混凝土梁的$\left[\frac{f}{l}\right]$为$\frac{1}{200}\sim\frac{1}{300}$；钢筋混凝土吊车梁的$\left[\frac{f}{l}\right]$为$\frac{1}{600}\sim\frac{1}{500}$。

土建工程中的梁，一般都是先按强度条件选择梁的截面尺寸，再按刚度条件进行验算，梁的转角可不必校核。

【例 7–10】如图 7–20 所示简支梁，已知截面为 I32a 工字钢，在梁中点作用力F=20 kN，E=210 GPa，梁长l=9 m，梁的相对容许挠度$\left[\frac{f}{l}\right]=\frac{1}{500}$，试进行刚度校核。

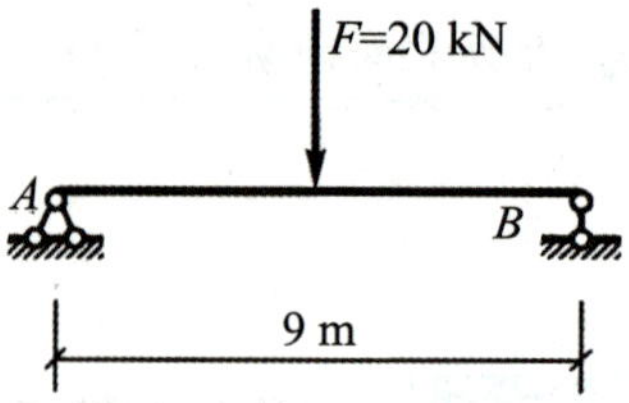

图 7–20 简支梁

解：先求最大挠度$y_{\max}$，再将$\frac{y_{\max}}{l}$与$\frac{f}{l}$比较，满足式（7–7）者，为满足刚度条件。

（1）求最大挠度$y_{\max}$，由例 7–5 知，中点承受集中荷载的简支梁，最大挠度发生在中点，其值为$y_{\max}=\frac{Fl^3}{48EI}$。

（2）$\frac{y_{\max}}{l}=\frac{Fl^2}{48EI}=\frac{20\times10^3\times(9\times10^3)^2}{48\times210\times10^3\times11\ 075.525\times10^4}=\frac{1}{689}<\left[\frac{f}{l}\right]=\frac{1}{500}$

满足刚度条件。

二、提高梁刚度的措施

根据梁的挠度计算可知，梁的最大挠度与梁的荷载、跨度l、抗弯刚度EI等情况有关，因此，要提高梁的刚度，需从以下几方面考虑。

（一）提高梁的抗弯刚度 EI

梁的变形与EI成反比，增大梁的EI将会使梁的变形减小。同类材料的弹性模量E值

是不变的，因而只能设法增大梁横截面的惯性矩。在面积不变的情况下，采用合理的截面形状，如采用工字形、箱形及圆环等截面，可提高惯性矩 I，从而提高抗弯刚度 EI。

（二）减小梁的跨度

由梁的位移计算可知，梁的变形与梁的跨度 l 的 n 次幂成正比。若设法减小梁的跨度，则会有效地减小梁的变形。例如，将简支梁的支座向中间适当移动变成外伸梁，或在简支梁的中间增加支座，都是减小梁变形的有效措施。

（三）改善荷载的分布情况

在结构允许的条件下，合理地改变荷载的作用位置及分布情况，可降低最大弯矩，从而减小梁的变形。例如，将集中荷载分散作用，或改为分布荷载都可起到降低弯矩，减小变形的目的。

任务四　线弹性结构的互等定理

任务描述

互等定理是线弹性结构分析中的一个重要原理。它描述了在两个不同的荷载作用下，结构的位移响应之间的关系。

任务分析

互等定理是线弹性结构分析中的重要工具，通过位移互等关系，可以简化复杂的结构分析问题。在实际工程中，互等定理常用于计算结构的位移和应力分布，提高计算效率和准确性。

任务重点与实施

本任务介绍三个线弹性结构的互等定理，其中最基本的定理是功的互等定理，其他两个定理都可由此推导出来。

一、功的互等定理

设有两组外力 F_1 和 F_2 分别作用于同一线弹性结构上，如图 7-21（a）、图 7-21（b）所示，分别称为结构的第一状态和第二状态。如果计算第一状态的外力和内力，在第二状态相应的位移和变形上所做的虚功 W_{12} 和 W'_{12}，并根据虚功原理 $W_{12}=W'_{12}$，则有

$$F_1\Delta_{12}=\sum\int\frac{M_1M_2\mathrm{d}s}{EI}+\sum\int\frac{F_{N1}F_{N2}\mathrm{d}s}{EA}+\sum\int k\frac{F_{S1}F_{S2}\mathrm{d}s}{GA}\quad ①$$

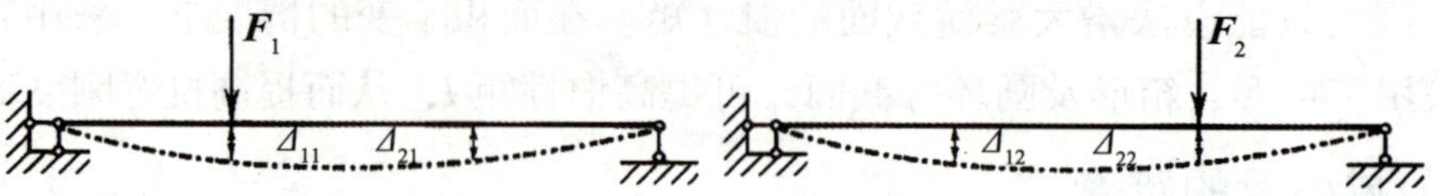

（a）（b）

图 7–21　线弹性结构

这里，位移 Δ_{12} 的两个下标的含义与前相同：第一个下标"1"表示位移的地点和方向，即该位移是 F_1 作用点沿 F_1 方向上的位移；第二个下标"2"表示产生位移的原因，即该位移是由于 F_2 所起的。

反过来，如果计算第二状态的外力和内力，在第一状态相应的位移和变形上所做的虚功 W_{21} 和 W'_1，并根据虚功 $W_{21}=W'_{21}$，则有

$$F_2\Delta_{21}=\sum\int\frac{M_2M_1\mathrm{d}s}{EI}+\sum\int\frac{F_{N2}F_{N1}\mathrm{d}s}{EA}+\sum\int k\frac{F_{S2}F_{S1}\mathrm{d}s}{GA}\quad ②$$

式①、式②的右边是相等的，因此左边也应相等，故有

$$F_1\Delta_{12}=F_2\Delta_{21}\tag{7-8}$$

或写为

$$W_{12}=W_2\tag{7-9}$$

式（7–8）或式（7–9）表明，第一状态的外力在第二状态的位移上所做的虚功，等于第二状态的外力在第一状态的位移上所做的虚功。这就是功的互等定理。

二、位移互等定理

现在应用功的互等定理来研究一种特殊情况。如图 7–22 所示，假设两个状态中的荷载都是单位力，即 $F_1=1$、$F_2=1$，则由功的互等定理，即式（7–8）有

$$1\cdot\Delta_{12}=1\cdot\Delta_{21}$$
$$\Delta_{12}=\Delta_{21}$$

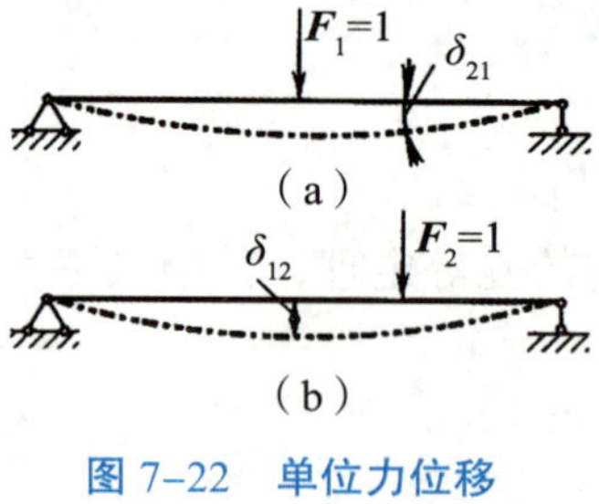

图 7–22　单位力位移

此处 Δ_{12} 和 Δ_{21} 都是由于单位力所引起的位移，为了区别一般力与单位力引起的位移，现将单位力引起的位移改用小写字母 δ_{12} 和 δ_{21} 表示，于是上式写成

$$\delta_{12}=\delta_{21}\tag{7-10}$$

这就是位移互等定理。它表明，第二个单位力在第一个单位力作用点沿其方向引起的

位移，等于第一个单位力在第二个单位力作用点沿其方向引起的位移。

三、反力互等定理

反力互等定理也是功的互等定理的一种特殊情况。它用来说明在超静定结构中，假设两个支座分别产生单位位移时，两个状态中反力的互等关系。图 7–23 表示支座 1 发生单位位移 Δ_1=1 的状态，此时支座 2 产生的反力为 r_{21}；图 7–23（b）表示支座 2 发生单位位移 Δ_2=1 的状态，此时支座 1 产生的反力为 r_{12}。根据功的互等定理，即式（7–8）有

$$r_{21} \cdot \Delta_2 = r_{12} = \Delta_1$$

令 $\Delta_1=\Delta_2=1$，则有

$$r_{21} = r_{12} \tag{7-11}$$

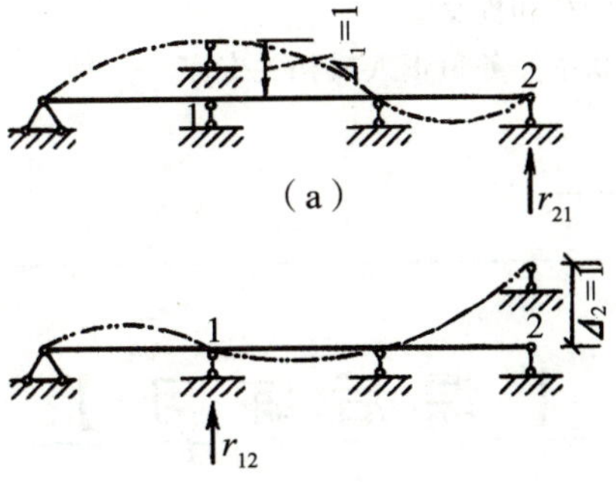

图 7–23　支座位移

这就是反力互等定理。它表示，支座 1 发生单位位移时在支座 2 产生的反力，等于支座 2 发生单位位移时在支座 1 产生的反力。

项目小结

本项目主要介绍了静定结构位移计算的核心方法。首先介绍了荷载作用下的位移计算；其次介绍了图乘法、梁的刚度校核以及线弹性结构的互等定理。通过本项目的学习，读者能够在实际工程中准确评估结构性能打下了坚实的基础。

【项目工单】

项目名称	项目实施	评估标准	报告要求
静定结构在荷载作用下的位移计算	1. 选择一个简单的静定结构（如简支梁或悬臂梁），给定施加荷载； 2. 使用虚功原理或单位载荷法计算结构的位移（垂直位移和转角）	位移计算的准确性和方法的选择是否合理	提交计算过程及其结果，画出示意图并标注关键位移

续表

项目名称	项目实施	评估标准	报告要求
图乘法	1. 选择一个静定结构，绘制其受力状态下的弯矩图； 2. 利用图乘法计算该结构的位移	图乘法应用的正确性及位移计算结果的准确性	提交图乘法的计算步骤和弯矩图，展示位移计算结果
梁的刚度校核	1. 选取一种梁（如悬臂梁、简支梁等），给定几何尺寸和材料性质； 2. 计算其最大挠度和转角，校核是否满足设计要求	刚度校核的深入理解和计算准确性	提交梁的刚度校核报告，注明计算过程和判定结果
线弹性结构的互等定理	1. 选择一种简单的线弹性静定结构，确定两个不同的荷载状态； 2. 利用互等定理计算两种状态之间的位移关系	应用互等定理的正确性及位移关系的准确性	提交互等定理用于分析结构位移的报告，详细阐述推导过程和计算结果
请在项目结束前完成最终报告的撰写和提交。 若遇到问题或需要支持，请及时联系任务负责人或相关专家。 任务负责人签字：________________ 任务审阅人签字：________________ 日期：________________			

【课后练习】

一、思考题

1．什么是单位荷载法？

2．提高梁刚度的措施有哪些？

3．线弹性结构的互等定理包括哪些内容？它们之间有什么联系？

二、实训题

1．如图 7–24 所示三铰拱，如果支座 A 发生图示沉陷，试求由此引起的支座 B 处截面的转角 θ_B。

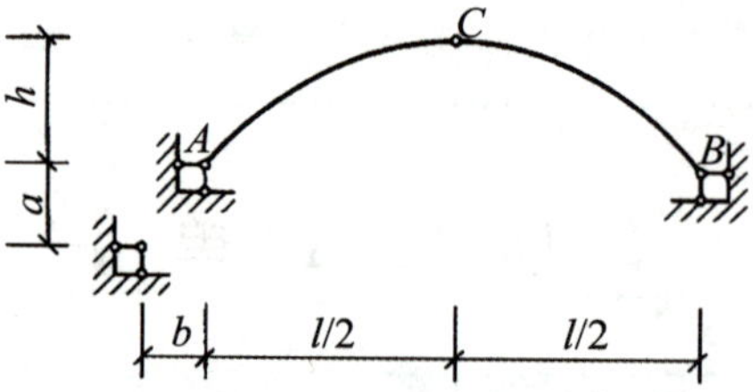

图 7–24　三铰拱

2. 如图 7–25 所示，某桥式起重机的最大荷载为 F=20 kN，起重机大梁为 32a 工字钢，已知 E=210 GPa，l=8.76 m，设计要求许用挠度 $\left[\dfrac{f}{l}\right]=\dfrac{1}{500}$。试校核起重机梁的刚度。

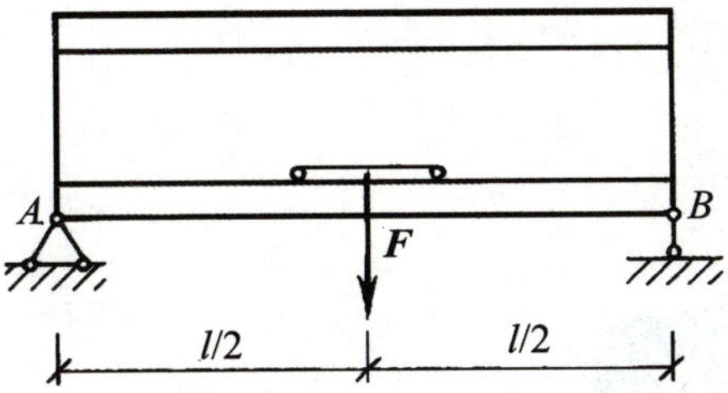

图 7-25　起重机荷载示意图

3．做图 7-26 所示实验，验证提高梁强度、刚度的措施。

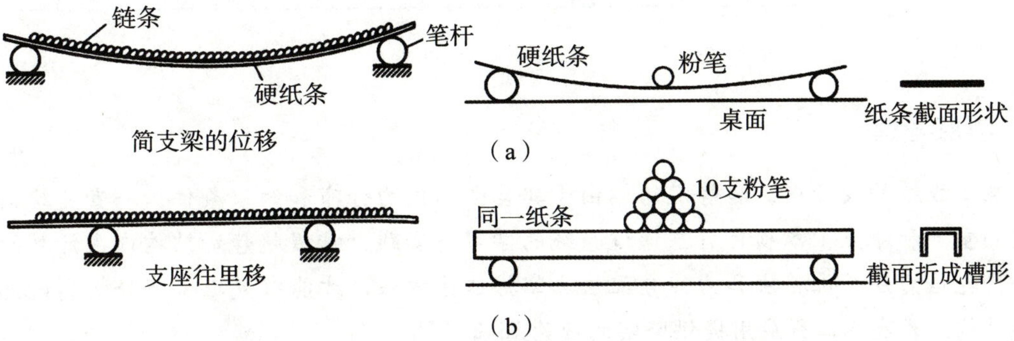

图 7-26　小实验图

项目八

超静定结构内力的传统计算法

项目导读

在工程结构设计中，超静定结构由于其复杂的内力分布和约束条件，一直是结构力学研究的重点和难点。本项目旨在通过系统的学习与实践，掌握超静定结构内力计算的传统方法，包括力法、位移法和力矩分配法。掌握这些方法，才能够更准确地分析和设计各种复杂结构，为实际工程应用提供坚实的理论基础。

学习目标

知识目标

◇ 理解超静定结构的基本概念。

◇ 理解力法的基本原理及其在内力计算中的应用。

◇ 理解位移法的基本原理及其在内力计算中的应用。

◇ 学会运用力矩分配法求解超静定结构的内力。

能力目标

◇ 能够独立分析超静定结构的内力问题，正确使用各种计算方法和工具。

◇ 能够整合不同的计算方法，提出合理的技术解决方案。

素质目标

◇ 培养读者计算和分析过程中的严谨态度，确保数值和计算的精确性。

◇ 培养读者具备准确的力法、位移法和力矩分配法计算能力，能够将其应用于工程设计中。

思政目标

◇ 认识到位移计算和刚度校核在保证结构安全和功能中的重要性，培养读者对工程质量的关注。

◇ 培养读者诚实守信、勤奋刻苦的优良品德，树立正确的价值观和职业道德。

任务一　超静定结构概述

任务描述

在超静定结构中，即使移除部分约束，结构仍然能够保持稳定。这种结构的特点是具有一定的冗余度，能够在部分构件失效时，通过内力重分布来维持整体稳定。

任务分析

超静定结构的分析通常比静定结构复杂，需要采用更高级的计算方法，如力法、位移法或有限元分析等。在实际工程中，超静定结构因其良好的稳定性和安全性而被广泛应用。掌握超静定结构的分析方法，对于工程设计人员在实际项目中解决复杂荷载下的结构问题具有重要意义。

任务重点与实施

一、超静定结构的概念

超静定结构是有多余约束的几何不变体系，其反力和内力仅由平衡条件不能确定或不能全部确定。如图 8-1（a）所示连续梁，其竖向反力仅由平衡条件不能确定，于是也就不能求出其内力。又如图 8-2（a）所示桁架，虽然它的反力和部分杆件的内力可由静力平衡条件求得，但却不能确定全部杆件的内力。可见，这两个结构都是超静定结构。

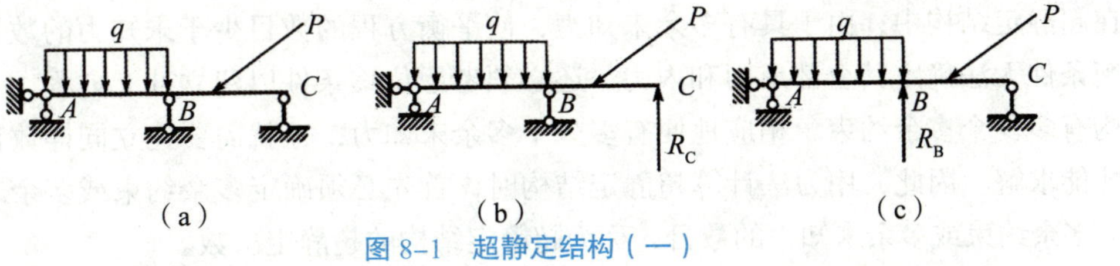

图 8-1　超静定结构（一）

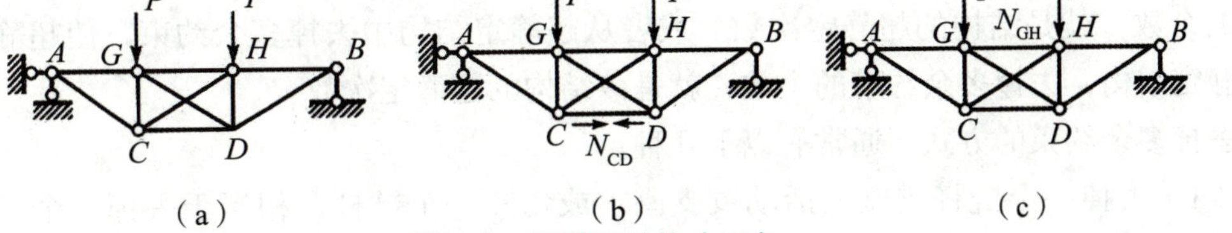

图 8-2　超静定结构（二）

就几何组成而言，上述两个结构都存在多余约束。所谓“多余”是指这些约束仅就保持结构的几何不变性来说是不必要的。多余约束并不是没有用的，它可以减少结构的最大内力值，具有增大刚度及增强抵抗突然破坏能力的作用。多余约束中产生的力称为多余未知力，如图 8–1 中的 R_C 或 R_B，以及图 8–2 中的 N_{CD} 或 N_{GH}。多余未知力是不能由静力平衡条件直接求出的。例如图 8–1（a）中的链杆 C 的反力 R_C，无论其值等于多少，图 8–1（b）中的静定梁都能平衡，不可能由平衡条件求出 R_C。

与多余约束相对应，对维持体系的几何不变必不可少的约束称为必要约束。如图 8–1（a）中 A 处的水平支承链杆就是必要约束。必要约束的反力一定能由平衡条件确定，如图 8–1（a）中水平链杆的反力，可由梁整体的平衡方程 $\sum X=0$ 求得。

工程中常见的超静定结构的类型有：超静定梁（图 8–1）、超静定桁架（图 8–2）、超静定拱、超静定刚架及超静定组合结构。

求解任何超静定问题，都必须综合考虑 3 个方面的条件。

（1）平衡条件。平衡条件即结构的整体及任何一部分的受力状态都应满足平衡方程。

（2）几何条件。几何条件也称为变形条件或位移条件、协调条件等，即结构的变形和位移必须符合支承约束条件和各部分之间的变形连续条件。

（3）物理条件。物理条件即变形或位移与力之间的物理关系。

在具体求解时，根据计算途径的不同，可以有两种不同的基本方法，即力法（又称柔度法）和位移法（又称刚度法）。二者的主要区别在于基本未知量的选择不同。基本未知量是指这样一些未知量，当首先求出它们之后，即可用它们求出其他的未知量。在力法中，是以多余未知力作为基本未知量；在位移法中，则是以某些位移作为基本未知量。除力法和位移法两种基本方法外，还有其他各种方法，但它们都是从上述两种方法演变而来的。例如力矩分配法就是位移法的变体，混合法则是力法与位移法的联合应用等。求出超静定结构中的基本未知量后，则原结构的其他计算与静定结构完全相同。

二、超静定次数的确定

在超静定结构中，由于具有多余未知力，使平衡方程的数目少于未知力的数目，故单靠平衡条件无法确定其全部反力和内力，还必须考虑位移条件以建立补充方程。一个超静定结构有多少个多余约束，相应地便有多少个多余未知力，也就需要建立同样数目的补充方程才能求解。因此，用力法计算超静定结构时，首先必须确定多余约束或多余未知力的数目。多余约束或多余未知力的数目，称为超静定结构的超静定次数。

结构的超静定次数 n 可以这样确定：从几何组成的角度分析结构中多余约束或多余未知力的个数，就是结构的超静定次数。或者从超静定结构中去掉多余约束，使超静定结构变为静定结构，去掉多余约束的个数，就是该结构的超静定次数。

去掉多余约束的方式，通常有以下几种。

（1）去掉一个链杆支座（活动铰支座）或切断一个链杆，相当于去掉一个约束，如图 8–3（b）、图 8–3（c）和图 8–4（b）。

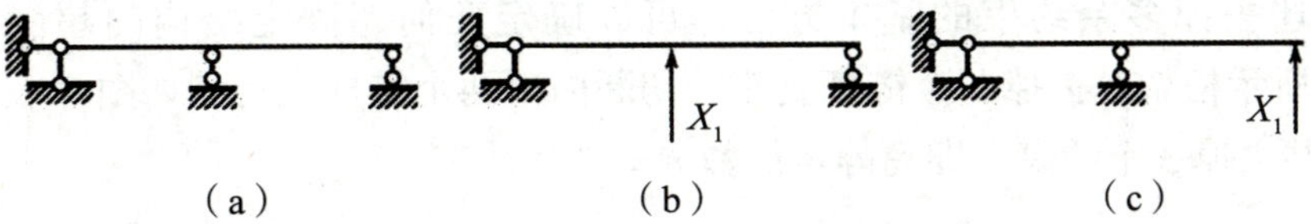

图 8-3　去掉一个链杆支座

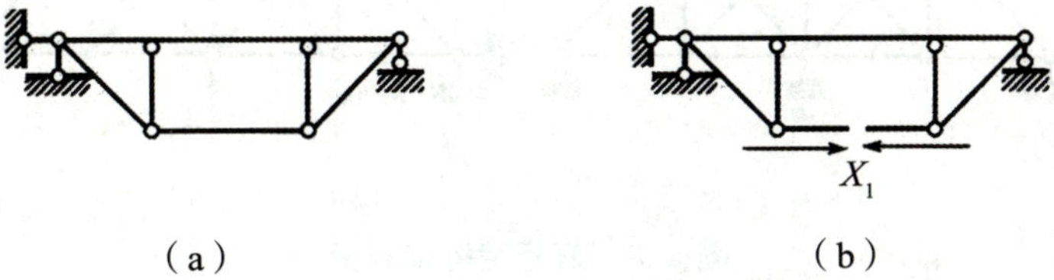

图 8-4　切断一根链杆

（2）去掉一个固定铰支座，或拆除一个单铰，相当于去掉两个约束（图 8-5（b）和图 8-6（b））。

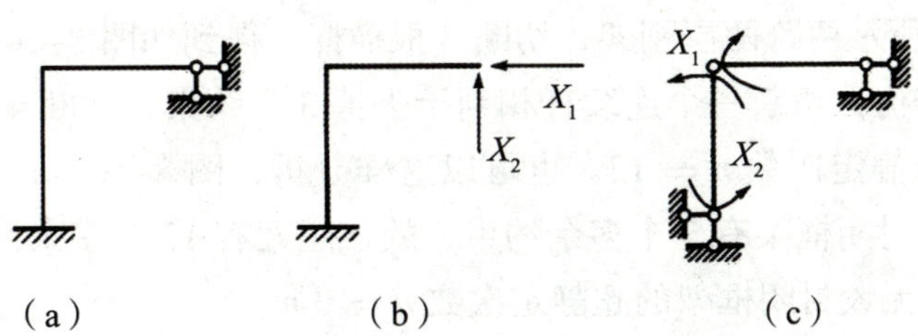

图 8-5　去掉铰支座及改刚结点为单铰

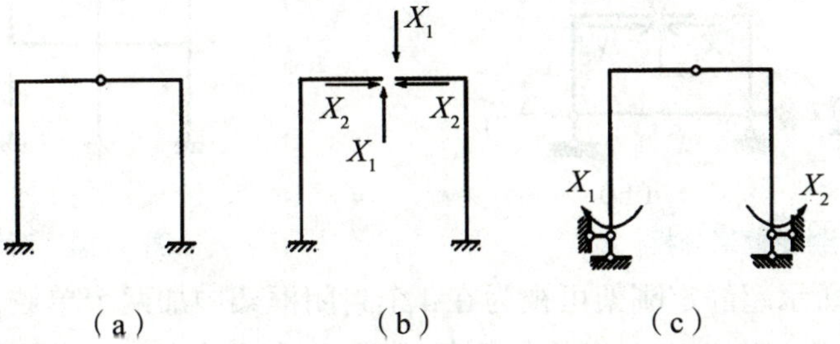

图 8-6　拆除单铰及改刚结点为单铰

（3）在刚性连接处切断（即切断一个连续杆），相当于去掉三个约束（图 8-7（b）和图 8-7（c））。

（4）将刚结点改变为单铰，相当于去掉一个约束（图 8-5（b）、图 8-6（c）和图 8-7（d））。

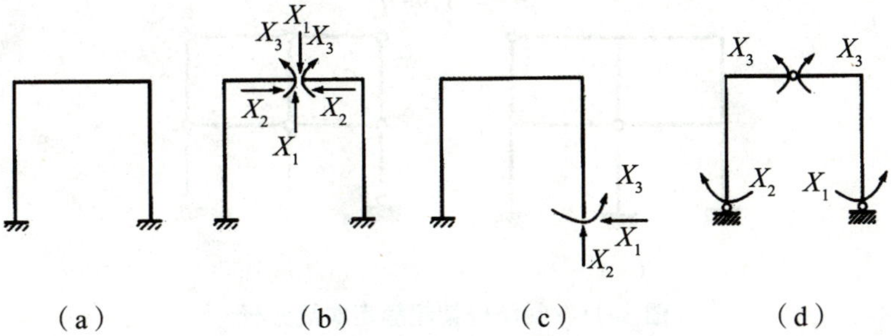

图 8-7　在刚性连接处切断或改刚为单铰

应用上述去掉多余约束的基本方法，可以确定任何超静定结构的超静定次数。如图 8-8（a）所示桁架，去掉一个链杆支座，切断内部两个链杆，得到如图 8-8（b）所示的静定桁架，共去掉 3 个约束，即超静定次数 $n=3$。

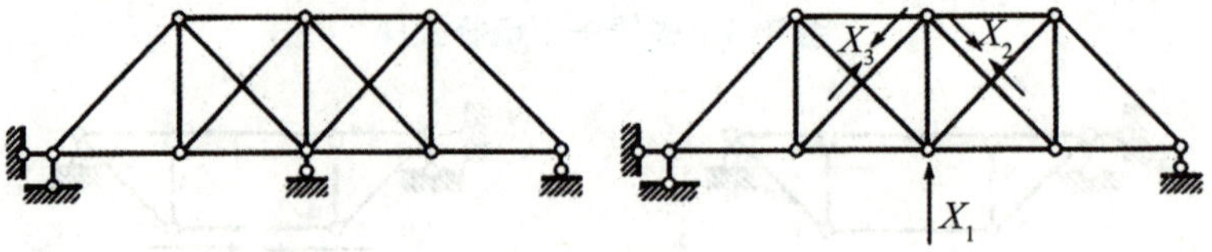

（a）（b）

图 8-8　超静定桁架分析

如图 8-9（a）所示结构，去掉一个水平支座链杆，在刚性连接处切断，得到如图 8-9（b）所示的静定结构，共去掉 4 个约束，所以其超静定次数 $n=4$。可见，一个封闭框架有 3 个多余约束。

如图 8-10（a）所示两跨两层刚架，切断 4 根横杆，得到如图 8-10（b）所示由 3 个悬臂刚架组成的静定结构，切断一个连续杆相当于去掉 3 个约束，切断 4 个连续杆共去掉 12 个约束，故结构的超静定次数 $n=12$。也可以这样分析，图 8-10（a）所示刚架由 4 个封闭框架组成，而每个封闭框架有 3 个多余约束，故该刚架有 12 个多余约束，其超静定次数 $n=12$。可见，m 个无铰封闭框架的超静定次数 $n=3m$。

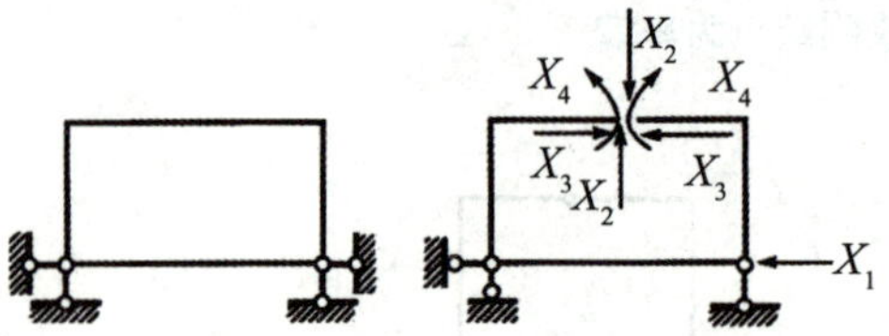

（a）（b）

图 8-9　封闭框架分析

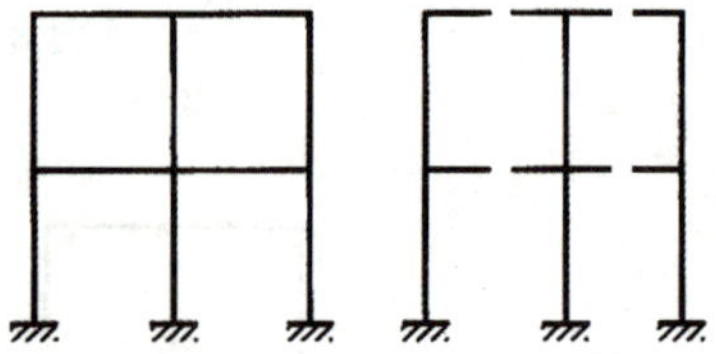

（a）（b）

图 8-10　两跨两层刚架分析

如图 8-11（a）所示超静定刚架可视为在 4 个封闭框架中加两个单铰，再加一个复铰（相当于 3 个单铰）而组成的结构。将两杆刚结点变为单铰结点，相当于去掉一个约束，如图 8-11（a）所示刚架可视为在封闭框中加入 5 个单铰的结构，无铰的 4 个封闭框的多余约束数为 $3\times4=12$，每加入一个单铰相当减少一个约束，故原结构的超静定次数为 $n=3\times4-5=7$。在原结构中加入 7 个单铰，使其成为静定结构，如图 8-11（b）所示。可见，有铰封闭框架的超静定次数 n 为

$$n=3m-h$$

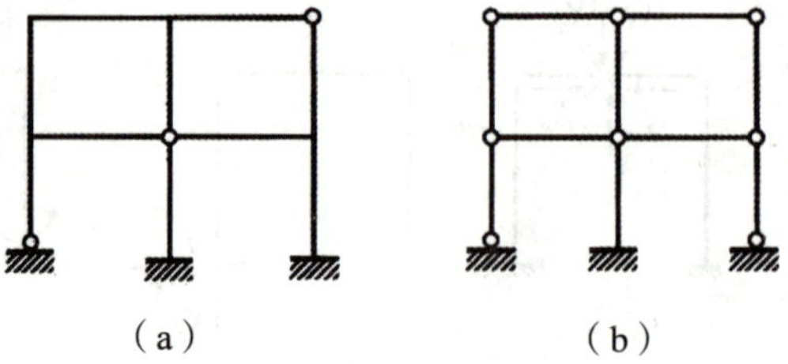

（a）（b）

图 8-11　封闭框架超静定次数分析

式中 m——封闭框架的个数；

h——单铰的总数。

由于去掉多余约束的方式不同，同一个超静定结构可以转化成不同的静定结构。如图 8-12（a）所示刚架有一个多余约束，若将横梁改为铰接得到如图 8-12（b）所示静定结构。若去掉 B 支座处的水平链杆，得到如图 8-12（c）所示的静定结构。但是，若去掉 B 支座处的竖向链杆，则成为如图 8-12（d）所示的几何瞬变体系，这是不允许的，B 处的竖向链杆是必要约束，绝对不能去掉。

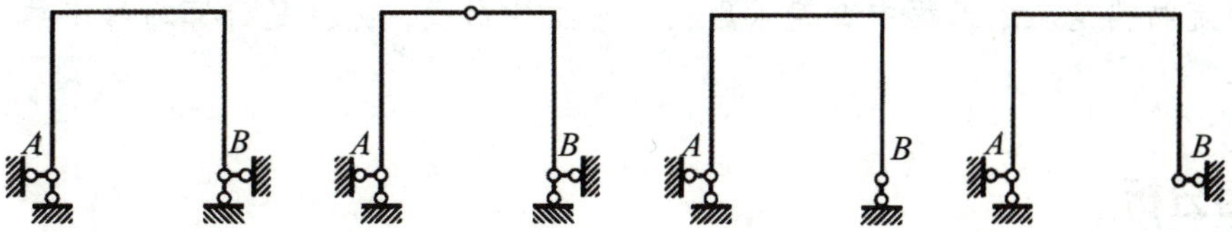

图 8-12 超静定结构去除约束分析

知识拓展

静定结构的特性

超静定结构与静定结构相比具有一些重要特性，深刻认识理解这些特性对工程实践是十分有意义的。

（1）在超静定结构中，除荷载作用外，支座移动、温度变化、材料收缩等因素都会在结构中引起内力。这是因为超静定结构存在多余联系，当受到这些因素影响而发生位移时，将受到多余联系的约束，因而相应地产生内力。工程中，连续梁可能由于地基的不均匀沉降而产生有害的附加内力。反之，在桥梁施工中可以通过改变支座高度来调整其内力，以得到合理分布。

（2）超静定结构内力仅由平衡条件无法完全确定，还必须考虑位移条件才能得出解答，故与结构的材质和截面尺寸有关。所以设计超静定结构时应当先参照类似结构或凭经验初步拟定各杆截面尺寸或其相对值，按解超静定结构方法再加以计算、然后按算出内力选择截面，反复修正调整，直至满意为止。

（3）超静定结构由于具有多余联系，内力分布较均匀，变形较小，整体刚度比相应静定结构大。

（4）从军事及抗震方面看，超静定结构具有较强防御能力，这是因为超静定结构在多余联系破坏后，仍能维持几何不变，而不至于马上坍塌。

任务二　力法的基本原理和典型方程

任务描述

超静定结构是土木工程中普遍采用的一种结构形式，力法是计算超静定结构的基本方法之一。

任务分析

力法是计算超静定结构最基本的方法，其基本思想是通过位移协调条件先设法求出多余未知力，然后用静定结构的计算方法求出超静定结构的内力图。

任务重点与实施

下面用如图 8-13（a）所示的单跨超静定梁来说明其概念和原理。

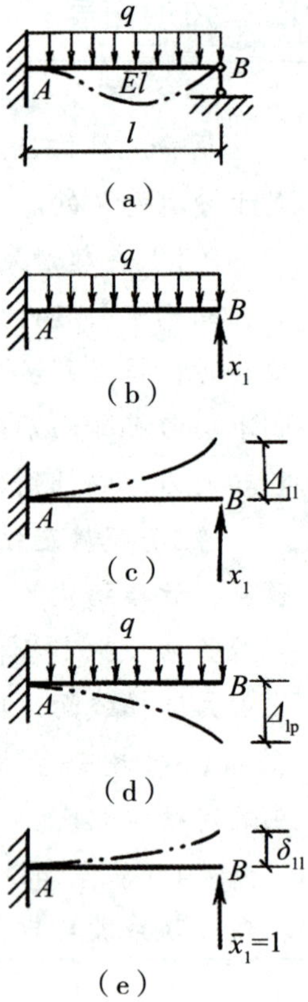

图 8-13　单跨超静定梁

一、力法中的基本未知量和基本体系

图 8-13(a)中的单跨超静定梁 AB，撤除 B 支座链杆多余约束，并设其反力为 x_1，则得到如图 8-13(b)所示的静定结构。不难设想，当 x_1 为某一特定值时，该静定梁的受力和变形与原结构相同。因此在力法中多余未知力 x_1 是基本的未知量。同时，常把包含多余未知力和荷载的静定结构（图 8-13（b））称为原超静定结构的基本体系。

二、力法的基本方程

要确定基本未知量 x_1 需应用到位移条件。如图 8-13（a）所示的原超静定结构 B 点处竖向位移为零，对比原结构与基本体系，可见图 8-13（b）所示悬臂梁 B 点在某一特定值 x_1 和荷载共同作用下，其竖向位移也应为零。因此，确定多余未知力 x_1 的位移条件应记为（设沿 x_1 方向位移为 Δ_1）

$$\Delta_1=0 \quad ①$$

如图 8-13（c）、图 8-13（d）所示，若以 Δ_{11} 和 Δ_{1p} 分别表示悬臂梁在 x_1 和荷载 q 单独作用时 B 点所产生的竖向位移，则按叠加原理有

$$\varDelta_1=\varDelta_{11}+\varDelta_{1p}=0 \quad ②$$

再令图 8–13（e）所示 $\varDelta_{11}$ 表示$\bar{x}_1=1$（单位多余未知力）引起 B 点的竖向位移，则对线弹性结构有

$$\varDelta_{11}=\delta_{11}x_1 \quad ③$$

把式③代入式②得到

$$\delta_{11}x_1+\varDelta_{1p}=0 \tag{8-1}$$

式（8–1）就是此单跨超静定梁的力法基本方程。从上述讨论可以看出，力法基本方程的物理本质是位移条件，此处具体含义是指在多余未知力和荷载共同作用下，B 点沿 x_1 方向（竖直方向）位移为零。

要求得式（8–1）中 x_1，应首先求得 δ_{11} 和 $\varDelta_{1p}$。从图 8–13 看出，δ_{11} 和 $\varDelta_{1p}$ 都是静定结构在已知外力作用下 B 点的位移计算问题，它们都可以按已学过的单位荷载法求得。

分别画出在$\bar{x}_1=1$和荷载 q 作用下的弯矩图$\bar{M}_1$图和 M_p 图，如图 8–14（a）、图 8–14（b）所示。按图乘法可求得

$$\delta_{11}=\sum\int\frac{\bar{M}_1^2\,\mathrm{d}s}{EI}=\frac{1}{EI}\left(\frac{1}{2}l\times l\times\frac{2}{3}l\right)=\frac{l^3}{3EI}$$

$$\varDelta_{1p}=\sum\int\frac{\bar{M}_1M_p\,\mathrm{d}s}{EI}=\frac{-1}{EI}\left(\frac{1}{3}\times\frac{ql^2}{2}\times l\times\frac{3l}{4}\right)=-\frac{ql^4}{8EI}$$

把 δ_{11}、$\varDelta_{1p}$ 代入式（8–1）求得多余未知力

$$x_1=-\frac{\varDelta_{1p}}{\delta_{11}}=-\left(-\frac{ql^4}{8EI}\right)/\frac{l^3}{3EI}=\frac{3}{8}ql(\uparrow)$$

上式为正值，表示 x_1 的实际方向与假定相同，即竖直向上。

多余未知力 x_1 求出后，其余所有反力和内力从基本体系可看出都属于静定结构计算问题。绘制弯矩图则可以应用已画出的$\bar{M}_1$、M_p 图，应用叠加法较方便。即有

$$M=\bar{M}_1x_1+M_p \tag{8-2}$$

例如，A、B 截面弯矩值分别为

$$M_A=l\times\left(\frac{3}{8}ql\right)+\left(-\frac{1}{2}ql^2\right)=-\frac{1}{8}ql^2(\text{上侧受拉}),\ M_B=0$$

于是可作出最后弯矩 M 图，如图 8–14（c）所示。

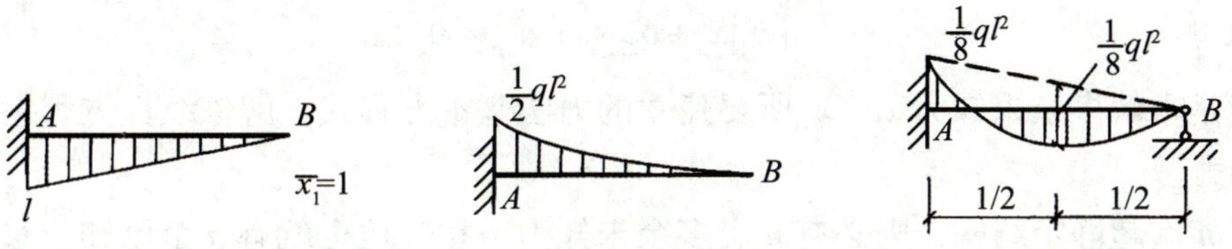

（a）$\bar{M}_1$图　　（b）M_p 图　　（c）M 图

图 8–14　弯矩图

三、力法的典型方程

上面列举了简单的一次超静定结构用力法求解的全过程。可以看出，关键的步骤是按位移条件建立力法方程式，以求解多余未知力。下面进一步用如图 8-15（a）所示的二次超静定刚架为例，说明如何建立多次超静定结构的力法基本方程，即力法的典型方程。

撤除原结构 B 端约束，以相应的多余未知力 x_1、x_2 来代替原固定铰支座约束作用，可得基本体系如图 8-15（b）所示。

原结构在支座 B 处是固定铰支座，不会产生水平、竖向线位移，因此，在基本体系上 B 点沿 x_1、x_2 方向位移也应为零，即位移条件应为

$$\Delta_1=0$$

$$\Delta_2=0$$

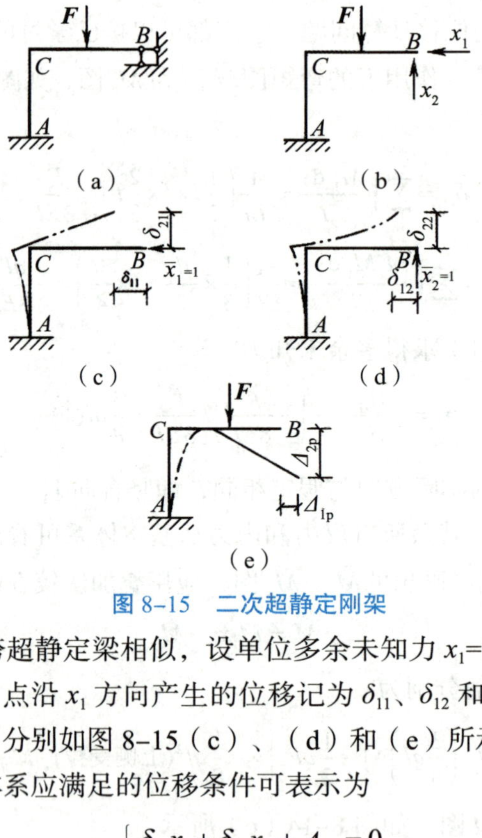

图 8-15　二次超静定刚架

与上面讨论一次单跨超静定梁相似，设单位多余未知力 $x_1=1$、$x_2=1$ 和荷载 F 分别单独作用在基本结构上时，B 点沿 x_1 方向产生的位移记为 δ_{11}、δ_{12} 和 Δ_{1p}；B 点沿 x_2 方向产生的位移记为 δ_{21}、δ_{22} 和 Δ_{2p}，分别如图 8-15（c）、（d）和（e）所示。

按叠加原理，基本体系应满足的位移条件可表示为

$$\begin{cases}\delta_{11}x_1+\delta_{12}x_2+\Delta_{1p}=0\\ \delta_{21}x_1+\delta_{22}x_2+\Delta_{2p}=0\end{cases} \tag{8-3}$$

这就是求解多余未知力 x_1、x_2 所要建立的力法基本方程式，解该线性方程组即可求得多余未知力。

对于 n 次超静定结构，则必有 n 个多余未知力，相应地也就有 n 个已知位移条件，假如原结构在多余约束方向的位移为零，则可以建立如下 n 个力法方程。

$$\begin{cases} \delta_{11}x_1+\delta_{12}x_2+\cdots+\delta_{1i}x_i+\cdots+\delta_{1n}x_n+\Delta_{1\mathrm{p}}=0 \\ \vdots \\ \delta_{i1}x_1+\delta_{i2}x_2+\cdots+\delta_{ii}x_i+\cdots+\delta_{in}x_n+\Delta_{i\mathrm{p}}=0 \\ \vdots \\ \delta_{n1}x_1+\delta_{n2}x_2+\cdots+\delta_{ni}x_i+\cdots+\delta_{nn}x_n+\Delta_{n\mathrm{p}}=0 \end{cases} \tag{8-4}$$

式（8–4）就是求解 n 次超静定结构的力法方程式。这一组方程组的物理本质仍然是位移条件，其含义是指：基本结构在全部多余未知力和荷载共同作用下，在撤除多余约束处沿各多余未知力方向的位移，应与原结构相应位移相等（此处为零）。

在式（8–4）中，多余未知力前面的系数组成了 n 行 n 列的一个数表。从左上方到右下方对角线上的系数 Δ_{ii}（i=1，2，⋯，n）称为主系数，它是基本结构在单位多余未知力$\overline{x}_i=1$单独作用时所引起的沿 x_i 方向的位移；其他系数$\delta_{ij}(i\neq j)$称为副系数，它是基本结构在单位多余未知力 x_j=1 单独作用时所引起的沿 x_i 方向的位移；最后一项 Δ_{ip} 称为自由项，它是基本结构在荷载单独作用时所引起的沿 x_i 方向的位移。

显然由物理概念可推知，主系数恒为正值，且不会为零。副系数和自由项则可能为正、负或零。而且按位移互等定理，有以下关系

$$\delta_{ij}=\delta_{ji}$$

上述力法基本方程组具有一定规律性，无论超静定结构是何种类型，以及所选择的基本结构采用何种形式，在荷载作用下所建立的力法方程组都具有如式（8–4）所示的相同形式，故称其为力法的典型方程。

典型方程中的主、副系数和自由项都是基本结构在已知力作用下的位移，均可用求静定结构位移的方法求得，解方程组进而求得全部多余未知力。超静定结构最后的弯矩图则可按叠加原理求得

$$M=\bar{M}_1x_1+\bar{M}_2x_2+\ldots\bar{M}_nx_n+M_{\mathrm{p}} \tag{8-5}$$

对梁和刚架，当要作剪力图和轴力图时，不妨把全部多余未知力代回基本体系，按静定结构作剪力图、轴力图的方法来作超静定结构的剪力图、轴力图，反而更方便。

任务三　位移法的基本原理和典型方程

任务描述

位移法也是计算超静定结构的基本方法。它与力法的不同在于，力法的基本未知量是多余未知力，而位移法的基本未知量是结点位移；力法的基本方程是位移协调条件，而位移法的基本方程是平衡条件。

任务分析

几何不变的结构在一定的外因作用下，其内力与位移之间具有一定的关系，确定的内力只与确定的位移相对应。从这点出发，在分析超静定结构时，先设法求出内力，然后即可计算相应的位移，这便是力法。但也可以反过来，先确定某些位移，再据此推求内力，这便是位移法。力法是以多余未知力作为基本未知量，位移法则是以某些结点位移作为基本未知量，这就是两者的基本区别。

任务重点与实施

一、位移法基本原理

下面以图 8–16（a）所示刚架为例说明位移法基本原理。显然，该刚架具有两个基本未知量，在刚结点处加附加刚臂，在 2 点处加一个附加链杆，同时令刚臂发生转角 Z_1，水平链杆发生线位移 Z_2，得到如图 8–16（b）所示的基本体系。

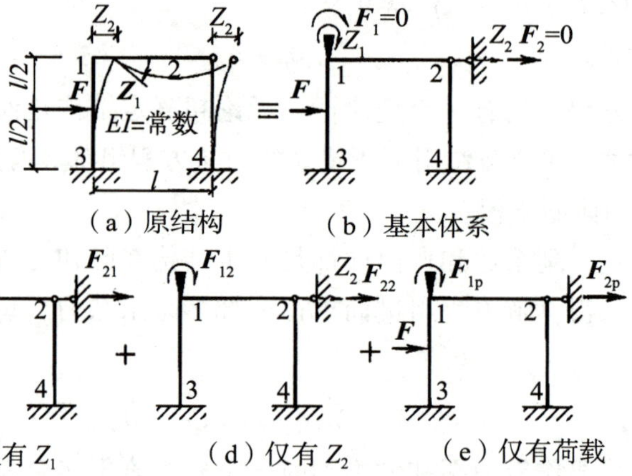

图 8–16　刚架（一）

显然，在荷载作用和结点位移共同影响下，基本体系与原结构变形是一致的。现在从受力方面再作一比较，原结构在 1、2 点无附加约束，自然也不存在附加约束的反力矩或反力。所以要使基本体系与原结构在受力方面保持一致，则势必要求基本体系上附加刚臂及链杆中的约束反力矩或反力为零。即有平衡条件

$$F_1=0,\ F_2=0 \quad ①$$

设如图 8–16（c）、图 8–16（d）、图 8–16（e）所示，把受力过程分别分解为仅有 Z_1、Z_2 和荷载作用于结构上的情况，由于位移 Z_1、Z_2 和荷载 F 所引起刚臂上反力矩分别为 F_{11}、F_{12}、F_{1p}，所引起链杆上的反力分别为 F_{21}、F_{22}、F_{2p}。则按叠加原理，上述平衡条件可写为

$$F_1 = F_{11} + F_{12} + F_{1p} = 0$$

$$F_2=F_{21}+F_{22}+F_{2p}=0 \quad ②$$

再设单位位移$\bar{Z}_1=1$、$\bar{Z}_2=1$所引起刚臂上反力矩分别为r_{11}、r_{12}，所引起的链杆上反力分别为r_{21}、r_{22}。对线弹性结构有以下关系

$$F_{11}=r_{11}Z_1,\ F_{12}=r_{12}Z_2,\ F_{21}=r_21Z_1,\ F_{22}=r_{22}Z_2 \quad ③$$

把式③代入式②，则

$$\begin{cases} r_{11}Z_1+r_{12}Z_2+F_{1p}=0 \\ r_{21}Z_1+r_{22}Z_2+F_{2p}=0 \end{cases} \quad ④$$

式④就是求解基本未知量的位移法基本方程，也是有两个基本未知量时位移法的典型方程。它的物理意义是：在荷载作用及结点位移共同影响下，基本体系上每一个附加联系（附加刚臂与附加链杆）中的约束反力矩或反力应为零。因此，位移法基本方程实质上反映的是原结构静力平衡条件。

从式④看出，要求解出Z_1、Z_2，应计算出系数和自由项。先分别绘出单位位移引起的弯矩图M_1、M_2，及荷载引起的弯矩图M_p，由于基本结构各杆件都是单跨越静定梁，从结构中截取出适当的隔离体（刚结点或部分杆件），利用平衡方程即可求出各系数和自由项。求出系数和自由项后，代入式④，就可解出位移法基本未知量Z_1、Z_2。最后弯矩图可应用已绘出的单位弯矩图及荷载弯矩图进行叠加而得到

$$M=\bar{M}_1Z_1+\bar{M}_2Z_2+M_p$$

二、位移法典型方程

对于具有n个基本未知量的结构，相应地需要加上n个附加约束（刚臂或链杆），同理按每个附加约束中的约束力为零的平衡条件，可以列出

$$\begin{cases} r_{11}Z_1+\cdots+r_{1i}Z_i+\cdots+r_{1n}Z_n+F_{1p}=0 \\ \vdots \\ r_{i1}Z_1+\cdots+r_{ii}Z_i+\cdots+r_{in}Z_n+F_{ip}=0 \\ \vdots \\ r_{n1}Z_1+\cdots+r_{ni}Z_i+\cdots+r_{nn}Z_n+F_{np}=0 \end{cases} \tag{8-6}$$

上述方程无论结构类型如何，只要基本未知量数量为n，则都具有同一形式，故称为位移法典型方程。

在典型方程中，主对角线上的系数r_{11}、r_{22}、…、r_{nn}称为主系数，恒为正；主对角线以外其他系数r_{12}、r_{13}、…、r_{1n}等称为副系数，可正、可负、可为零，而且满足关系$r_{ij}=r_{ji}$（反力互等定理）；F_{1p}、F_{2p}、…、F_{np}称为自由项，可正、可负、可为零。

为求得典型方程中主、副系数和自由项，应分别绘出单位位移引起的弯矩图、$\bar{M}_1$、$\bar{M}_2$、…、$\bar{M}_n$及荷载弯矩图M_p，截取适当隔离体利用平衡条件即可求出；然后，由式（8–6）即可解出基本未知量Z_1、Z_2、…、Z_n；最后弯矩图由叠加法作出

$$M=\bar{M}_1Z_1+\bar{M}_2Z_2+\bar{M}_3Z_3+\ldots+\bar{M}_nZ_n+M_p \tag{8-7}$$

三、应用举例

（一）位移法的计算步骤

位移法的计算步骤

（1）确定基本体系。在有独立角位移刚结点上加上附加刚臂“ ”，在有独立线位移方向加上附加链杆“ ”，并按正方向假设基本未知量，同时应画上外荷载。

（2）根据在荷载作用及结点位移共同影响下附加约束中反力矩为零的特点，建立位移法典型方程。

（3）画出单位位移所引起弯矩图及荷载弯矩图，截取适当隔离体，利用平衡条件求出主、副系数及自由项。

（4）解位移法典型方程，求出基本未知量。

（5）按叠加法作出最后弯矩图，然后由弯矩图作剪力图等。

（二）位移法的具体应用

下面举例说明位移法的具体应用。

【例 8-1】试用位移法计算如图 8-17（a）所示刚架，绘出弯矩图。

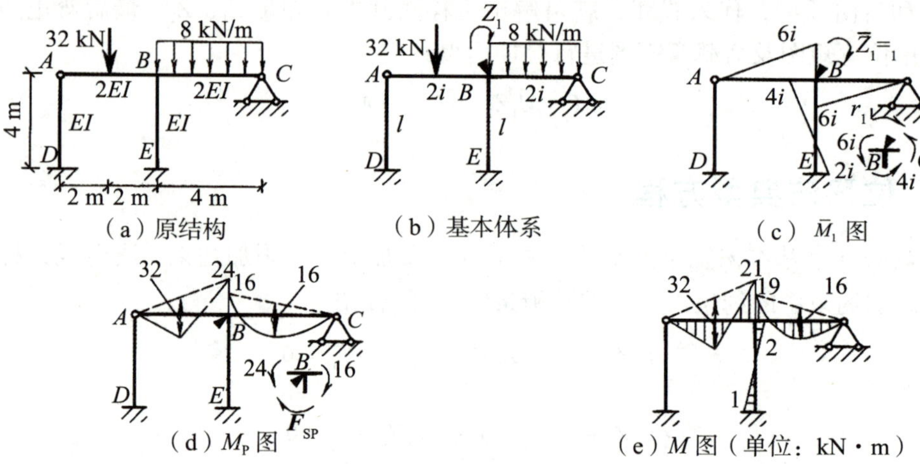

（a）原结构　（b）基本体系　（c）$\bar{M}_1$ 图　（d）M_P 图　（e）M 图（单位：kN·m）

图 8-17　刚架（二）

解：（1）确定基本体系。可以判定该刚架只有一个基本未知量，在 B 点加上刚臂，设转角为 Z_1，再加上荷载，基本体系如图 8-17（b）所示。求出线刚度：令 $\frac{EI}{4}=\frac{i}{4}$，$i_{AB}=i_{BC}=2i$，$i_{AD}=i_{BE}=i$。

（2）建立位移法典型方程。按在荷载与结点位移共同影响下，附加刚臂上反力矩为零，可列出

$$r_{11}Z_1+F_{1p}=0$$

（3）求主系数和自由项。绘出 $\bar{Z}_1=1$ 和荷载作用下弯矩图 $\bar{M}_1$、M_p（图 8-17（c）、图 8-17（d））。分别从 $\bar{M}_1$ 图和 M_p 图中截取出 B 结点的隔离体，建立平衡条件 $\Sigma M_B=0$，即可得

$$r_{11}=6i+4i+6i=16i,\quad F_{1p}=(24-16)\ \text{kN·m}=8\ \text{kN·m}$$

（4）求基本未知量。将上面主系数和自由项代入位移法典型方程，则有

$$Z_1 = -\frac{F_{1p}}{r_{11}} = -\frac{8}{16i} = -\frac{1}{2i}$$

（5）绘最后弯矩图。用叠加法 $M=\bar{M}_1Z_1+M_p$，则各杆端弯矩应为

$$M_{BA}=\left[6i\times\left(-\frac{1}{2i}\right)+24\right]\text{kN·m}=21\ \text{kN·m}(\text{上侧拉})$$

$$M_{BC}=\left[6i\times\left(-\frac{1}{2i}\right)-16\right]\text{kN·m}=-19\ \text{kN·m}(\text{上侧拉})$$

$$M_{BE}=\left[4i\times\left(-\frac{1}{2i}\right)+0\right]\text{kN·m}=-2\ \text{kN·m}(\text{拉右侧})$$

$$M_{EB}=\left[2i\times\left(-\frac{1}{2i}\right)+0\right]\text{kN·m}=-1\ \text{kN·m}(\text{左侧拉})$$

据此可绘出最后弯矩图，如图 8–17（e）所示。

【例 8–2】试用位移法计算如图 8–18（a）所示连续梁弯矩图。

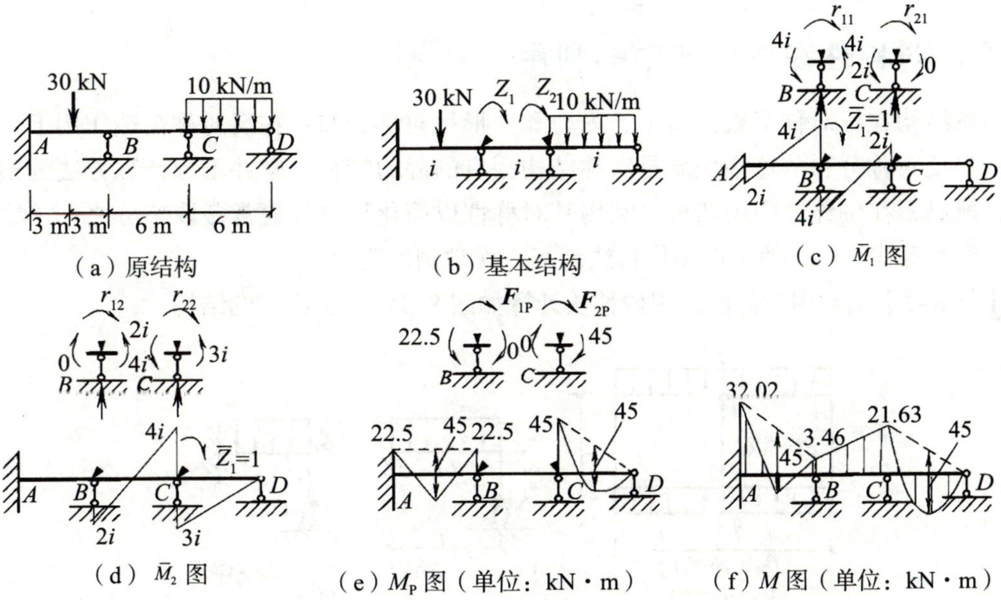

图 8–18　弯矩图

解：（1）确定基本体系。可以判定此连续梁有两个独立的角位移，无线位移。确定基本体系如图 8–18（b）所示。

（2）建立位移法典型方程。两个基本未知量典型方程如下

$$r_{11}Z_1+r_{12}Z_2+F_{1p}=0$$

$$r_{21}Z_1+r_{22}Z_2+F_{2p}=0$$

（3）求主、副系数和自由项。绘出单位位移引起的 $\bar{M}_1$、$\bar{M}_2$ 图和荷载弯矩图 M_p，如

图 8-18（c）、（d）、（e）所示。从 M_1、M_2、M_p 图截取出 B、C 结点隔离体，由平衡条件 $\sum M=0$ 可求得

$$r_{11}=4i+4i=8i,\ r_{21}=2i,\ r_{12}=2i,$$

$$r_{22}=4i+3i=7i,\ F_{1p}=22.5\ \text{kN}\cdot\text{m},\ F_{2p}=-45\ \text{kN}\cdot\text{m}$$

（4）求基本未知量。把主、副系数及自由项代入典型方程得

$$8iZ_1+2iZ_2+22.5=0$$

$$2iZ_1+7iZ_2-45=0$$

（5）绘最后弯矩图。按 $M=\bar{M}_1Z_1+\bar{M}_2Z_2+M_p$，最后弯矩图如图 8-18（f）所示。其中杆端弯矩值计算举例如下

$$M_{BA}=\left[4i\times\left(-4.76\frac{1}{i}\right)+0+22.5\right]\text{kN}\cdot\text{m}=3.46\ \text{kN}\cdot\text{m}(\text{上侧拉})$$

$$M_{BC}=\left[4i\times\left(-4.76\frac{1}{i}\right)+2i\times\left(7.79\frac{1}{i}\right)+0\right]\text{kN}\cdot\text{m}=-3.46\ \text{kN}\cdot\text{m}(\text{上侧拉})$$

四、对称性在位移法中的利用

对称结构在正对称荷载作用下，内力和变形呈对称分布；在反对称荷载作用下，内力和变形呈反对称分布。这些性质是对称结构固有的静力特征，它并不因计算方法的不同而改变，所以，在位移法中仍然可以利用其对称性以简化计算。通常截取二分之一（或四分之一）作为等代结构，然后再用位移法计算，现举例说明。

【例 8-3】试利用对称性，用位移法计算如图 8-19（a）所示的结构。

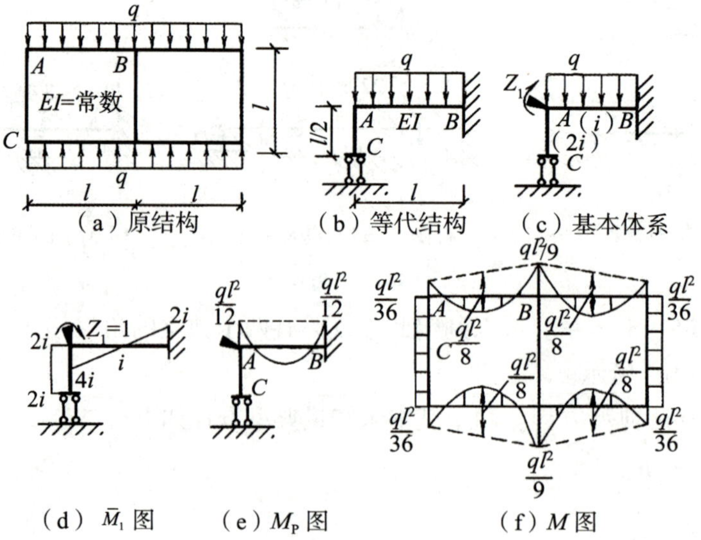

（a）原结构　（b）等代结构　（c）基本体系

（d）$\bar{M}_1$ 图　（e）M_p 图　（f）M 图

图 8-19　闭合刚架

解：图 8–19（a）所示闭合刚架具有水平和竖直两个对称轴，且在水平方向为偶数跨，在竖直方向可看作奇数跨，故截取四分之一作为等代结构，如图 8–19（b）所示。

（1）确定基本体系。因为只有一个基本未知量，所以在 A 点加刚臂，基本体系如图 8–19（c）所示。

（2）建立位移法典型方程为

$$r_{11}Z_1+F_{1p}=0$$

（3）求主系数和自由项。画 $\bar{M}_1$、M_p 图分别如图 8–19（d）和图 8–19（e）所示，截取 A 刚性结点（图略）可得

$$r_{11}=2i+4i=6i, F_{1p}=-\frac{1}{12}ql^2$$

（4）求基本未知量

$$Z_1=-\frac{F_{1p}}{r_{11}}=\frac{ql^2}{72i}(\curvearrowright)$$

（5）画 M 图。由 $M=\bar{M}_1Z_1+M_p$ 可得四分之一部分弯矩图，沿水平及竖直方向对称扩展，可得全刚架弯矩图，如图 8–19（f）所示。

五、直接利用平衡条件建立位移法基本方程

首先将结构分解为若干个单个杆件，根据已介绍过的转角位移方程写出杆端力和杆端位移之间的物理关系；其次，将各杆在结点处连接起来，使之满足位移及平衡条件，即截取刚结点或横梁为隔离体，直接由平衡条件组成位移法方程；最后，解出结点位移并计算杆端力。由于在计算过程主要应用了转角位移方程，故亦称转角位移法。现举例说明其计算步骤。

【例 8–4】试用转角位移法求如图 8–20（a）所示刚架的弯矩图。

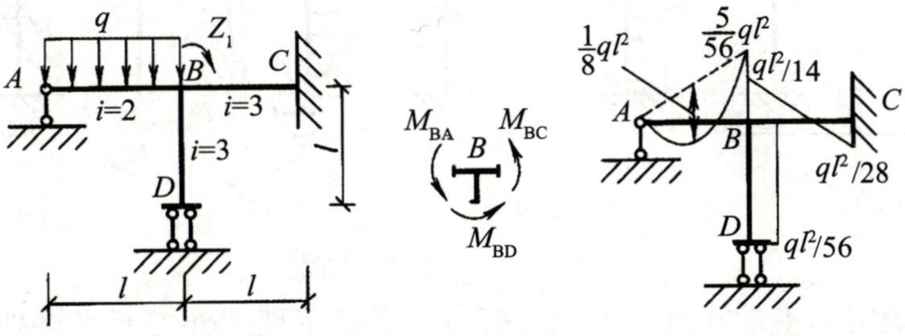

（a）原结构　　（b）刚结点　　（c）M 图

图 8–20　弯矩图

解：（1）确定基本未知量。此刚架刚结点 B 的角位移为一个唯一基本未知量，设 Z_1 为顺时针转动。

（2）应用转角位移方程写出各杆端弯矩。

$M_{AB}=0$，$M_{BA}=3\times i_{AB}\times Z_1+M^F_{BA}=6Z_1+\frac{ql^2}{8}$

$M_{BC}=4i_{BC}\times Z_1=12Z_1$，$M_{CB}=2\times i_{BC}\times Z_1=6Z_1$

$M_{BD}=i_{BD}\times Z_1=3Z_1$，$M_{DB}=-i_{BD}\times Z_1=-3Z_1$

（3）直接按平衡条件建立位移法方程。取刚结点 B，如图 8-20（b）所示。

$\sum M_B=0$，$M_{BA}+M_{BD}+M_{BC}=0$

代入杆端弯矩有 $21Z_1+\frac{1}{8}ql^2=0$

所以 $Z_1=-\frac{ql^2}{168}(\curvearrowleft)$

（4）计算杆端弯矩，画 M 图。把 Z_1 值代回各杆端弯矩表达式，有

$$M_{AB}=0, M_{BA}=6\times\left(-\frac{ql^2}{168}\right)+\frac{ql^2}{8}=\frac{5ql^2}{56}$$

$$M_{BC}=12\times\left(-\frac{ql^2}{168}\right)=-\frac{ql^2}{14}, M_{CB}=6\times\left(-\frac{ql^2}{168}\right)=-\frac{ql^2}{28}$$

$$M_{BD}=3\times\left(-\frac{ql^2}{168}\right)=-\frac{ql^2}{56}, M_{DB}=-3\times\left(-\frac{ql^2}{168}\right)=\frac{ql^2}{56}$$

按上述值把弯矩画在受拉侧边，可得如图 8-20（c）所示 M 图。

【例 8-5】试用转角位移求如图 8-21 所示刚架 M 图。

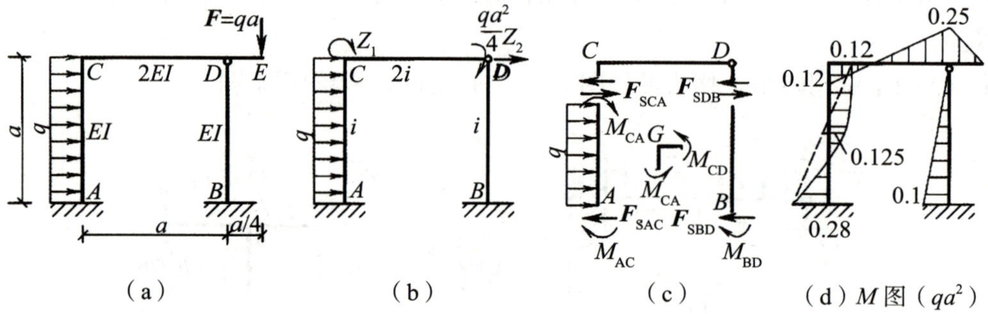

图 8-21　刚架示意图

解：（1）确定基本未知量。首先，按力的平移定理把外力 F 平移到 D 点，并附加上集中力偶，竖向集中力不引起弯矩（未画），如图 8-21（b）所示。显然只有一个角位移 Z_1 和一个线位移 Z_2。令，则$i_{AC}=i_{BD}=i$，$i_{CD}=2i$。

（2）应用转角位移方程写出各杆端弯矩表达式

$$M_{AC}=2iZ_1-6i\frac{Z_2}{a}-\frac{1}{12}ql^2$$

$$M_{CA}=4iZ_1-6i\frac{Z_2}{a}+\frac{1}{12}ql^2$$

$$M_{CD}=3(2i)Z_1+\frac{1}{2}\left(\frac{qa^2}{4}\right)=6iZ_1+\frac{qa^2}{8}$$

$$M_{DC}=\frac{1}{4}qa^2$$

$$M_{BD}=-3i\frac{Z_2}{a}$$

（3）建立位移法典型方程。截取刚结点 C 和横梁 CD，如图 8-21（c）所示。对 C 点列出：$\sum M_C=0$，$M_{CA}+M_{CD}=0$，代入以上杆端弯矩并化简得

$$10iZ_1-\frac{6i}{a}Z_2+\frac{5}{24}qa^2=0 \quad ①$$

对横梁列出：$\sum F_x=0$，$\sum F_x=0$　$F_{SCA}+F_{SDB}=0$，且

$$F_{SCA}=-\frac{1}{a}\left(M_{CA}+M_{AC}+\frac{1}{2}qa^2\right)=-\frac{1}{a}\left(6iZ_1-12i\frac{Z_2}{a}\right)-\frac{1}{2}qa$$

$$F_{SDB}=-\frac{1}{a}M_{BD}=3i\frac{Z_2}{a^2}$$

代入化简得

$$-6i\frac{Z_1}{a}+15i\frac{Z_2}{a^2}-\frac{1}{2}qa=0 \quad ②$$

联解式①、②得 $Z_1=\frac{-qa^2}{912i}(\curvearrowleft),Z_2=\frac{5qa^3}{152i}(\rightarrow)$

（4）计算杆端弯矩。画 M 图如图 8-21（d）所示。

知识拓展

静定结构内力计算方法选择指导

力法、位移法是超静定结构内力计算的基本方法。力法是以多余未知力为基本未知数，以位移条件列力法方程，易于计算超静定次数不高的超静定结构；位移法是以独立的结点位移为基本未知量，由平衡条件建立位移法方程，易于求解结点位移不多的结构。但无论力法或是位移法都要建立和求解联立方程，当基本未知数较多时，其工作十分繁重。力矩分配法是在位移法的基础上发展起来的一种渐近解法，它的特点是它不必计算结点位移，可直接算得杆端弯矩。也就是说，超静定结构的内力计算，分为精确计算和近似计算。力法、位移法为精确计算，而力矩分配法为近似计算，要根据具体情况，来选择计算方法。

任务四　力矩分配法

任务描述

力矩分配法主要用于计算和分配作用在结构上的各种力和力矩。它的基本原理是根据构件之间的平衡条件，逐步通过已知的力和力矩，推导出其他部位的反力和内力。

任务分析

力矩分配法是一种有效且实用的结构力学分析方法，特别适用于超静定结构的内力计算。通过掌握其基本原理和计算步骤，读者能够更准确地分析和设计各种实际工程结构。

任务重点与实施

一、力矩分配法的计算思路

力矩分配法是计算超静定结构的一种渐近法，如图 8–22（a）所示刚架为例，说明力矩分配法的计算思路。当不考虑杆件轴向变形时，在荷载作用下刚结点 1 处不产生线位移，只产生一个角位移 Z_1。刚架中各杆的杆端弯矩值可看成是由两种因素引起的，一种是刚结点处不产生角位移，只由荷载引起的杆端弯矩值，即相当于结点 1 处附加刚臂，以 M_1^F 约束转动时，荷载引起的杆端弯矩值（图 8–22（b）），称其为固定状态；另一种是刚结点产生 Z_1 角位移所引起的杆端弯矩值，即相当于在结点 1 处施加一力矩 $M_1=-M_1^F$，使结点 1 转动 Z_1 角时的杆端弯矩值（图 8–22（c）），称其为放松状态。于是可以分别对固定状态和放松状态进行计算，再把算得的各杆杆端弯矩值对应叠加，即得到原刚架各杆的杆端弯矩值。

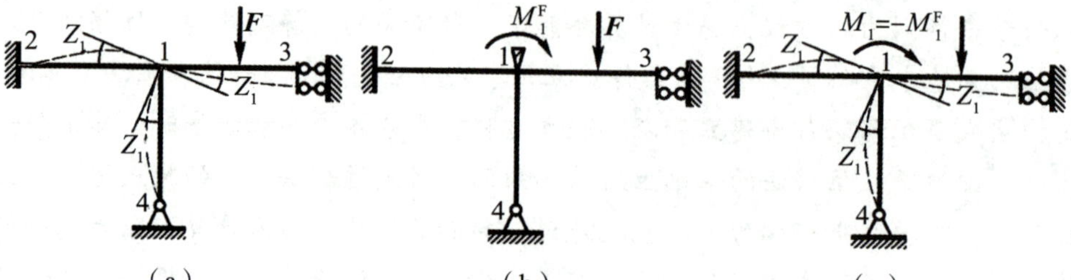

图 8–22　力矩分配法计算思路图

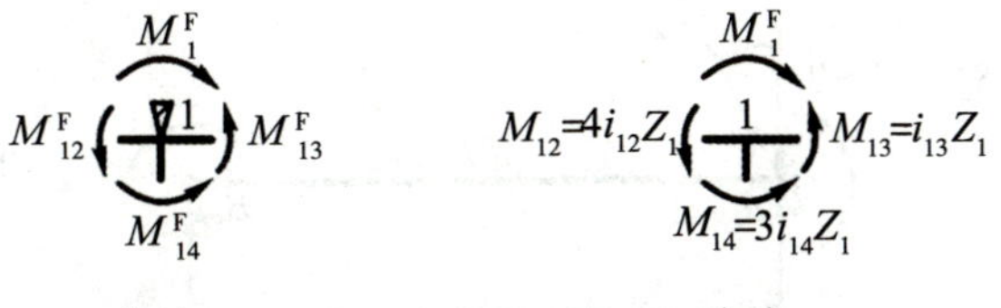

图 8-22　力矩分配法计算思路图（续）

在此特别提示，在力矩分配法计算中，杆端弯矩及角位移的正、负号与位移法规定相同。

二、力矩分配法的三要素

（一）固端弯矩

先对固定状态（图 8–22（b））进行计算。在此状态中刚结点不产生角位移，故此情况下荷载引起的杆端弯矩称为固端弯矩，以 M_{ij}^F 表示。然后利用结点 1 的力矩平衡条件（图 8–22（d））可求得 1 点约束力矩 M_1^F。即

$$M_1^F = M_{12}^F + M_{13}^F + M_{14}^F$$

写成一般式为

$$M_i^F = \Sigma M_{ij}^F \qquad (8\text{-}8)$$

式（8–8）表明，约束力矩 M_i^F 等于汇交于该结点的各杆固端弯矩的代数和，以顺时针转向为正。汇交于结点的各杆的固端弯矩不能平衡，其离平衡所差的力矩值正好等于约束力矩 M_i^F，故 M_i^F 也称为不平衡力矩。

（二）力矩分配系数和分配弯矩

现在对放松状态（图 8–22（c））进行计算。此状态中，在结点 1 的力矩 M_1 的作用下，各杆 1 端都产生了 Z_1 角位移，由表 8–1，各杆 1 端的杆端弯矩为

$$\begin{cases} M_{12} = 4i_{12}Z_1 = S_{12}Z_1 \\ M_{13} = i_{13}Z_1 = S_{13}Z_1 \\ M_{14} = 3i_{14}Z_1 = S_{14}Z_1 \end{cases} \quad ①$$

式中，S_{ij}（j=2，3，4）——杆件在 1 端的转动刚度。

转动刚度 SAB 的物理意义是指杆件 AB 在 A 端产生单位角位移时，在 A 端所需施加的力矩值。其中转动端（A 端）又称为近端，不转动端（B 端）又称为远端。图 8–23 中给出了等截面的直杆远端为不同约束时的转动刚度。

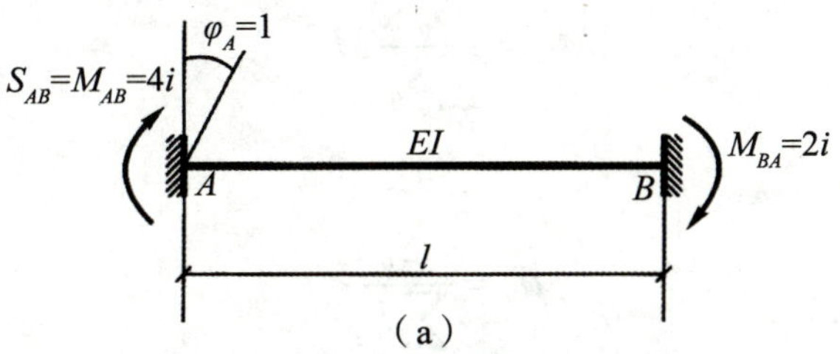

图 8–23　力矩分配法三要素示意图

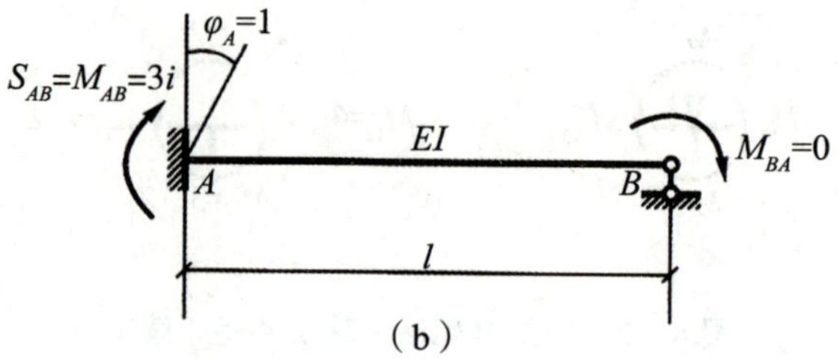

（b）

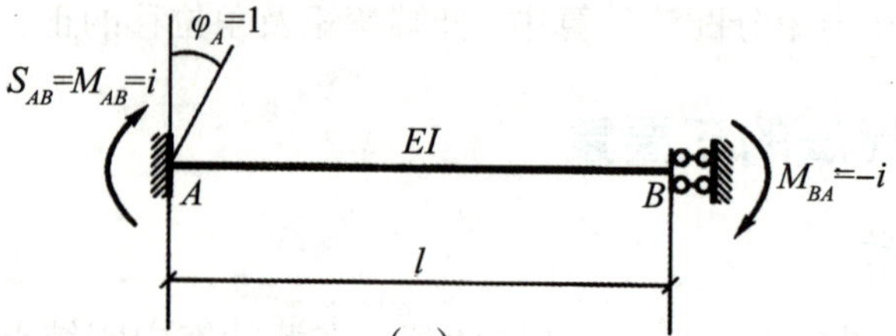

（c）

图 8–23　力矩分配法三要素示意图（续）

由结点 1 的平衡条件（图 8–22（e）），有

$$M_{12}+M_{13}+M_{14}=M_1$$

或

$$S_{12}Z_1+S_{13}Z_1+S_{14}Z_1=M_1$$

故

$$Z_1=\frac{M_1}{\sum\limits_{(1)}S_{ij}}$$

式中　$\sum\limits_{(1)}S_{ij}$——汇交于结点 1 的各杆 1 端转动刚度之和。将 Z_1 代入式①，得

$$\begin{cases} M_{12}=\dfrac{S_{12}}{\sum\limits_{(1)}S_{ij}}M_1=\dfrac{S_{12}}{\sum\limits_{(1)}S_{ij}}(-M_1^{\mathrm{F}}) \\ M_{13}=\dfrac{S_{13}}{\sum\limits_{(1)}S_{ij}}M_1=\dfrac{S_{13}}{\sum\limits_{(1)}S_{ij}}(-M_1^{\mathrm{F}}) \\ M_{14}=\dfrac{S_{14}}{\sum\limits_{(1)}S_{ij}}M_1=\dfrac{S_{14}}{\sum\limits_{(1)}S_{ij}}(-M_1^{\mathrm{F}}) \end{cases} \quad ②$$

由此可见，各杆 1 端的弯矩与各杆 1 端转动刚度成正比。式②可写为

$$M_{ij}=\frac{S_{ij}}{\sum\limits_{(1)}S_{ij}}M_i \quad ③$$

令

$$\mu_{ij}=\frac{S_{ij}}{\sum\limits_{(i)}S_{ij}} \tag{8-9}$$

则式③可表示为

$$M_{ij}=\mu_{ij}M_i \quad ④$$

式中　μ_{ij}——力矩分配系数。

μ_{ij} 等于所考察杆 i 端的转动刚度除以汇交于 i 点的各杆转动刚度之总和。显然，同一结点各杆力矩分配系数之和应等于 1，即

$$\sum \mu_{ij}=1$$

为了区别由其他运算得到的杆端弯矩值，把由式④算得的杆端弯矩以 M_{ij}^{μ} 表示，称为分配弯矩。即

$$M_{ij}^{\mu}=\mu_{ij}M_i \qquad (8\text{-}10)$$

利用式（8-10）计算各杆近端分配弯矩的过程称为力矩分配。

表 8-1　等截面单跨超静定梁形常数

序号	支座位移简图与弯矩图	杆端弯矩		杆端剪力	
		M_{AB}	M_{BA}	F_{SAB}	F_{SBA}
1	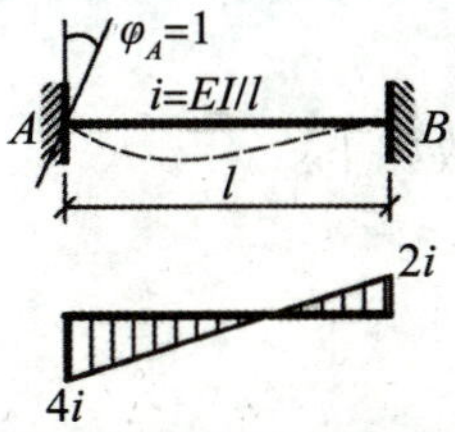	$4i$	$2i$	$-\dfrac{6i}{l}$	$-\dfrac{6i}{l}$
2	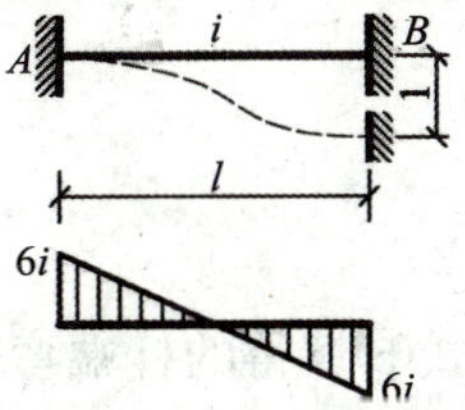	$-\dfrac{6i}{l}$	$-\dfrac{6i}{l}$	$-\dfrac{12i}{l^2}$	$\dfrac{12i}{l^2}$
3	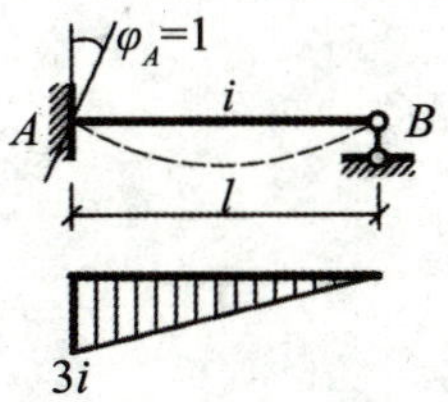	$3i$	0	$-\dfrac{3i}{l}$	$-\dfrac{3i}{l}$
4	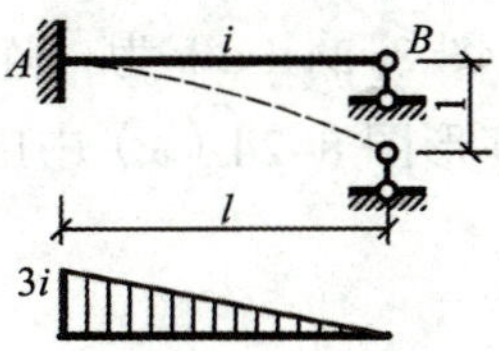	$-\dfrac{3i}{l}$	0	$\dfrac{3i}{l^2}$	$\dfrac{3i}{l^2}$

续表

序号	支座位移简图与弯矩图	杆端弯矩		杆端剪力	
		M_{AB}	M_{BA}	F_{SAB}	F_{SBA}
5	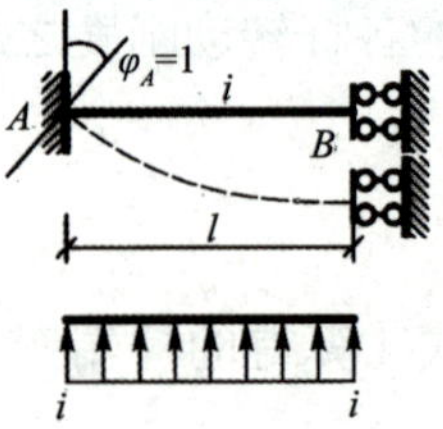	i	$-i$	0	0

（三）传递系数和传递弯矩

等直杆 ij，当 i 端转动时，杆 ij 变形，从而使远端 j 也产生一定弯矩。在放松状态中，通过力矩分配运算，各杆的近端弯矩已经得出，现在考虑远端弯矩的计算。杆的远端弯矩与近端弯矩的比值，称为由近端向远端传递弯矩的传递系数。即

$$C_{ij}=\frac{M_{ji}}{M_{ij}}$$

当远端取不同约束时，由图 8-23 可知其传递系数如下。

远端固定：$C_{ij}=\frac{1}{2}$。

远端铰支：C_{ij}=0。

远端定向支承：C_{ij}=−1。

利用传递系数的概念，各杆的远端弯矩为

$$M_{ji}=C_{ij}M_{ij}^{\mu} \quad ⑤$$

为了区别由其他运算得到的杆端弯矩值，把由式⑤算得的杆端弯矩以M_{ij}^{μ}表示，称为传递弯矩。即

$$M_{ij}^{C}=C_{ij}M_{ij}^{\mu} \tag{8-11}$$

利用式（8-11）计算各杆远端传递弯矩。

三、单结点的力矩分配

力矩分配法的物理概念可用实物模型来说明。图 8-24（a）为一连续梁的模型。连续梁 ABC 为薄钢片，用砝码加荷载 F_P 后，连续梁的变形图 8-24（a）中虚线所示。伴随着这个变形出现的杆端弯矩，是计算的目标。

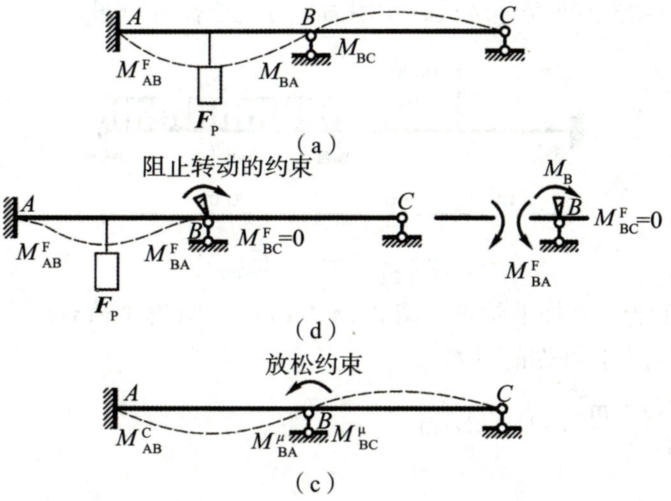

图 8–24　单结点的力矩分配过程示意图

在力矩分配法中，直接计算各杆的杆端弯矩，杆端弯矩以顺时针转向为正，计算步骤表述如下。

（1）设想先在结点 B 加一个阻止转动的约束（如用螺栓夹紧）阻止结点 B 转动，然后再加砝码。这时，只有 AB 跨有变形，如图 8–24（b）中虚线所示。这表明结点约束把连续 ABC 分成为两个单跨 AB 和 BC。AB 段受荷载 F_P 作用后产生变形，相应地产生固端弯矩。结点 B 的约束施加的力矩 M_B（称为约束力矩）可以通过结点 B 的平衡方程求得。从图 8–24（b）看出，杆 BC 的固端弯矩$M^F_{BC}=0$，杆 BA 的固端弯矩为M^F_{BC}。由 $\sum M_B=0$，可知，结点 B 的约束力矩 $M_B=M^F_{BC}+M^F_{BA}=M^F_{BA}$。约束力矩等于固端弯矩之和，以顺时针转向为正。

（2）连续梁的结点 B 本来没有约束，也不存在约束力矩 M_B。因此，图 8–24（b）所示的解答必须加以修正。为了达到这个目的，我们放松结点 B 处的约束，梁即回复到原来的状态（图 8–24（a）），结点 B 处的约束力矩即由 M_B 回复到零，这相当于在结点 B 原有约束力矩 M_B 的基础上再新加一个力偶（ M_B）。力偶 $-M_B$ 使梁新产生的变形如图 8–24（c）中虚线所示。这时，结点 B 处各杆在 B 端新产生弯矩M^μ_{BA}和M^μ_{AB}，称为分配力矩；在远端 A 新产生弯矩M^C_{AB}，称为传递力矩。

（3）把图 8–24（b）、图 8–24（c）所示两种情况叠加，就得到图 8–24（a）所示情况。因此，把图 8–24（b）、图 8–24（c）中的杆端弯矩叠加，就得到实际的杆端弯矩（图 8–24（a）），例如，$M^F_{BA}+M^\mu_{BA}=M_{BA}$。

提示

力矩分配法的物理概念简述如下：先在刚结点 B 加上阻止转动的约束，把连续梁分为单跨梁，求出杆端产生的固端弯矩。结点 B 各杆固端弯矩之和即为约束力矩 M_B。去掉约束（即相当于在结点 B 新加 $-M_B$），求出各杆 B 端新产生的分配力矩和远端新产生的传递力矩。叠加各杆端记下的力矩就得到实际的杆端弯矩。

下面通过例题说明力矩分配法的基本运算步骤。

【例 8–6】图 8–25 为两跨连续梁，试用力矩分配法作弯矩图。

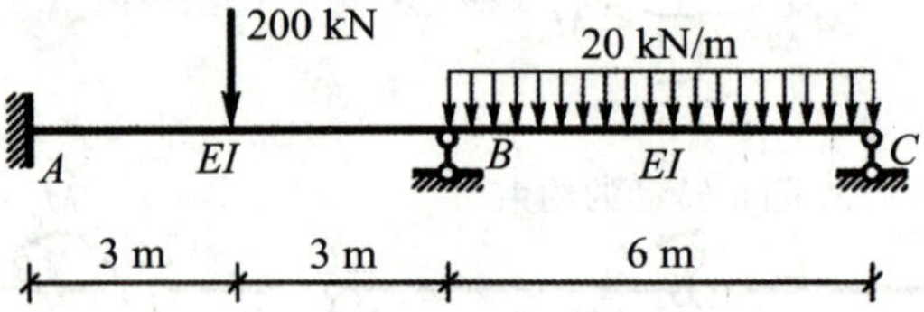

图 8–25　两跨连续梁

解：（1）先在结点 B 加上约束（图 8–25（a））。计算由荷载产生的固端弯矩（顺时针转向为正号），写在各杆端的下方

$$M_{AB}^{F}=-\frac{200\ \text{kN}\times 6\ \text{m}}{8}=-150\ \text{kN}\cdot\text{m}$$

$$M_{BA}^{F}=-\frac{200\ \text{kN}\times 6\ \text{m}}{8}=-150\ \text{kN}\cdot\text{m}$$

$$M_{BC}^{F}=-\frac{20\ \text{kN/m}\times(6\ \text{m})^{2}}{8}=-90\ \text{kN}\cdot\text{m}$$

在结点 B 处，各杆端弯矩总和为 M_B=150 kN · m–90 kN · m=60 kN · m。M_B 即为结点 B 的约束力矩。

（2）放松结点 B。这等于在结点 B 新加一个外力偶矩 –60 kN · m（图 8–26（b））。此力偶按分配系数分配于两杆的 B 端，使 A 端产生传递力矩。具体演算如下。

杆 AB 和 BC 的线刚度相等，$i=\dfrac{EI}{l}$

转动刚度 $S_{BA}=4i$，$S_{BC}=3i$

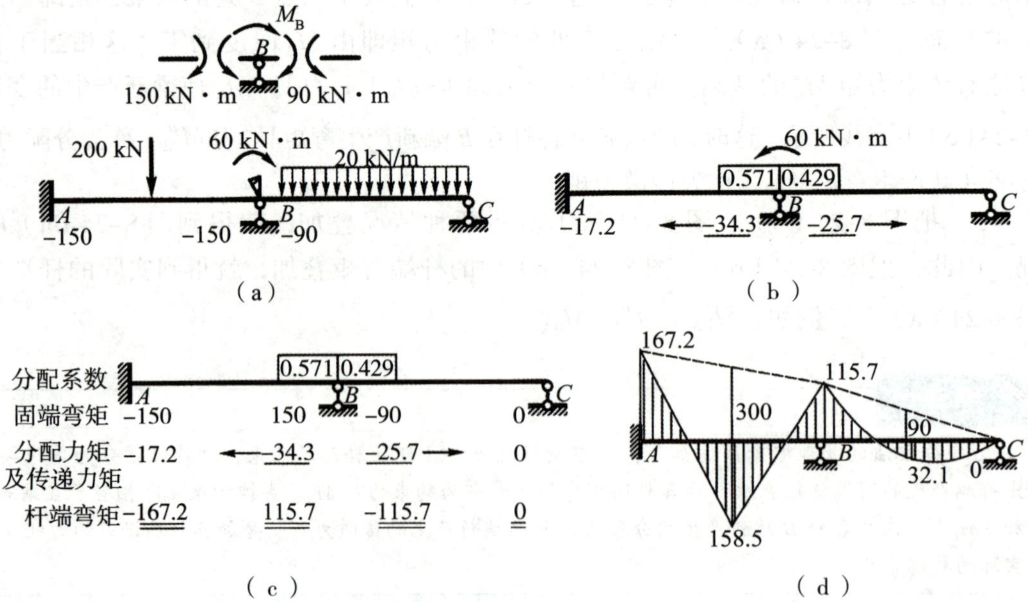

图 8–26　两跨连续梁 M 图（单位为 kN · m）

分配系数 $\mu_{BA}=\dfrac{4i}{4i+3i}=0.571$，$\mu_{BC}=\dfrac{3i}{4i+3i}=0.429$

校核：$\mu_{BA}+\mu_{BC}=1$

分配系数写在结点 B 上面的方框内。

分配力矩为

$M_{BA}^{\mu}=0.571\times(-60\ \text{kN}\cdot\text{m})=-34.3\ \text{kN}\cdot\text{m}$

分配力矩下面画一横线，表示结点已经放松，达到平衡。

传递力矩（远端固定时，传递系数为 1/2；远端为铰支时，传递系数为零）

$$M_{AB}^{C}=\frac{1}{2}M_{BA}^{\mu}=\frac{1}{2}\times(-34.3\ \text{kN}\cdot\text{m})=-17.2\ \text{kN}\cdot\text{m},\ M'_{CB}=0$$

将结果按图 8–26（b）写出，并用箭头表示力矩传递的方向。

（3）将以上结果叠加，即得到最后的杆端弯矩（图 8–26（c））。实际演算时，可将以上计算步骤汇集在一起，如图 8–26（c）所示的格式演算。下面画双横线表示最后结果。注意在结点 B 就满足平衡条件

$\sum M=115.7\ \text{kN}\cdot\text{m}-115.7\ \text{kN}\cdot\text{m}=0$

根据杆端弯矩，可作出 M 图，如图 8–26（d）所示。

四、多结点的力矩分配

前面已经说明了力矩分配法的基本概念。对于有多个结点的连续梁和无侧移刚架，只要逐次对每一个结点用上节的基本运算，就可求出杆端弯矩。

先用一个三跨连续梁的模型来说明逐次渐近的过程。连续梁 $ABCD$ 在中间跨加砝码后的变形曲线如图 8–27(a)所示，相应于此变形的弯矩即为要计算的目标。下面说明渐近过程。

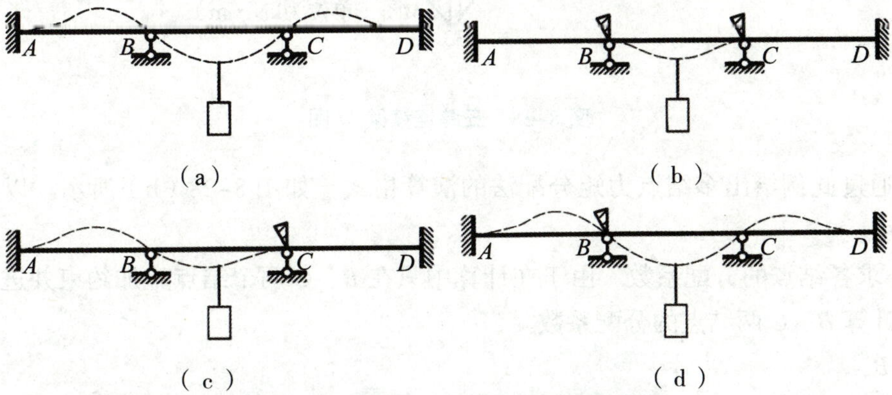

图 8–27　多结点的力矩分配过程示意图

（1）先在结点 B 和 C 加约束，阻止结点转动，再加砝码（图 8–27（b））。这时，可把连续梁分成三根单跨梁，仅 BC 一跨有变形，如图中虚线所示。

（2）去掉结点 B 的约束（图 8–27（c）），注意此时结点 C 仍夹紧，这时结点 B 将有

转角，累加的总变形如图 8–27（c）中虚线所示。

（3）重新将结点 B 夹紧，然后去掉结点 C 的约束。累加的总变形将如图 8–27（d）中虚线所示。从模型中可以看出，此时变形已比较接近实际变形。

依此类推，再重复（2）和（3），即轮流去掉结点 B 和结点 C 的约束。连续梁的变形和内力很快就达到实际状态，但每次只放松一个结点，故每一步均为单结点的分配和传递运算。最后，将各项步骤所得的杆端弯矩（弯矩增量）叠加，即得所求的杆端弯矩（总弯矩）。实际上，只需对各结点进行两到三个循环的运算，就能达到较好的精度。

【例 8–7】试作图 8–28（a）所示连续梁的弯矩图。

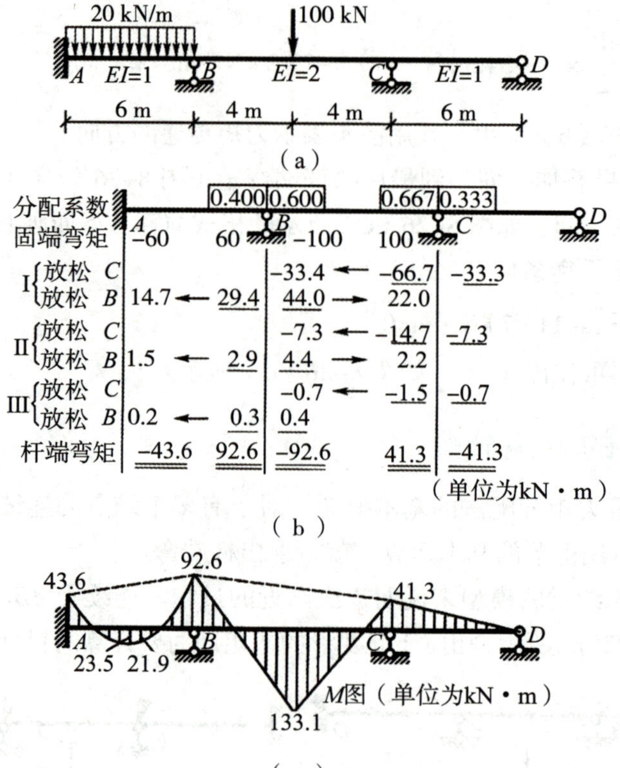

图 8–28　三跨连续梁 M 图

解：通过此例给出多结点力矩分配法的演算格式，如图 8–28（b）所示。以后按此格式计算即可。

（1）求各结点的分配系数。由于在计算中只在 B、C 两个结点施加约束并进行放松，所以只需计算 B、C 两结点的分配系数。

结点 B：

$$S_{BA}=4i_{BA}=4\times\frac{1}{6}=0.667,\quad S_{BC}=4i_{BC}=4\times\frac{2}{8}=1$$

所以 $\mu_{BA}=\dfrac{0.667}{1+0.667}=0.4$，$\mu_{BC}=\dfrac{1}{1+0.667}=0.6$

结点 C：

$S_{CB}=4i_{CB}=4\times\frac{2}{8}=1$，$S_{CD}=3i_{CD}=3\times\frac{1}{6}=0.5$

所以 $\mu_{BC}=\frac{1}{1+0.5}=0.667$，$\mu_{CD}=\frac{0.5}{1+0.5}=0.333$

分配系数分别写在图 8–28（b）中结点上端的方格内。

（2）锁住结点 B、C，求各杆的固端弯矩。

$$M_{AB}^{F}=-\frac{ql^2}{12}=-\frac{20\ \text{kN/m}\times(6\ \text{m})^2}{12}=-60.0\ \text{kN}\cdot\text{m}$$

$$M_{BA}^{F}=60.0\ \text{kN}\cdot\text{m}$$

$$M_{BC}^{F}=-\frac{Fl}{8}=-\frac{100\ \text{kN}\times 8\ \text{m}}{8}=-100.0\ \text{kN}\cdot\text{m}$$

$$M_{CB}^{F}=100.0\ \text{kN}\cdot\text{m}$$

将计算结果记于图 8–28（b）中第一行。

（3）放松结点 C（此时结点 B 仍被锁住），按单结点梁进行分配和传递；结点 C 的约束力矩为 100.0 kN · m，放松结点 C，等于在结点 C 新加力偶荷载（–100.0 kN · m），CB、CD 两杆的相应分配力矩为

0.667 ×（–100）kN · m=–66.7 kN · m

0.333 ×（–100）kN · m=–33.3 kN · m

杆 BC 的传递力矩为

$\frac{1}{2}$ ×（–66.7）kN · m=33.4 kN · m

经过分配和传递，结点 C 已经平衡，可在分配力矩的数字下画一横线，表示横线以上的结点力矩总和已等于零。

（4）重新锁住结点 C 并放松结点 B。

结点 B 的约束力矩为 60.0 kN · m–100.0 kN · m–33.4 kN · m=–73.4 kN · m，放松结点 B，等于在结点 B 新加一力偶（73.4 kN · m）。BA、BC 两杆的分配力矩为

0.4 × 73.4 kN · m=29.4 kN · m

0.6 × 73.4 kN · m=44.0 kN · m

传递力矩为

$\frac{1}{2}$ × 29.4 kN · m=14.7 kN · m，$\frac{1}{2}$ × 44.0 kN · m=22.0 kN · m

此时，结点 B 已经平衡，但结点 C 又不平衡了。以上完成了力矩分配法的第一个循环。

（5）进行第二个循环。再次先后放松结点 C 和 B，相应的结点约束力矩分别为 22 kN · m，–7.3 kN · m。

（6）进行第三个循环。相应的结点约束力矩分别为 2.2 kN · m，–0.7 kN · m。

由此可以看出，结点约束力矩的衰减过程是很快的。进行三次循环后，结点约束力矩已经很小，结构已接近恢复到实际状态，故计算工作可以停止。

（7）将固端弯矩，历次的分配力矩和传递力矩相加，即得最后的杆端弯矩，其单位为 kN · m（图 8-28（b））。

（8）根据杆端弯矩，可画出 M 图，如图 8-28（c）所示。

项目小结

本项目主要介绍了超静定结构内力计算的传统方法。首先介绍了超静电定法结构概述；其次介绍了力法的原理和方程；再次介绍了位移法的原理和方程；最后介绍了力矩配法。这些方法不仅提供了分析复杂结构的理论基础，还通过实际案例展示了其在工程设计中的应用价值。通过本项目的学习，读者能够在结构工程领域的学习和研究打下坚实的基础，并激发大家在工程实践中应用所学知识的积极性。

【项目工单】

项目名称	项目实施	评估标准	报告要求
超静定结构概述	1. 选择几种典型的超静定结构（如连续梁、框架、拱等）； 2. 分析结构的超静定自由度，并绘制示意图	能否准确识别和描述超静定结构的特点和自由度	提交超静定结构的分析报告，包含示意图和自由度分析
力法的基本原理和典型方程	1. 选取一个简单的超静定结构（例如连续梁或刚架）； 2. 使用力法构建并求解典型方程，计算结构的支反力及内力	力法应用的正确性和典型方程求解的精度	提交力法的计算过程、典型方程及其解，展示结构内力分布
位移法基本原理和典型方程	1. 选用一个超静定结构，识别关键位移（节点位移和转角）； 2. 根据位移条件和平衡条件，构建和求解典型方程;	位移法应用的准确性和矩阵方程求解的正确性	提交位移法的计算过程、典型方程及其解，分析结构内力分布
力矩分配法	1. 选择一个适用于力矩分配法的超静定结构（如不规则梁或框架）； 2. 应用力矩分配法计算各节点转角和杆件力矩	矩分配技术的应用是否正确，迭代计算过程的合理性	提交力矩分配法的计算过程，展示节点转角和杆件力矩的结果

请在项目结束前完成最终报告的撰写和提交。
若遇到问题或需要支持，请及时联系任务负责人或相关专家。
任务负责人签字：________
任务审阅人签字：________
日期：________

【课后练习】

一、思考题

1. 求解超静定问题，需注意哪些方面?
2. 如何直接利用平衡条件建立位移法基本方程?
3. 什么是固端弯矩? 什么是传递系数?

二、计算题

试确定图 8–29 中各结构用位移法计算时基本未知量的数量，并绘出基本结构。

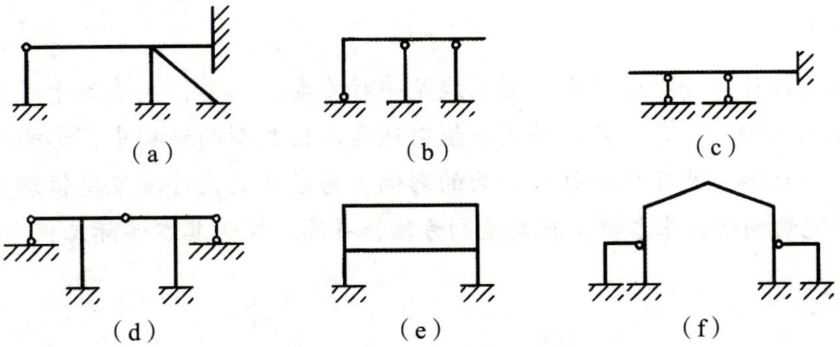

图 8–29　力的各结构示意图

项目九

影响线及其应用

项目导读

在工程结构设计与分析过程中，影响线是一种重要的工具，主要用于研究移动荷载对结构内力和反应的影响。无论是在桥梁、框架还是其他类型的结构中，影响线都能帮助工程师清晰直观地理解荷载变化对结构行为的影响，为后续的设计决策提供理论依据。本项目旨在系统研究影响线的基本概念及其绘制方法，并深入探讨其在实际工程中的应用。

学习目标

知识目标

◇ 理解影响线的基本概念，了解其实际应用。

◇ 掌握静力法、动力法绘制影响线的基本原理。

◇ 理解影响线在结构设计中的实际应用。

能力目标

◇ 能够独立分析结构在变动荷载作用下的影响线，准确采用静力法和机动法进行绘制。

◇ 具备准确的影响线计算和应用能力，能够将其运用到实际工程设计中。

◇ 能够综合影响线分析结果，提出合理的设计优化方案和改进措施。

素质目标

◇ 培养读者在影响线绘制和分析过程中的严谨态度，确保结果的准确性和可靠性。

◇ 鼓励通过实际案例来验证和理解影响线的理论，提升读者理论与实践相结合的能力。

思政目标

◇ 通过影响线应用的学习，培养读者诚信和严谨的职业品德，树立读者正确的价值观。

◇ 注重工程设计中的规范操作与安全意识，提升读者在实际工程中遵守规范和维护安全的职业素养。

任务一　影 响 线

任务描述

在实际工程中，一些工程结构除了承受固定荷载作用外，还要受到移动荷载的作用。如，在桥梁上行驶的汽车（图 9-1（a））、火车和活动的人群，在吊车梁上行驶的吊车（图 9-1（b））等，均为移动荷载。

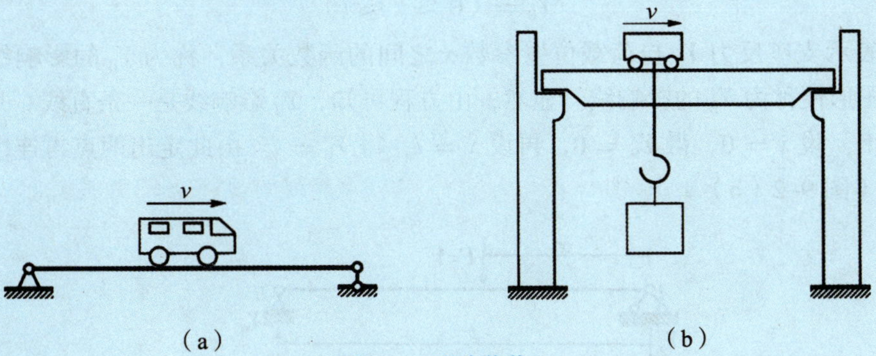

图 9-1　移动荷载

任务分析

在移动荷载作用下，结构的支座反力和内力，都将随荷载的移动而变化。因此，必须研究这种变化规律，确定支座反力和内力的最大值，以及达到最大值时荷载的位置，作为结构设计的依据。然而不同的反力和不同截面的内力变化规律各不相同，即使同一截面，不同的内力变化规律也不相同，解决这个复杂问题的工具就是影响线。

任务重点与实施

一、影响线的定义

影响线的概念

移动荷载作用下内力计算特点：结构反力和内力随荷载作用位置的移动而变化，为此需要研究反力和内力的变化规律、最大值和产生最大值的荷载位置（即荷载的最不利位置）。

移动荷载作用下内力计算方法：工程实际中的移动荷载通常是由很多间距不变的竖向荷载所组成的，其类型是多种多样的，不可能逐一加以研究。为此，可以利用分解和叠加的方法，将多个移动荷载视为单位移动荷载的组合，先只研究一种最简单的荷载，即一竖向单位集中荷载 $q=1$ 沿结构移动时，对某量值产生的影响，然后据叠加原理可进一步研究各种移动荷载对该量值的影响。

影响线定义：当单位移动荷载 $F=1$ 在结构上移动时，用来表示某一量值 S 变化规律的图形，称为该量值 S 的影响线。

二、应用案例

下面通过一个简单的例子说明影响线的概念。

图 9-2（a）为一简支梁，梁上作用一单位移动荷载 $F=1$。现求支座反力 Y 的变化规律。取 A 点为坐标原点，以 x 表示荷载的作用点的横坐标，设反力向上为正。

由平衡条件 $\sum M_A=0$，得

$$Y_B=\ (0\leqslant x\leqslant l)$$

上式表示支座反力 Y_B 与荷载位置参数 x 之间的函数关系，称为 Y_B 的影响线方程。由此绘出的图形便称为 Y_B 的影响线。显然，由方程可知，Y_B 影响线是一条直线。只要定出两点即可绘出。设 $x=0$，得 $Y_B=0$，再设 $x=l$，得 $Y_B=l$。由此定出两点再连以直线即得 Y_B 影响线（图 9-2（b））。

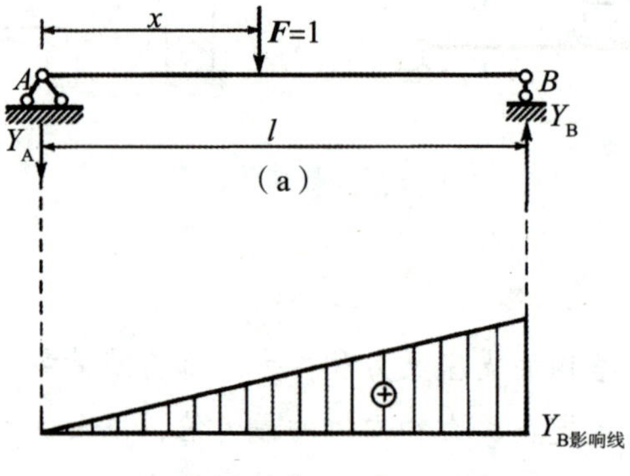

图 9-2　支座 Y_B 的影响线

影响线是研究移动荷载作用下结构计算的基本工具。用它可确定最不利荷载位置，进而求出相应量值的最大值。

任务二　静力法作影响线

任务描述

影响线的应用对于结构设计尤其重要，它帮助工程师在设计中考虑不同荷载位置对结构的影响，确保结构的安全性和经济性。对于复杂的结构（如多跨连续梁、框架等），影响线方法提供了一个简洁有效的分析工具。

任务分析

作静定结构内力或支座反力的影响线，最基本的方法是静力法。静力法，是指先把单位移动荷载 F=1 放在结构的任意位置，以 x 表示单位移动荷载到所选坐标原点的距离，将单位移动荷载暂时视为固定荷载，通过平衡条件，确定所求支座反力和内力的影响线函数，作此函数的图像，即为对应的影响线。

任务重点与实施

一、简支梁的影响线

（一）支座反力影响线

要绘制如图 9–3 所示反力 F_A 的影响线，可设 A 为坐标原点，荷载 $F=1$ 距 A 支座的距离为 x，并假设反力方向以向上为正，由平衡方程 $\sum M_B=0$，得

$$F_A\cdot l-1\cdot(l-x)=0$$

$$F_A=\frac{l-x}{l}\quad(0\leqslant x\leqslant l)$$

上式称为反力 F_A 的影响线方程，它是 x 的一次式，即 F_A 的影响线是一段直线。为此，特定出两点：当 $x=0$ 时，$F_A=1$；当 $x=1$ 时，$F_A=0$。

即可绘出反力 F_A 的影响线，如图 9–3（b）所示。

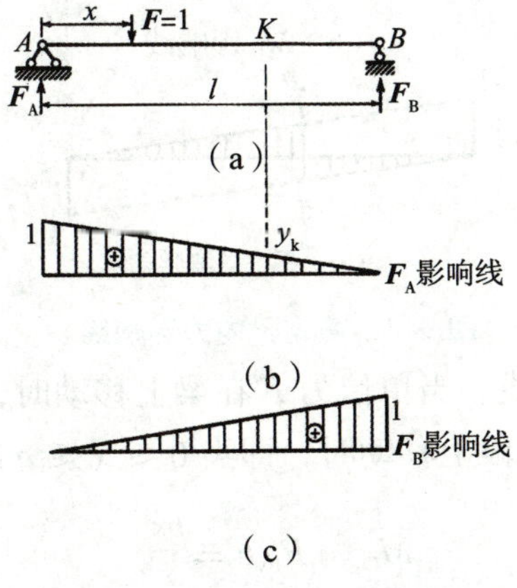

图 9–3　简支梁反力影响线

绘制影响线图形时，通常规定纵距为正时画在基线上方，反之，画在基线下方，并要求在图中注明正、负号。根据影响线的定义，F_A 影响线中的任一纵距 y_K 即代表当荷载 $F=1$ 移动至梁上 K 处时反力 F_A 的大小。

绘制 $\boldsymbol{F}_B$ 的影响线时，利用平衡方程 $\sum M_A=0$，得

$$F_B\cdot l-1\cdot x=0$$

$$F_B = \frac{x}{l}\ (0 \leqslant x \leqslant l)$$

F_B 的影响线是关于 x 的一次式，也是一条直线，如图 9–3（c）所示。

由上可知反力影响线的特点是跨度之间为一直线，最大纵距在该支座之下，其值为 1；最小纵距在另一支座之下，其值为 0。

（二）内力影响线

简支梁在移动荷载作用下，C 截面内力的影响线。在研究内力影响线时，剪力正负号规定和弯矩正负号规定仍然和以前相同。

如图 9–4（a）所示梁，已求得两支座反力的影响线为

$$F_A = \frac{l-x}{l}$$

$$F_B = \frac{x}{l}$$

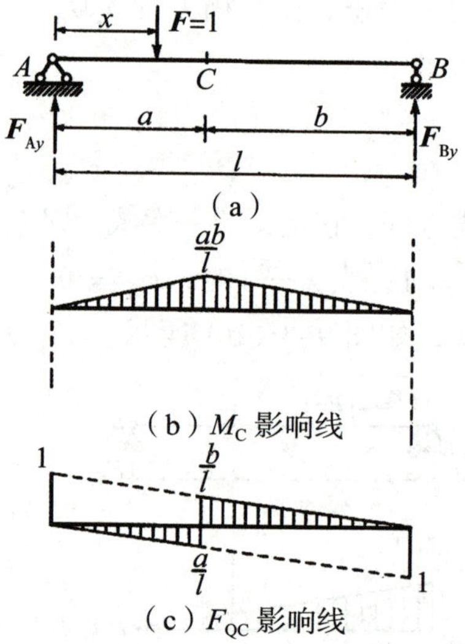

图 9–4　简支梁内力影响线

先讨论 C 截面的弯矩影响线。当单位力 F 在梁上移动时，C 截面弯矩也随之变化，根据截面法可以得知，当 F 在 AC 段上移动时，即当 $0 \leqslant x \leqslant a$ 时

$$M_C = F_{By}b = \frac{bx}{l}$$

当 F 在 CB 段上移动时，即当 $a \leqslant x \leqslant l$ 时

$$M_C = F_{Ay}a = a\frac{l-x}{l}$$

M_C 的影响线在 AC 段和 CB 段上都为斜直线，如图 9–4（b）所示。

C 截面的剪力影响线，当单位力 F 在梁上移动时，C 截面弯矩也随之变化，根据截面法可以得知，当 F 在 AC 段上移动时，即当 $0 \leqslant x \leqslant a$ 时

$$F_{QC}=-F_{By}=-\frac{x}{l}$$

当 F 在 CB 段上移动时，即当 $a\leqslant x\leqslant l$ 时

$$F_{QC}=F_{Ay}=\frac{l-x}{l}$$

F_{QC} 的影响线在 AC 段和 CB 段上都为斜直线，如图 9–4（c）所示。

二、外伸梁的影响线

【例 9–1】作如图 9–5（a）所示外伸梁支座反力的影响线。

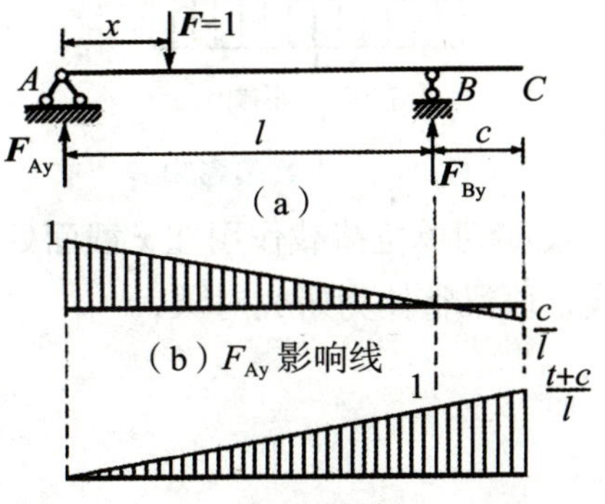

图 9–5　外伸梁支座反力的影响线

解：设 A 点为坐标原点。讨论 A 支座反力的影响线，且注意到单位力 F 在 AB 段移动时对 B 点之矩的转向与其在 BD 段移动时对 B 点之矩的转向是不同的，因此应分段讨论。

当 $0\leqslant X\leqslant l$ 时，由 $\sum M_B=0$，得

$$F_{Ay}=\frac{l-x}{l}$$

当 $l\leqslant X\leqslant l+C$ 时，由 $\sum M_B=0$，整理后得

$$F_{Ay}=\frac{l-x}{l}$$

显然，两段影响线是同一条直线，作图如图 9–5（b）所示。

讨论：B 支座反力的影响线。由 $\sum M_A=0$，整理后得

$$F_{By}=\frac{x}{l+c}$$

B 支座的反力影响线如图 9–5（c）所示。

三、悬臂梁影响线

【例 9–2】作如图 9–6（a）所示悬臂梁竖向支反力及根部截面的弯矩、剪力的影响线。

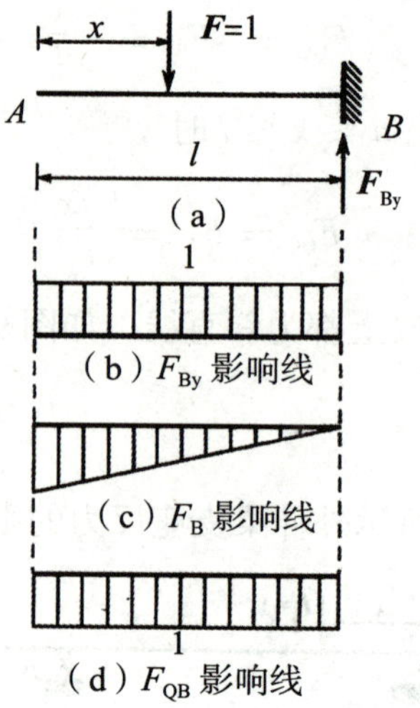

图 9-6　悬臂梁影响线

解：以 A 点为坐标原点，设移动单位荷载作用在 x 截面处。

讨论竖向支反力的影响线，取梁整体为研究对象，

由 $\sum Y=0$，得

$F_{By}=1$

作 F_{By} 的影响线如图 9-6（b）所示。

讨论 B 截面的弯矩影响线，在 B 截面处截开，由 $\sum M=0$，得

$M_B=l-x$

作 M_B 的影响线如图 9-6（c）所示。

讨论 B 截面的剪力影响线，在 B 截面处截开，由 $\sum Y=0$，得

$F_{QB}=-1$

作 F_{QB} 的影响线如图 9-6（d）所示。

任务三　机动法作影响线

任务描述

与静力法不同，机动法通过假设结构发生微小的虚位移，利用虚功原理来推导影响线。这种方法特别适用于绘制复杂超静定结构的影响线，因为可以避免直接求解大量的静力平衡方程。

任务分析

利用虚位移原理作影响线的方法称为机动法。由于在结构设计中往往只需要知道影响线的轮廓，而机动法能不经计算就可迅速绘出影响线的轮廓，这对设计工作很有帮助。另外，也可对静力法绘制的影响线进行校核。

任务重点与实施

一、机动法作影响线

下面以如图 9–7（a）所示外伸梁为例，用机动法讨论 B 支座的竖向反力影响线。

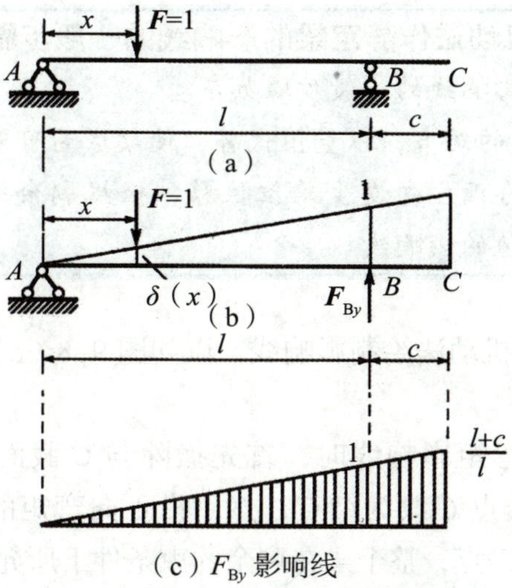

图 9–7　机动法作外伸梁支座反力影响线

如果把支座 B 去掉，以反力 F_{By} 代替，原结构就变成一个几何可变体系，在剩余的约束条件下，允许产生刚体运动。现令 B 点沿 F_{By} 正方向（设向上为正）发生微小的单位虚位移，如图 9–7（b）所示。B 点发生的虚位移为单位值，支反力 F_{By} 与虚位移同向，故在单位虚位移上作正虚功，即

$$W_1 = F_{By} \cdot 1$$

移动荷载 F 作用点也将发生竖向虚位移，其值为 $\delta(x)$，F 与 $\delta(x)$ 反向，F 在 $\delta(x)$ 上做负虚功。

即

$$W_2 = -F \cdot \delta(x)$$

根据虚功原理，各力在虚位移上做的总虚功应该为零，即

$$W = W_1 + W_2 = 0$$

即

$$F_{By} \cdot 1 - F \cdot \delta(x) = 0$$

注意到 $F=1$，则有

$$F_{By}=\delta(x)$$

此式表明，梁产生单位虚位移时的图形如图 9–7（c）所示反映出了反力 F_{By} 的变化规律，因此，反力 F_{By} 的影响线完全可以由梁的虚位移图来替代，即“梁剩余约束所允许的刚体位移图即是相应量值的影响线”。

由以上分析可知，机动法绘制量值 Z 的影响线，只要去掉与欲求量值相对应的约束，使得到的可变体系沿量值 Z 的正向发生单位虚位移，由此得到的刚体虚位移图即为量值 Z 的影响线。

知识拓展

机动法作静定梁的影响线的一般步骤

用机动法作静定梁的影响线的一般步骤如下。

（1）去掉与量值对应的约束，以量值代替，使梁成为可变体系。

（2）使体系沿量值的正方向发生单位位移，根据剩余约束条件作出梁的刚体位移图，此图像即为欲求量值的影响线。

为了进一步说明怎样用机动法绘制影响线，以如图 9–8（a）所示简支梁为例，作 C 截面弯矩、剪力的影响线。

用机动法绘制 C 截面弯矩影响线时，首先撤除与 C 截面弯矩相对应的转动约束，以正向弯矩替代，即将刚结点 C 改为结点，然后沿正向弯矩的转向给出单位相对角位移 γ（$\gamma=1$），梁 C 点位移到 C' 点，整个梁在剩余约束条件下所允许的刚体位移如图 9–8（b）所示。作线段 BC' 的延长线交线段 AA'，由于线段 AC 与 $A'C'$ 的夹角 γ 是一个单位微量，由微分学原理可得线段 AA' 的高度为 a，从而由相似三角形边长的比例关系可得 CC' 的高度为$\frac{ab}{l}$，根据梁的刚体位移绘出 C 截面弯矩的影响线，如图 9–8（c）所示。

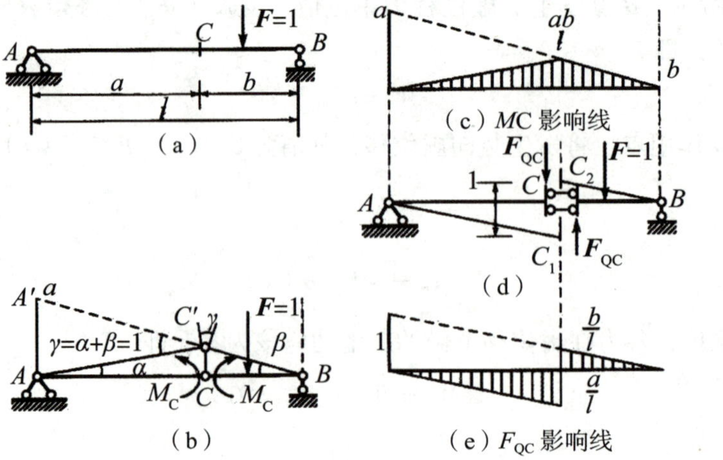

图 9–8　机动法作简支梁

机动法绘制 C 截面剪力的影响线时，去掉与剪力相对应的约束，把刚节点 C 变成双滑动约束，用一对正向剪力代替，使 C 截面沿剪力的正向发生单位相对线位移，整个梁在剩余约束条件下所允许的刚体位移如图 9–8（d）所示。由于 C 点是双滑动约束，C 点两侧截面始终平行，且截面与梁轴线始终垂直，所以 C 点左右两侧的梁段轴线是平行的。从而根据相似三角形边长的比例关系可得 CC_1 的高度为 $\frac{a}{l}$，CC_2 的高度为 $\frac{b}{l}$，根据梁的刚体位移绘出 C 截面剪力的影响线，如图 9–8（e）所示。

这里所讨论的 C 截面内力影响线具有一般性，即对于两支座之间的任意截面，其弯矩、剪力影响线均可照此套用，包括外伸梁也是如此，对于梁外伸段的影响线，只需随着梁轴线延伸即可。

【例 9–3】作如图 9–9（a）所示多跨静定梁 C 支座反力 F_{Cy} 和 K 截面内力 M_K、F_{QK} 的影响线。

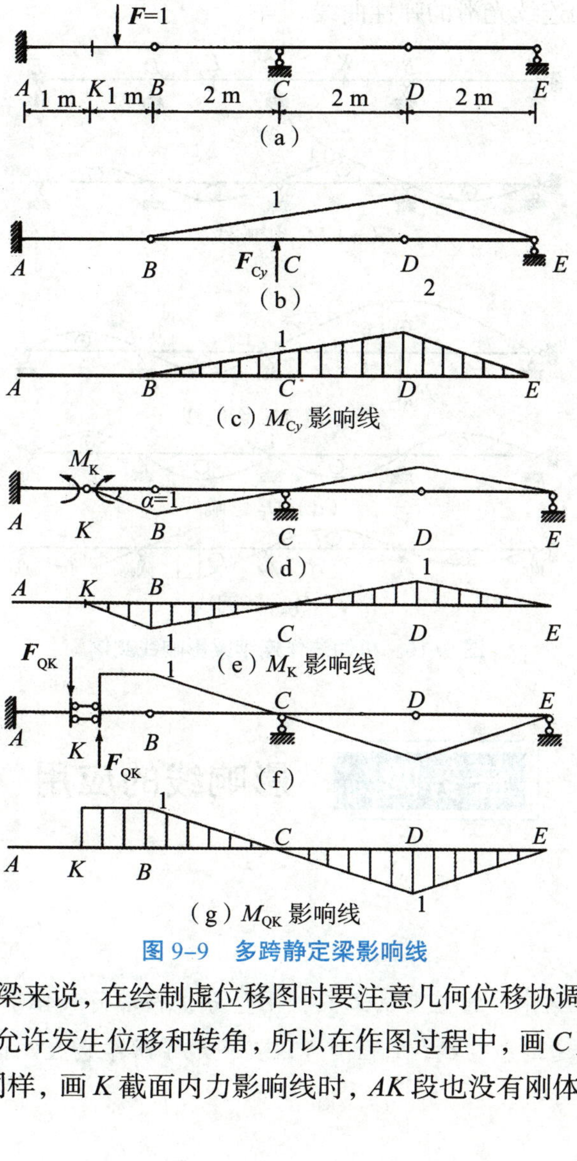

图 9–9　多跨静定梁影响线

解：对于多跨静定梁来说，在绘制虚位移图时要注意几何位移协调，满足剩余约束条件。由于 A 为固定支座，不允许发生位移和转角，所以在作图过程中，画 C 支座反力的影响线时，AB 段没有刚体位移，同样，画 K 截面内力影响线时，AK 段也没有刚体位移，注意到这一点，再根据约束条件，可得出欲求量值的影响线，如图 9–9（c）、图 9–9（e）、图 9–9（g）所示。

二、用机动法作连续梁的影响线

对于连续梁来说，机动法作影响线的步骤仍然和静定梁一样，但是由于结构在去掉量值所对应的约束后，结构整体或者部分仍可保持为几何不变，要使结构发生虚位移，梁的位移就不再是刚体运动，位移图也不再是直线，而是约束所允许的光滑连续的弹性变形曲线，这是连续梁影响线的特征，在绘制影响线图的时要注意这个特点。正因为连续梁的影响线为弹性变形曲线，所以其影响线的特征值难以直接利用机动法来加以确定。对于连续梁来说，常见荷载为均布荷载，很多情况下只需要根据影响线的轮廓来帮助确定最不利荷载位置，所以连续梁的影响线一般都是用机动法来分析，绘出图像轮廓线即可。

图 9–10 为连续梁 K_1 截面弯矩、B 支座反力、C 截面弯矩、K_2 截面剪力的影响线，从中可以看出影响线均为连续光滑的弹性曲线。

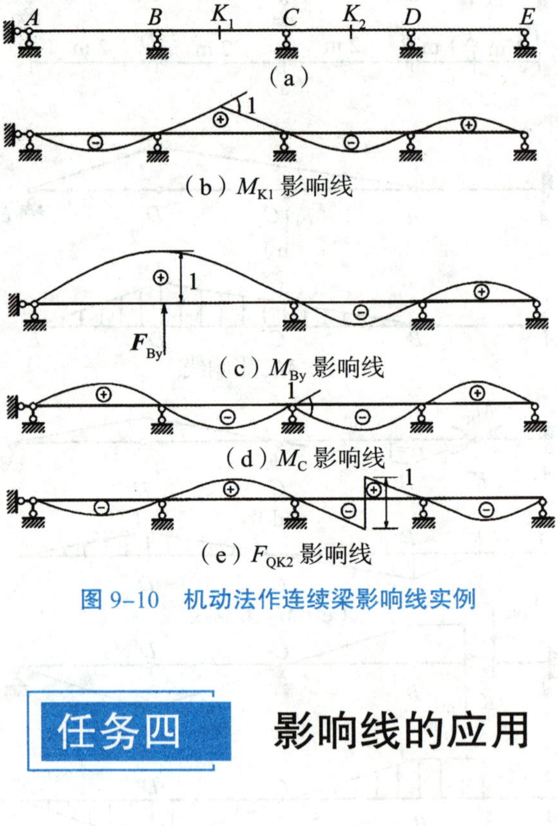

图 9–10　机动法作连续梁影响线实例

任务四　影响线的应用

任务描述

影响线是结构力学中非常重要的工具，用于分析移动荷载作用下结构的内力、反力及位移的变化情况。通过影响线，工程师可以直观地了解结构在不同荷载位置下的反应，从而进行结构设计和安全性评估。

任务分析

影响线是处理移动荷载效应的工具，在此只研究利用影响线求支反力和内力值，确定荷载的最不利位置及最不利荷载等。为叙述方便，在工程中把反力、内力、位移等量，称为量值。

任务重点与实施

一、求各种荷载作用下的影响量

作影响线时用的是单位荷载，根据叠加原理，可利用影响线，求固定荷载作用下的支反力和内力值。

设有一组集中荷载 F_{P1}、F_{P2}、F_{P3} 加于简支梁，位置已知如图 9–11（a）所示。如 F_{SC} 的影响线在各荷载作用点的竖距为 y_1、y_2、y_3，则由 F_{P1} 产生的 F_{SC} 等于 $F_{P1}\cdot y_1$；F_{P2} 产生的 F_{SC} 等于 $F_{P2}\cdot y_2$，F_{P3} 产生的 F_{SC} 等于 $F_{P3}\cdot y_3$。根据叠加原理，可知，在这组荷载作用下 F_{SC} 的数值为

$$F_{SC}=F_{P1}\cdot y_1+F_{P2}\cdot y_2+F_{P3}\cdot y_3$$

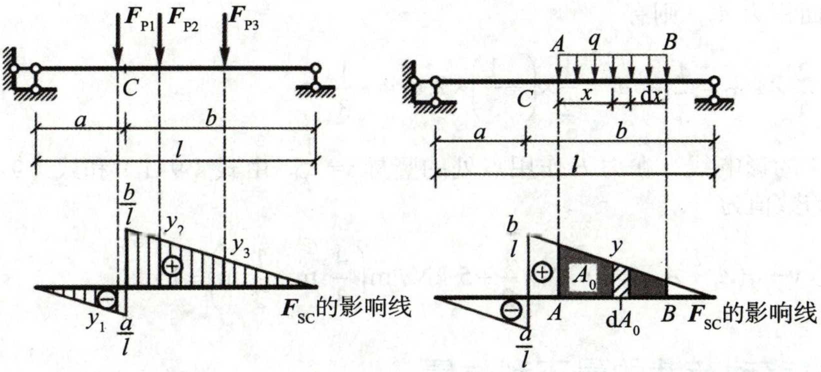

（a）　　　　（b）

图 9–11　各荷载下的影响线

一般说来，设有一组集中荷载 F_{P1}，$F_{P2}\cdots$，F_{Pn} 加于结构，而结构某量值 Z 的影响线在各荷载作用处的竖距为 y_1，y_2，$\cdots$，y_n，则

$$Z=F_{P1}\cdot y_1+F_{P2}\cdot y_2+\cdots+F_{Pn}\cdot y_n=\sum F_{Pi}y_i \tag{9-1}$$

如果结构在 AB 段承均布荷载 q（图 10–5（b））作用，则微段 dx 上的荷载 qdx 可看作集中荷载，它所引起的 Z 值为 $y\cdot qdx$。因此，在 AB 段均布荷载作用下的 Z 值为

$$Z=\int_A^B yq\mathrm{d}x=q\int_A^B y\mathrm{d}x=qA_0 \tag{9-2}$$

这里，A_0 表示影响线图形在受载段 AB 上的面积。上式表示，均布荷载引起的 Z 值等于荷载集度乘以受载段的影响线面积。应用此式时，要注意面积 A_0 的正负号。

若梁上既有集中荷载又有均布荷载时，其 Z 值的计算公式为

$$Z=\sum F_{Pi}y_i+\sum q_iA_i \tag{9-3}$$

【例 9–4】利用影响线求图 9–12（a）所示简支梁，在图示荷载作用下截面 C 上剪力 F_{SC} 的数值。

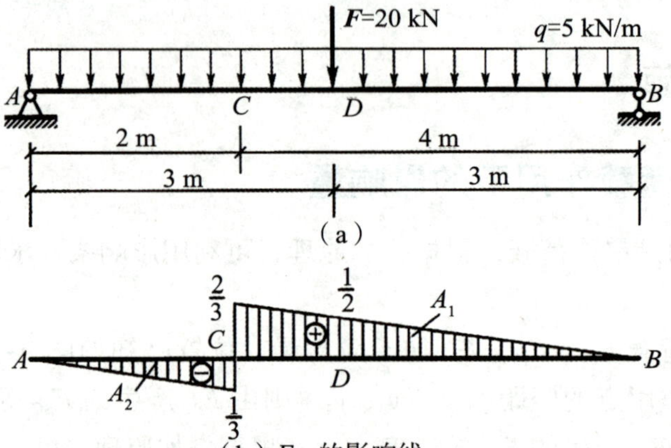

（b）F_{SC} 的影响线

图 9–12　简支梁

解：绘出剪力 F_{SC} 的影响线，如图 9–12（b）所示。设影响线正号部分的面积为 A_1，负号部分的面积为 A_2，则有

$$A_1=\frac{1}{2}\times\frac{2}{3}\times 4\ \text{m}=\frac{4}{3}\text{m}\quad A_2=\frac{1}{2}\times\left(-\frac{1}{3}\right)\times 2\ \text{m}=-\frac{1}{3}\ \text{m}$$

剪力 F_{SC} 的影响线，在力 F 作用点处的竖标 $y=\frac{1}{2}$。由式（9–1）和式（9–2），截面 C 上剪力 F_{SC} 的数值为

$$F_{SC}=F\cdot y+q(A_1+A_2)=20\ \text{kN}\times\frac{1}{2}+5\ \text{kN/m}\left(\frac{4}{3}\ \text{m}-\frac{1}{3}\ \text{m}\right)=15\ \text{kN}$$

二、求移动荷载的最不利位置

（一）简单情况确定最不利位置的原则

如果荷载移动到某个位置，使某量 Z 达到最大值，则此荷载位置，称为最不利荷载位置。影响线的一个重要作用，就是用来确定移动荷载的最不利位置。

对于以下简单情况，只需对影响线和荷载特性加以分析和判断，就可定出荷载的最不利位置。其判断的原则如下。

（1）应当把数量大、排列最密的荷载放在影响线竖距较大的部位。

（2）如果移动荷载是单个集中荷载，则最不利位置就是这个集中荷载作用在影响线的竖距最大处。

（3）如果移动荷载是一组集中荷载，则在最不利位置时，必有一个集中荷载作用在影响线的顶点上，如图 9-13 所示。

（4）如果移动荷载是均布荷载，而且可以按任意方式分布，则其最不利位置，是在影响线正号部分布满荷载（求最大正号值），或者在负号部分布满荷载（求最大负号值），如图 9-14 所示。

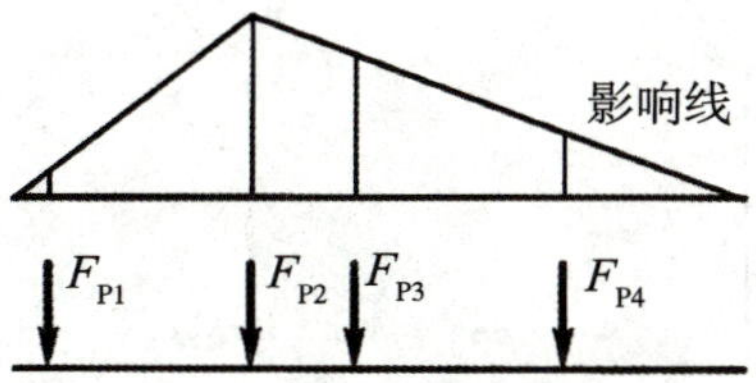

图 9-13 最不利位置（一）

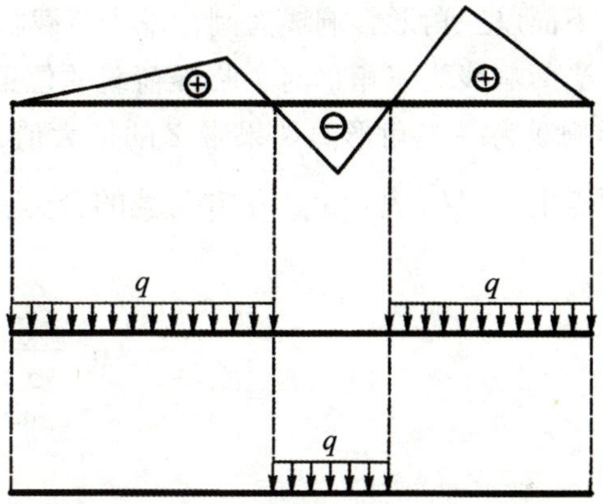

图 9-14 最不利位置（二）

【例 9-5】图 9-15（a）为两台吊车的轮压和轮距，试求吊车梁 *AB* 在截面 *C* 的最大正剪力。

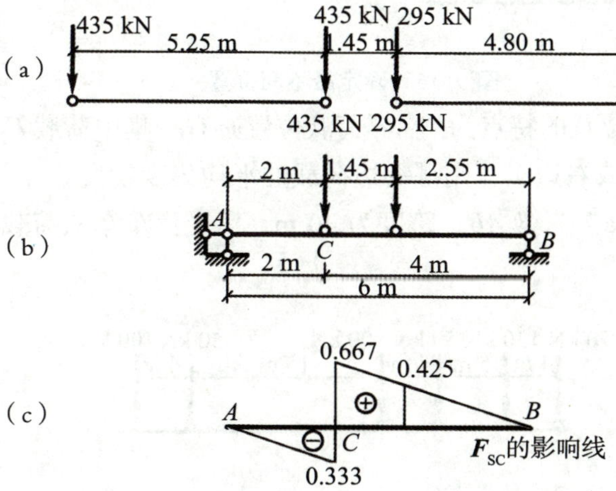

图 9-15 吊车轮压和轮距

解：先作出 F_{SC} 的影响线，并标出荷载对应的系数（图 9-15（c））。

要使 F_{SC} 为最大正号剪力，首先，荷载应放在 F_{SC} 影响线的正号部分。其次，应将排列较密的荷载（中间两个轮压）放在影响系数较大的部位（荷载 435 kN 放在 *C* 点的右侧）。图 9-15（b）为荷载的最不利位置。由此求得

$$F_{SCmax}=F_{p1}y_1+F_{P2}y_2=435\ \text{kN}\times 0.667+295\ \text{kN}\times 0.425=415\ \text{kN}$$

（二）一组集中移动荷载最不利位置的确定

如果移动荷载是一组集中荷载，要确定某量值Z的最不利荷载位置，通常分成两步进行。

第一步，求出使Z达到极值的荷载位置。这种荷载位置称为荷载的临界位置。

第二步，从荷载的临界位置中选出荷载的最不利位置。也就是从Z的极大值中选出最大值，从极小值中选出最小值。

下面以三角形影响线为例，说明荷载临界位置的特点及其判定方法。

当影响线为三角形时，临界荷载的位置可用简便形式表示出来。如图 9–16 所示，设Z的影响线为一三角形。如果求Z的极大值，则在临界位置必有一荷载F_{Pcr}。正好在影响线的顶点上。以F_R^L表示F_{Pcr}左方荷载的合力，F_R^R表示F_{Pcr}右方荷载的合力，其临界位置判别式为

$$\left.\begin{aligned}\frac{F_R^L}{a} \leqslant \frac{F_{Pcr}+F_R^R}{b}\\ \frac{F_R^L+F_{Pcr}}{a} \geqslant \frac{F_R^R}{b}\end{aligned}\right\} \tag{9-4}$$

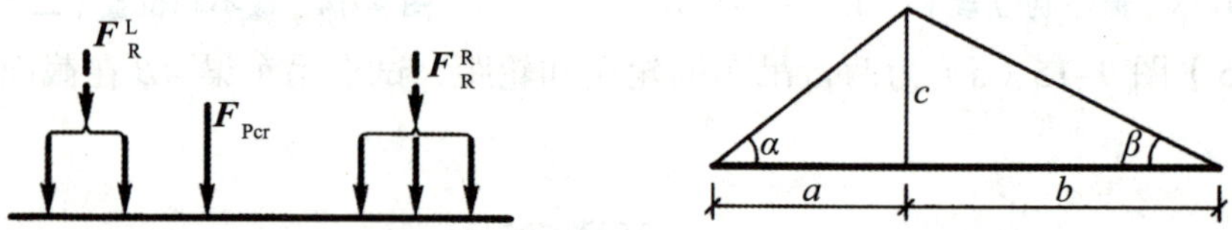

图 9–16　确定最不利位置

式（9–4）表明，临界位置的特点为：临界荷载位置必有一集中荷载F_{Pcr}在影响线的顶点，将F_{Pcr}计入哪一边（左边或右边），则哪一边荷载的平均集度就大。

【例 9–6】图 9–17（a）为梁AB，跨度为 40 m，承受汽车车队荷载。试求截面C的最大弯矩。

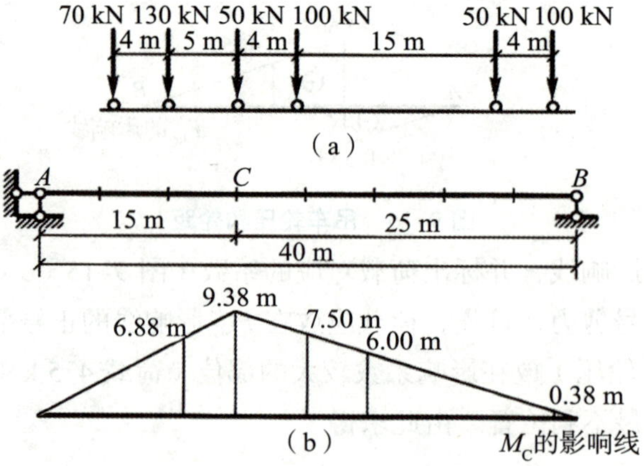

图 9–17　汽车车队荷载梁（一）

解：M_C的影响线如图 9–17（b）所示。

首先，设汽车车队向左行，将载重 130 kN 置于 C 点，用式（9–4）验算

$$\frac{70\ \text{kN}}{15\ \text{m}}<\frac{130\ \text{kN}+200\ \text{kN}}{25\ \text{m}}$$

$$\frac{70\ \text{kN}+130\ \text{kN}}{15\ \text{m}}>\frac{200\ \text{kN}}{25\ \text{m}}$$

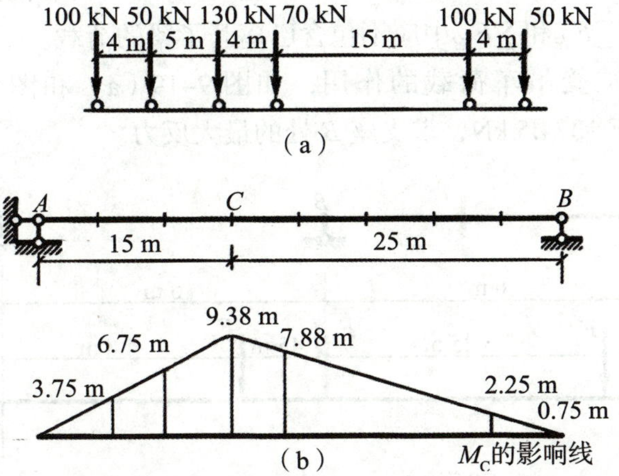

图 9–18　汽车车队荷载梁（二）

由此可知，所试位置是临界位置，相应的 M_C 值为

M_C=70 kN × 6.88 m+130 kN × 9.38 m+50 kN × 7.50 m+100 kN × 6.00 m+50 kN × 0.38 m=2 694 kN · m

其次，假设汽车车队向右行，仍将 130 kN 荷载置于 C 点（图 9–18（a）），用式（9–4）验算

$$\frac{70\ \text{kN}}{15\ \text{m}}<\frac{130\ \text{kN}+200\ \text{kN}}{25\ \text{m}}$$

$$\frac{150\ \text{kN}+130\ \text{kN}}{15\ \text{m}}>\frac{200\ \text{kN}}{25\ \text{m}}$$

此位置亦是临界位置，相应的 M_C 值为

M_C=100 kN × 3.75 m+50 kN × 6.25 m+130 kN × 79.38 m+70 kN × 7.88 m+

10 kN × 2.25 m+50 kN × 0.75 m=2 720 kN · m

比较上述计算，知图 9–18（a）所示荷载位置为最不利位置，即 M_C 的最大值 M_{Cmax}=2 720 kN · m。

临界荷载 F_{cr} 的特点是：将 F_{cr} 计入哪一边，哪一边的荷载平均集度就大。有时临界荷载可能不止一个，须将相应的极值分别算出，进行比较。产生最大极值的那个荷载位置就是最不利荷载位置，该极值即为所求量值的最大值。

现将确定最不利荷载位置的步骤如下。

（1）最不利荷载位置一般是数值较大且排列紧密的荷载，位于影响线最大竖标处的附近，由此判断可能的临界荷载。

（2）将可能的临界荷载置于影响线的顶点。判定此荷载是否满足式（9–4），若满

足，则此荷载为临界荷载 F_{cr}，荷载位置为临界位置；若不满足，则此荷载位置就不是临界位置。

（3）对每个临界位置求出一个极值，然后从各个极值中选出最大值。与此相对应的荷载位置，即为最不利荷载位置。

在此应注意，在荷载向右或向左移动时，可能会有某一荷载离开了梁，在利用临界荷载判别式（9–4）时，$\sum F_{左}$和 $\sum F_{右}$中应不包含已离开了梁的荷载。

【例 9–7】静定梁受吊车荷载的作用，如图 9–19（a）和图 9–19（b）所示。已知 $F_1=F_2=478.5$ kN，$F_3=F_4=324.5$ kN，求支座 B 处的最大反力。

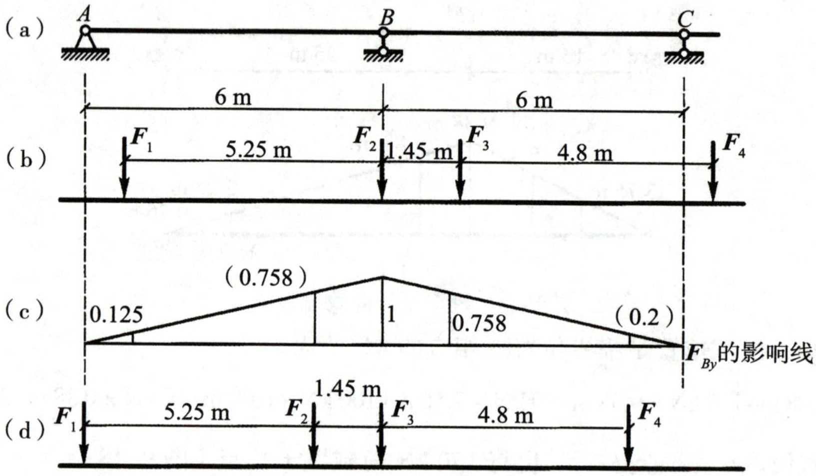

图 9–19　静定梁吊车荷载影响线

解：（1）绘出支座反力 $\boldsymbol{F}_{By}$ 的影响线，判断可能的临界荷载。支座反力 $\boldsymbol{F}_{By}$ 的影响线如图 9–19（c）所示。根据梁上荷载的排列，判断可能的临界荷载是 F_2 或 F_3。现分别按判别式进行验算。

（2）验证 F_2 是否为临界荷载。由图 9–19（b），利用式（9–4），有

$$\frac{478.5+478.5}{6}>\frac{324.5}{6}$$

$$\frac{478.5}{6}<\frac{478.5+324.5}{6}$$

因此，F_2 为一临界荷载。

（3）验证 F_3 是否为临界荷载。由图 9–19（d），利用式（9–4），有

$$\frac{478.5+324.5}{6}>\frac{324.5}{6}$$

$$\frac{478.5}{6}<\frac{324.5+324.5}{6}$$

故 F_3 也是一个临界荷载。

（4）判别荷载最不利位置。分别算出各临界荷载位置时相应的影响线竖标（图 9–19（c）），按式（9–1）计算影响量值，进行比较，确定荷载最不利位置。

当 F_2 为临界荷载时，有

$\boldsymbol{F}_{By}$=478.5 kN ×（0.125+1）+324.5 kN × 0.758=784.3 kN

当 F_3 为临界荷载时，有

$\boldsymbol{F}_{By}$=478.5 kN × 0.758+324.5 kN ×（1+0.2）=752.1 kN

比较二者知，当 F_2 作用于 B 点时为最不利荷载位置，此时 $\boldsymbol{F}_{Bymax}$=784.3 kN。

三、简支梁的内力包络图及其绘制方法

在设计承受移动荷载的结构时，必须求出每一截面上内力的最大值（最大正值和最大负值），连接各截面上内力最大值的曲线，称为内力包络图。内力包络图是结构设计中的重要依据，在吊车梁、楼盖的连续梁和桥梁的设计中都要用到它。下面以简支梁为例，具体说明内力包络图的绘制过程。

（一）简支梁受单个移动集中荷载的作用

如图 9–20（a）所示简支梁，试绘出弯矩包络图。为此，将梁分成若干等份（一般分为 6 ～ 12 等份，现分成 10 等份），根据影响线可以判定，每个截面上弯矩的最不利荷载位置就是荷载作用于该截面处的位置。利用影响线，逐个算出每个截面上的最大弯矩，连成曲线，即为这个简支梁的弯矩包络图（图 9–20（b））。

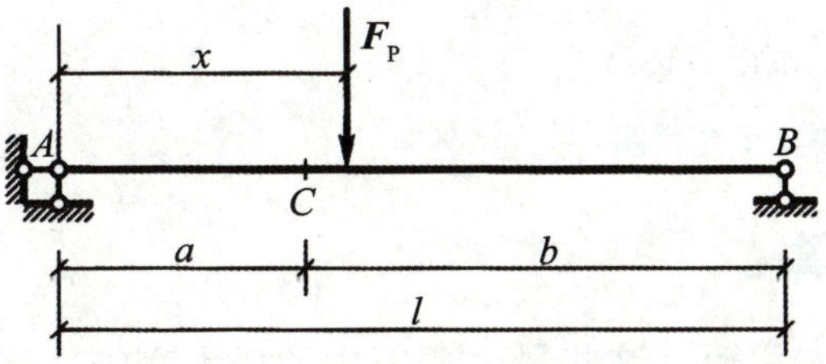

（a）

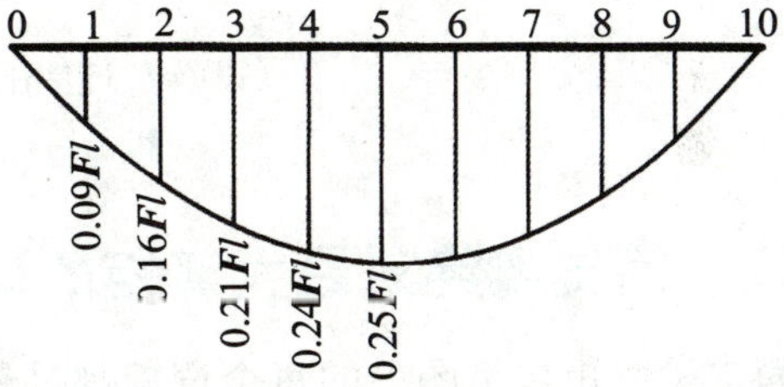

（b）

图 9–20　弯矩包络图

（二）简支梁受一组移动集中荷载作用

如图 9–21（a）、图 9–21（b）所示吊车梁，受两台吊车荷载的作用，试绘制弯矩包络图。同样可将梁分成十等份，依次绘出这些截面上的弯矩影响线及求出相应的最不利荷载位置，利用影响线求出它们的最大弯矩，在梁上用竖标标出并连成曲线，就得到该梁的弯矩包络图，如图 9–21（c）所示。同理，还可绘出该梁的剪力包络图。由于每一截面上都将产生相应的最大剪力和最小剪力，故剪力包络图有两根曲线，如图 9–21（d）所示。由此看出，内力包络图是针对某种移动荷载而言的，对于不同的移动荷载，对应着不同的内力包络图。

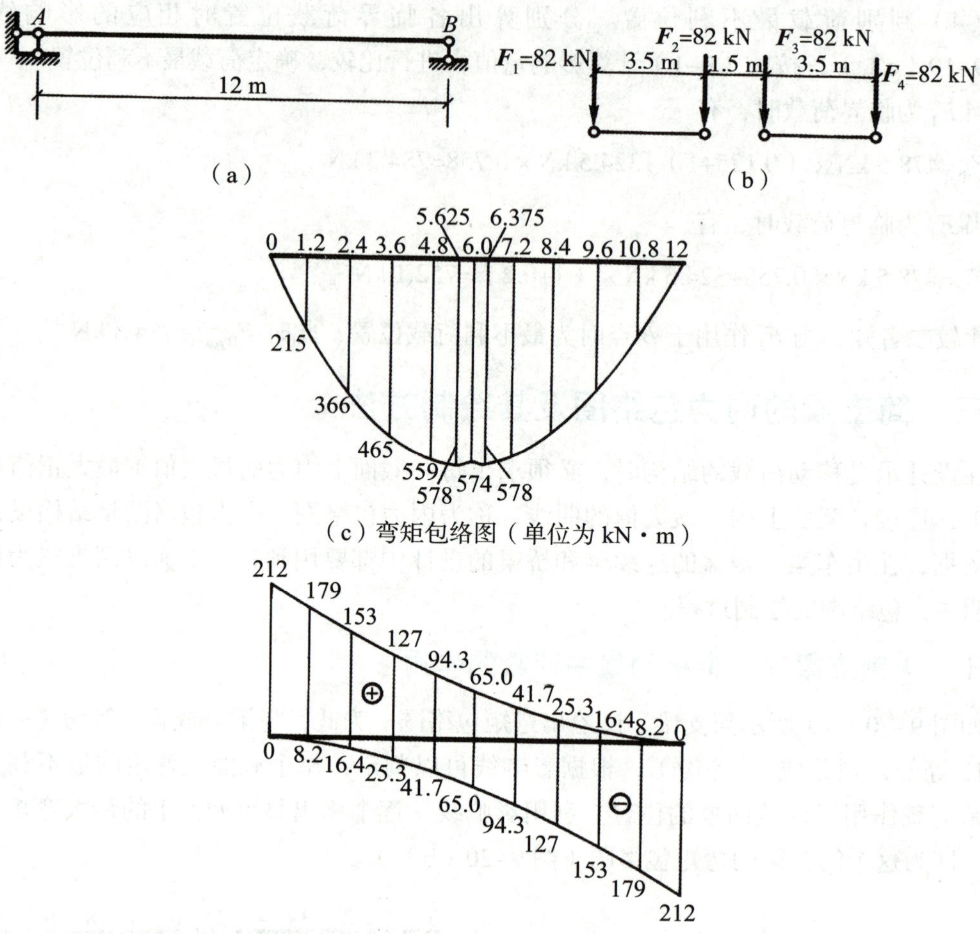

（a）　　（b）

（c）弯矩包络图（单位为 kN·m）

（d）剪刀包络图（单位为 kN）

图 9–21　简支梁包络图

四、简支梁绝对最大弯矩的计算

简支梁弯矩包络图上的每个弯矩都是最大弯矩，这些最大弯矩中的最大弯矩，称为简支梁的绝对最大弯矩。那么怎样求呢？

如图 9–22 所示简支梁，跨度为 l，梁上作用有一系列竖向集中力 F_1，F_2，…，F_n，其合力 F_R 为，位置在图 9–22 中 D 点。设简支梁的绝对最大弯矩为 M_{max}，绝对最大弯矩必定发生在某一集中力下面，设作用在图中 C 点处。设 F_k 与 F_R 之间的距离为 a，a 正负，F_k 位于 F_R 的左边时，a 取正值；F_k 位于 F_R 的右边时，a 取负值。可以证明，当 F_k 与 F_R 在简支梁上关于简支梁中点对称布置时，在 F_k 下面发生绝对最大弯矩，其计算公式为

$$M_{max}=\frac{F_P}{l}\left(\frac{l}{2}-\frac{a}{2}\right)^2-M_i$$

或

$$M_{max}=\frac{F_R(l-a)^2}{4l}-M_i \qquad (9\text{-}5)$$

式中 M_i——F_k 以左的力对 F_k 作用点的力矩代数和。

【例 9-8】如图 9-23（a）所示吊车在简支梁上移动，试求梁的绝对最大弯矩，并与跨中最大弯矩相比较。

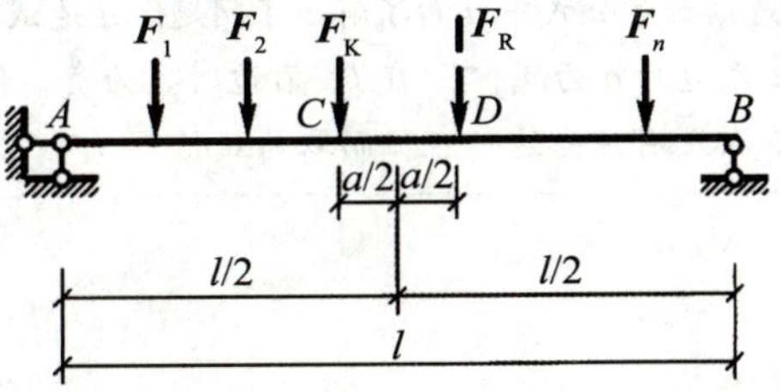

图 9-22 绝对最大弯矩

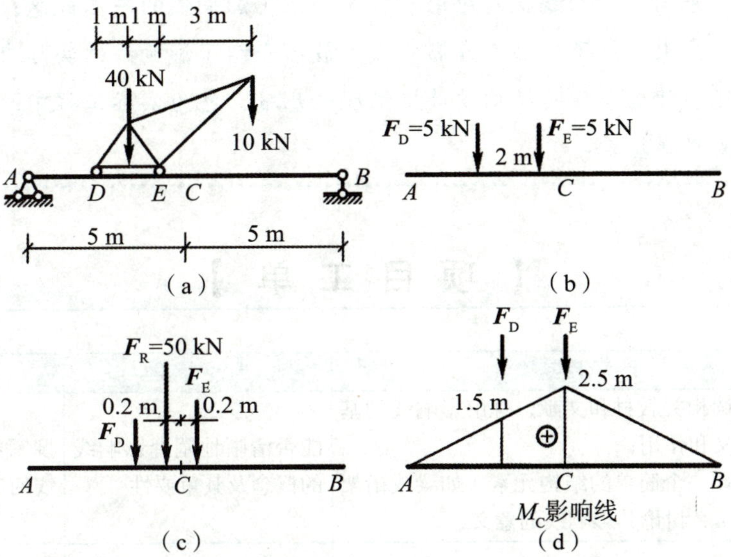

图 9-23 吊车在简支梁上移动

解：（1）求绝对影弯矩。梁实际受到间距不变的轮压 F_D=5 kN，F_E=45 kN 作用（图 9-23（b））。由于只有两个荷载，故绝对最大弯矩必发生在 F_E=45 kN 作用的截面上。将荷载如图 9-23（c）所示布置，即将合力 F_R=50 kN 与 F_E=45 kN 对称布置在跨中截面 C 的两侧。计算 a。以 F_R 为矩心，得 5（2–a）=45（a），解得 a=0.2。F_k 在 F_R 右边，a 取负值。绝对最大弯矩为

$$M_{max}=\frac{F_R}{l}\left(\frac{l}{2}-\frac{a}{2}\right)^2-M_i=\frac{50}{10}\left(\frac{10}{2}-\frac{-0.2}{2}\right)^2 2\text{ kN}\cdot\text{m}-5\text{ kN}\times 2\text{ m}=130.05\text{ kN}\cdot\text{m}$$

（2）求跨中最大弯矩。图 9-23（d）为梁中点的 MC 影响线，将 F_E=45 kN 作用于 M_C 影响线的顶点，则跨中截面最大弯矩为

M_{Cmax}=（45×2.5+5×1.5）kN·m=120 kN·m

（3）二者比较。$\frac{120.05-120}{120}=\frac{0.05}{120}=0.04\%$，即绝对最大弯矩比梁中点弯矩大 0.04%。

提示

计算简支梁绝对最大弯矩的计算公式为$M_{max}=\frac{F_R}{l}\left(\frac{l}{2}-\frac{a}{2}\right)^2-M_l$，在教学中常见读者应用这个公式做式做习题时经常出错。究其原因，是读者对公式中 a 的了解出了问题。a 是试算力 F_k 与梁上实有力合力 F_R 间的距离，a 分正负，F_k 在 F_R 左边时 a 为正，F_k 在 F_R 右边时 a 为负。例（9–8）中 a=0.2，F_k 在 F_R 在 F_R 右边，应取负值，而不少人没有注意这一点，而取为正值。

项目小结

本项目主要介绍了影响线及其应用。首先介绍了影响线的基本概念；其次介绍了静力法作影响线；再次介绍了机动法作影响线；最后介绍了影响线的实际应用。通过本项目的学习，既能为读者今后的结构设计提供理论基础，也为实际工程中的荷载分析与评估奠定了坚实的实践基础。

【项 目 工 单】

项目名称	项目实施	评估标准	报告要求
影响线的概念	1. 阅读相关教材和文献，理解影响线的基本定义和作用； 2. 选择一个简单的结构元素（如梁或桁架杆件），讨论其影响线的意义	能否清晰地阐释影响线的概念及其重要性	撰写报告，解释影响线的定义和应用示例
静力法作影响线	1. 选择一个简单结构（如简支梁或悬臂梁），应用静力法绘制其特定点的影响线。 2. 讨论影响线的形状和特征	静力法应用的正确性和影响线绘制的准确性	提交静力法绘制影响线的过程及结果，说明影响线的形态和重要特征
机动法作影响线	1. 选择一个复杂的静定或超静定结构（如组串结构或连续梁），应用机动法绘制影响线； 2. 分析机动法的优缺点及其适用情况	机动法应用的正确性和影响线绘制的准确性	提交机动法绘制影响线的过程及结果，讨论适用性和局限性
影响线的应用	1. 选择一个工程实例（如桥梁设计或结构支撑），利用影响线确定最不利荷载位置。 2. 使用影响线评估不同设计条件下结构的反应力	影响线应用的实际性和问题解决的合理性	提交应用影响线的实例分析报告，展示影响线在实际工程中的应用价值
请在项目结束前完成最终报告的撰写和提交。 若遇到问题或需要支持，请及时联系任务负责人或相关专家。 任务负责人签字：______ 任务审阅人签字：______ 日期：______			

【课后练习】

一、思考题

1．简述影响线的概念及作用。

2．用机动法作静定梁的影响线有哪些步骤？

3．简单情况确定最不利位置的原则有哪些？

二、实训题

内力的影响线与内力图有什么区别呢？内力的影响线与内力图虽然都表示内力的变化规律，而且它们在形状上也有些相似之处，但两者在概念上却有本质的区别。现以图 9-24 所示弯矩的影响线与弯矩图为例，说明两者的区别。

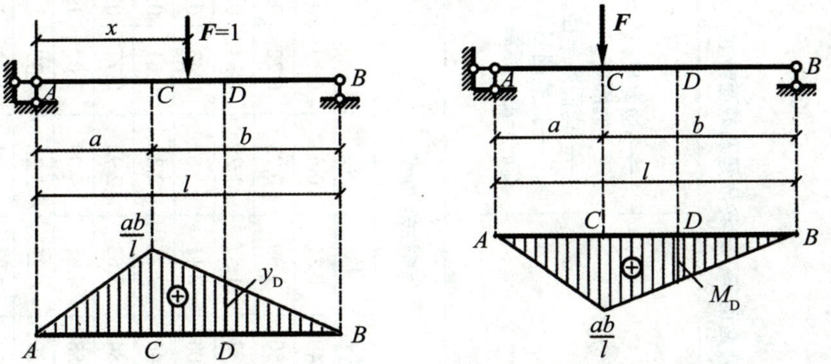

（a）M_C 影响线　　（b）M 图

图 9-24　弯矩影响线与弯矩图

附录　型钢规格表（GB/T 706—2016）

表 1　等边角钢截面尺寸、截面面积、理论质量及截面特性

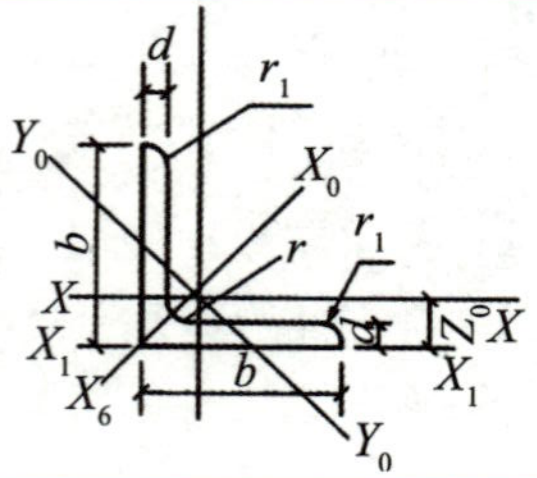

b——边宽度；
d——边厚度；
r——内圆弧半径；
r_1——边端圆弧半径；
Z_0——重心距离

型号	截面尺寸 /mm			截面面积 /cm^2	理论质量 /（$kg\cdot m^{-1}$）	外表面积 /（m^2/m）	惯性矩 /cm^4				惯性半径 /cm			截面模数 /cm^3			重心距离 /cm
	b	d	r				I_x	I_{x1}	I_{x0}	I_{y0}	i_x	i_{x0}	i_{y0}	W_x	W_{x0}	W_{y0}	Z_0
2	20	3	3.5	1.132	0.889	0.078	0.40	0.81	0.63	0.17	0.59	0.75	0.39	0.29	0.45	0.20	0.60
		4		1.459	1.145	0.077	0.50	1.09	0.78	0.22	0.58	0.73	0.38	0.36	0.55	0.24	0.64
2.5	25	3		1.432	1.124	0.098	0.82	1.57	1.29	0.34	0.76	0.95	0.49	0.46	0.73	0.33	0.73
		4		1.859	1.459	0.097	1.03	2.11	1.62	0.43	0.74	0.93	0.48	0.59	0.92	0.40	0.76
3.0	30	3	4.5	1.749	1.373	0.117	1.46	2.71	2.31	0.61	0.91	1.15	0.59	0.68	1.09	0.51	0.85
		4		2.276	1.786	0.117	1.84	3.63	2.92	0.77	0.90	1.13	0.58	0.87	1.37	0.62	0.89
3.6	36	3		2.109	1.656	0.141	2.58	4.68	4.09	1.07	1.11	1.39	0.71	0.99	1.61	0.76	1.00
		4		2.756	2.163	0.141	3.29	6.25	5.22	1.37	1.09	1.38	0.70	1.28	2.05	0.93	1.04
		5		3.382	2.654	0.141	3.95	7.84	6.24	1.65	1.08	1.36	0.70	1.56	2.45	1.00	1.07

续表（1）

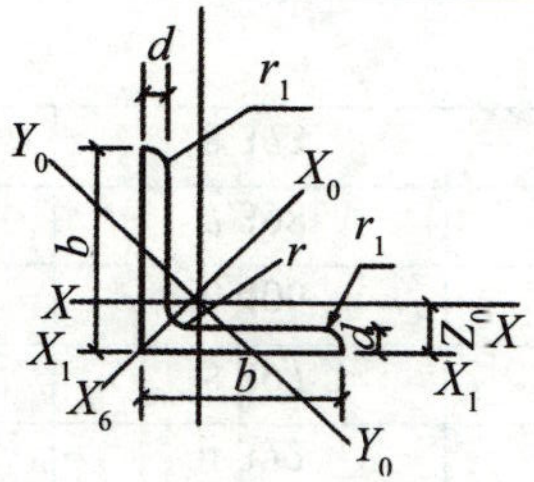

b——边宽度；
d——边厚度；
r——内圆弧半径；
r_1——边端圆弧半径；
Z_0——重心距离

型号	截面尺寸 / mm			截面面积 /cm²	理论质量 / (kg · m⁻¹)	外表面积 / (m²/m)	惯性矩 /cm⁴				惯性半径 /cm			截面模数 /cm³			重心距离 /cm
	b	d	r				I_x	I_{x1}	I_{x0}	I_{y0}	i_x	i_{x0}	i_{y0}	W_x	W_{x0}	W_{y0}	Z_0
4	40	3	5	2.359	1.852	0.157	3.59	6.41	5.69	1.49	1.23	1.55	0.79	1.23	2.01	0.96	1.09
		4		3.086	2.422	0.157	4.60	8.56	7.29	1.91	1.22	1.54	0.79	1.60	2.58	1.19	1.13
		5		3.791	2.976	0.156	5.53	10.74	8.76	2.30	1.21	1.52	0.78	1.96	3.10	1.39	1.17
4.5	45	3		2.659	2.088	0.177	5.17	9.12	8.20	2.14	1.40	1.76	0.89	1.58	2.58	1.24	1.22
		4		3.486	2.736	0.177	6.65	12.18	10.56	2.75	1.38	1.74	0.89	2.05	3.32	1.54	1.26
		5		4.292	3.369	0.176	8.04	15.2	12.74	3.33	1.37	1.72	0.88	2.51	4.00	1.81	1.30
		6		5.076	3.985	0.176	9.33	18.36	14.76	3.89	1.36	1.70	0.8	2.95	4.64	2.06	1.33
5	50	3	5.5	2.971	2.332	0.197	7.18	12.5	11.37	2.98	1.55	1.96	1.00	1.96	3.22	1.57	1.34
		4		3.897	3.059	0.197	9.26	16.69	14.70	3.82	1.54	1.94	0.99	2.56	4.16	1.96	1.38
		5		4.803	3.770	0.196	11.21	20.90	17.79	4.64	1.53	1.92	0.98	3.13	5.03	2.31	1.42
		6		5.688	4.465	0.196	13.05	25.14	20.68	5.42	1.52	1.91	0.98	3.68	5.85	2.63	1.46
5.6	56	3	6	3.343	2.624	0.221	10.19	17.56	16.14	4.24	1.75	2.20	1.13	2.48	4.08	2.02	1.48
		4		4.390	3.446	0.220	13.18	23.43	20.92	5.46	1.73	2.18	1.11	3.24	5.28	2.52	1.53
		5		5.415	4.251	0.220	16.02	29.33	25.42	6.61	1.72	2.17	1.10	3.97	6.42	2.98	1.57
		6		6.420	5.040	0.220	18.69	35.26	29.66	7.73	1.71	2.15	1.10	4.68	7.49	3.40	1.61
		7		7.404	5.812	0.219	21.23	41.23	33.63	8.82	1.69	2.13	1.09	5.36	8.49	3.80	1.64
		8		8.367	6.568	0.219	23.63	47.24	37.37	9.89	1.68	2.11	1.09	6.03	9.44	4.16	1.68

续表（2）

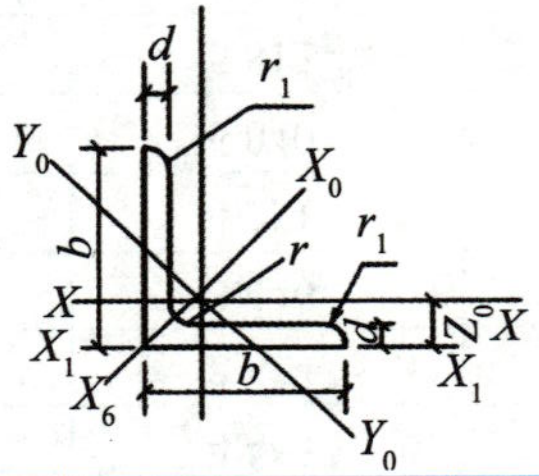

b——边宽度；
d——边厚度；
r——内圆弧半径；
r_1——边端圆弧半径；
Z_0——重心距离

型号	截面尺寸 / mm			截面面积 /cm²	理论质量 / (kg · m⁻¹)	外表面积 / (m²/m)	惯性矩 /cm⁴				惯性半径 /cm			截面模数 /cm³			重心距离 /cm
	b	d	r				I_x	I_{x1}	I_{x0}	I_{y0}	i_x	i_{x0}	i_{y0}	W_x	W_{x0}	W_{y0}	Z_0
6	60	5	6.5	5.829	4.576	0.236	19.89	36.05	31.57	8.21	1.85	2.33	1.19	4.59	7.44	3.48	1.67
		6		6.914	5.427	0.235	23.25	43.33	36.89	9.60	1.83	2.31	1.18	5.41	8.70	3.98	1.70
		7		7.977	6.262	0.235	26.44	50.65	41.92	10.96	1.82	2.29	1.17	6.21	9.88	4.45	1.74
		8		9.020	7.081	0.235	29.47	58.02	46.66	12.28	1.81	2.27	1.17	6.98	11.00	4.88	1.78
6.3	63	4	7	4.978	3.907	0.248	19.03	33.35	30.17	7.89	I. 96	2.46	1.26	4.13	6.78	3.29	1.70
		5		6.143	4.822	0.248	23.17	41.73	36.77	9.57	1.94	2.45	1.25	5.08	8.25	3.90	1.74
		6		7.288	5.721	0.247	27.12	50.14	43.03	11.20	1.93	2.43	1.24	6.00	9.66	4.46	1.78
		7		8.412	6.603	0.247	30.87	58.60	48.96	12.79	1.92	2.41	1.23	6.88	10.99	4.98	1 182
		8		9.515	7.469	0.247	34.46	67.11	54.56	14.33	1.90	2.40	1.23	7.75	12.25	5.47	1.85
		10		11.657	9.151	0.246	41.09	84.31	64.85	17.33	1.88	2.36	1.22	9.39	14.56	6.36	1.93
7	70	4	8	5.570	4.372	0.275	26.39	45.74	41.80	10.99	2.18	2.74	1.40	5.14	8.44	4.17	1.85
		5		6.875	5.397	0.275	32.21	57.21	51.08	13.31	2.16	2.73	1.39	6.32	10.32	4.95	1.91
		6		8.160	6.406	0.275	37.77	68.73	59.93	15.61	2.15	2.71	1.38	7.48	12.11	5.67	1.95
		7		9.424	7.398	0.275	43.09	80.29	68.35	17.82	2.14	2.69	1.38	8.59	13.81	6.34	1.99
		8		10.667	8.373	0.274	48.17	91.92	76.37	19.98	2.12	2.68	1.37	9.68	13.43	6.98	2.03

续表（3）

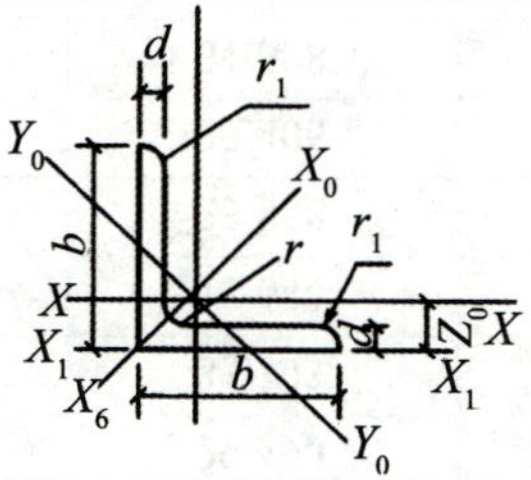

b——边宽度；
d——边厚度；
r——内圆弧半径；
r_1——边端圆弧半径；
Z_0——重心距离

型号	截面尺寸 / mm			截面面积 /cm²	理论质量 / (kg · m⁻¹)	外表面积 / (m²/m)	惯性矩 /cm⁴				惯性半径 /cm			截面模数 /cm³			重心距离 /cm
	b	d	r				I_x	I_{x1}	I_{x0}	I_{y0}	i_x	i_{x0}	i_{y0}	W_x	W_{x0}	W_{y0}	Z_0
7.5	7.5	5	9	7.412	5.818	0.295	39.97	70.56	63.30	16.63	2.33	2.92	1.50	7.32	11.94	5.77	2.04
		6		8.797	6.905	0.294	46.95	84.55	74.38	19.51	2.31	2.90	1.49	8.64	14.02	6.67	2.07
		7		10.160	7.976	0.294	53.57	98.71	84.96	22.18	2.30	2.89	1.48	9.93	16.02	7.44	2.11
		8		11.503	9.030	0.294	59.96	112.97	95.07	24.86	2.28	2.88	1.47	11.20	17.93	8.19	2.15
		9		12.825	10.068	0.294	66.10	127.30	104.71	27.48	2.27	2.86	1.46	12.43	19.75	8.89	2.18
		10		14.126	11.089	0.293	71.98	141.71	113.92	30.05	2.26	2.84	1.46	13.64	21.48	9.56	2.22
8	80	5	9	7.912	6.211	0.315	48.79	85.36	77.33	20.25	2.48	3.13	1.60	8.34	13.67	6.66	2.15
		6		9.397	7.376	0.314	57.35	102.50	90.98	23.72	2.47	3.11	1.59	9.87	16.08	7.65	2.19
		7		10.860	8.525	0.314	65.58	119.70	104.07	27.09	2.46	3.10	1.58	11.37	18.40	8.58	2.23
		8		12.303	9.658	0.314	73.49	136.97	116.60	30.39	2.44	3.08	1.57	12.83	20.61	9.46	2.27
		9		13.725	10.774	0.314	81.11	154.31	128.60	33.61	2.43	3.06	1.56	14.25	22.73	10.29	2.31
		10		15.126	11.874	0.313	88.43	171.74	140.09	36.77	2.42	3.04	1.56	15.64	24.76	11.08	2.35
9	90	6	10	10.637	8.350	0.354	82.77	145.87	131.26	34.28	2.79	3.51	1.80	12.61	20.63	9.95	2.44
		7		12.301	9.656	0.354	94.83	170.30	150.47	39.18	2.78	3.50	1.78	14.54	23.64	11.19	2.48
		8		13.944	10.946	0.353	106.47	194.80	168.97	43.97	2.76	3.48	1.78	16.42	26.55	12.35	2.52
		9		15.566	12.219	0.353	117.72	219.39	186.77	48.66	2.75	3.46	1.77	18.27	29.35	13.46	2.56
		10		17.167	13.476	0.353	128.58	244.07	203.90	53.26	2.74	3.45	1.76	20.07	32.04	14.52	2.59
		12		20.306	15.940	0.352	149.22	293.76	236.21	62.22	2.71	3.41	1.75	23.57	37.12	16.49	2.67

续表（4）

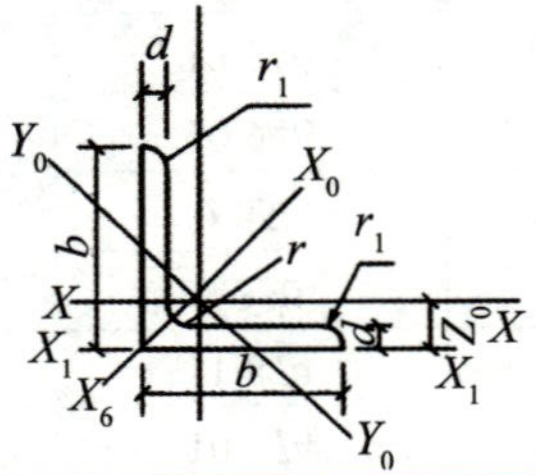

b——边宽度；
d——边厚度；
r——内圆弧半径；
r_1——边端圆弧半径；
Z_0——重心距离

型号	截面尺寸 /mm			截面面积 /cm²	理论质量 /（kg·m⁻¹）	外表面积 /（m²/m）	惯性矩 /cm⁴				惯性半径 /cm			截面模数 /cm³			重心距离 /cm
	b	d	r				I_x	I_{x1}	I_{x0}	I_{y0}	i_x	i_{x0}	i_{y0}	W_x	W_{x0}	W_{y0}	Z_0
10	100	6	12	11.932	9.366	0.393	114.95	200.07	181.98	47.92	3.10	3.90	2.00	15.68	25.74	12.69	2.67
		7		13.796	10.830	0.393	131.86	233.54	208.97	54.74	3.09	3.89	1.99	18.10	29.55	14.26	2.71
		8		15.638	12.276	0.393	148.24	267.09	235.07	61.41	3.08	3.88	1.98	20.47	33.24	15.75	2.76
		9		17.462	13.708	0.392	164.12	300.73	260.30	67.95	3.07	3.86	1.97	22.79	36.81	17.18	2.80
		10		19.261	15.120	0.392	179.51	334.48	284.68	74.35	3.05	3.84	1.96	25.06	40.26	18.54	2.84
		12		22.800	17.898	0.391	208.90	402.34	330.95	86.84	3.03	3.81	1.95	29.48	46.80	21.08	2.91
		14		26.256	20.611	0.391	236.53	470.75	374.06	99.00	3.00	3.77	1.94	33.73	52.90	23.44	2.99
		16		29.627	23.257	0.390	262.53	539.80	414.16	110.89	2.98	3.74	1.94	37.82	58.57	25.63	3.06
14	140	10	14	27.373	21.488	0.551	514.65	915.11	817.27	212.04	4.34	5.46	2.78	50.58	82.56	39.20	3.82
		12		32.512	25.522	0.551	603.68	1 099.28	958.79	248.57	4.31	5.43	2.76	59.80	96.85	45.02	3.90
		14		37.567	29.490	0.550	688.81	1 284.22	1 093.56	284.06	4.28	5.40	2.75	68.75	110.47	50.45	3.98
		16		42.539	33.393	0.549	770.24	1 470.07	1 221.81	318.67	4.26	5.36	2.74	77.46	123.42	55.55	4.06
15	150	8		23.750	18.644	0.592	521.37	899.55	827.49	215.25	4.69	5.90	3.01	47.36	78.02	38.14	3.99
		10		29.373	23.058	0.591	637.50	1 125.09	1 012.79	262.21	4.66	5.87	2.99	58.35	95.49	45.51	4.08
		12		34.912	27.406	0.591	748.85	1 351.26	1 189.97	307.73	4.63	5.84	2.97	69.04	112.19	52.38	4.15
		14		40.367	31.688	0.590	855.64	1 578.25	1 359.30	351.98	4.60	5.80	2.95	79.45	128.16	58.83	4.23
		15		43.063	33.804	0.590	907.39	1 692.10	1 441.09	373.69	4.59	5.78	2.95	84.56	135.87	61.90	4.27
		16		45.739	35.905	0.589	958.08	1 806.21	1 521.02	395.14	4.58	5.77	2.94	89.59	143.40	64.89	4.31

续表（5）

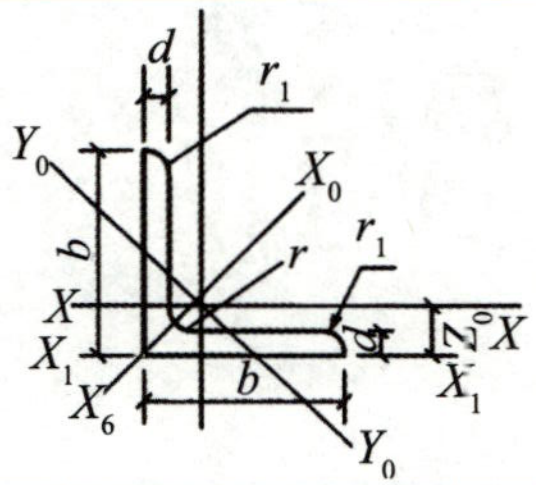

b——边宽度；
d——边厚度；
r——内圆弧半径；
r_1——边端圆弧半径；
Z_0——重心距离

型号	截面尺寸 / mm			截面面积 /cm²	理论质量 /（kg·m⁻¹）	外表面积 /（m²/m）	惯性矩 /cm⁴				惯性半径 /cm			截面模数 /cm³			重心距离 /cm
	b	d	r				I_x	I_{x1}	I_{x0}	I_{y0}	i_x	i_{x0}	i_{y0}	W_x	W_{x0}	W_{y0}	Z_0
16	160	10	16	31.502	24.729	0.630	779.53	1 365.33	1 237.30	321.76	4.98	6.27	3.20	66.70	109.36	52.76	4.31
		12		37.441	29.391	0.630	916.58	1 639.57	1 455.68	377.49	4.95	6.24	3.18	78.98	128.67	60.74	4.39
		14		43.296	33.987	0.629	1 048.36	1 914.68	1 665.02	431.70	4.92	6.20	3.16	90.95	147.17	68.24	4.47
		16		49.067	38.518	0.629	1 175.08	2 190.82	1 865.57	484.59	4.89	6.17	3.14	102.63	164.89	75.31	4.55
18	180	12		42.241	33.159	0.710	1 321.35	2 332.80	2 100.10	542.61	5.59	7.05	3.58	100.82	165.00	78.41	4.89
		14		48.896	38.383	0.709	1 514.48	2 723.48	2 407.42	621.53	5.56	7.02	3.56	116.25	189.14	88.38	4.97
		16		55.467	43.542	0.709	1 700.99	3 115.29	2 703.37	698.60	5.54	6.98	3.55	131.13	212.40	97.83	5.05
		18		61.055	48.634	0.708	1 875.12	3 502.43	2 988.24	762.01	5.50	6.94	3.51	145.64	234.78	105.14	5.13
20	200	14	18	54.642	42.894	0.788	2 103.55	3 734.10	3 343.26	863.83	6.20	7.82	3.98	144.70	236.40	111.82	5.46
		16		62.013	48.680	0.788	2 366.15	4 270.39	3 760.89	971.41	6.18	7.79	3.96	163.65	265.93	123.96	5.54
		18		69.301	54.401	0.787	2 620.64	4 808.13	4 164.54	1 076.74	6.15	7.75	3.94	182.22	294.48	135.52	5.62
		20		76.505	60.056	0.787	2 867.30	5 347.51	4 554.55	1 180.04	6.12	7.72	3.93	200.42	322.06	146.55	5.69
		24		90.661	71.168	0.785	3 338.25	6 457.16	5 294.97	1 381.53	6.07	7.64	3.90	236.17	374.41	166.65	5.87
22	220	16	21	68.664	53.901	0.866	3 187.36	5 681.62	5 063.73	1 310.99	6.81	8.59	4.37	199.55	325.51	153.81	6.03
		18		76.752	60.250	0.866	3 534.30	6 395.93	5 615.32	1 453.27	6.79	8.55	4.35	222.37	360.97	168.29	6.11
		20		84.756	66.533	0.865	3 871.49	7 112.04	6 150.08	1 592.90	6.76	8.52	4.34	244.77	395.34	182.16	6.18
		22		92.676	72.751	0.865	4 199.23	7 830.19	6 668.37	1 730.10	6.73	8.48	4.32	266.78	428.66	195.45	6.26
		24		100.512	78.902	0.864	4 517.83	8 550.57	7 170.55	1 865.11	6.70	8.45	4.31	288.39	460.94	208.21	6.33
		26		108.264	84.987	0.864	4 827.58	9 273.39	7 656.98	1 998.17	6.68	8.41	4.30	309.62	492.21	220.49	6.41

续表（6）

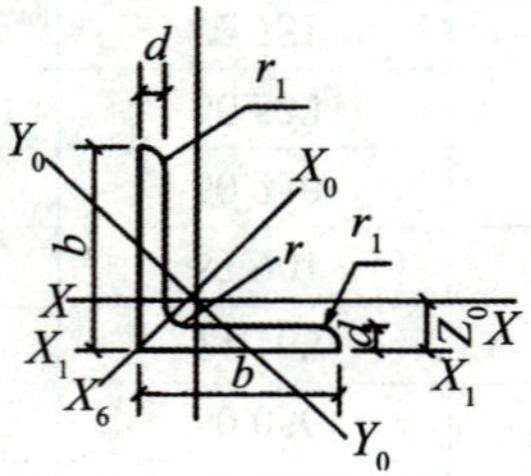

b——边宽度；
d——边厚度；
r——内圆弧半径；
r_1——边端圆弧半径；
Z_0——重心距离

型号	截面尺寸 /mm			截面面积 /cm²	理论质量 /(kg·m⁻¹)	外表面积 /(m²/m)	惯性矩 /cm⁴				惯性半径 /cm			截面模数 /cm³			重心距离 /cm
	b	d	r				I_x	I_{x1}	I_{x0}	I_{y0}	i_x	i_{x0}	i_{y0}	W_x	W_{x0}	W_{y0}	Z_0
25	250	18	24	87.842	68.956	0.985	5 268.22	9 379.11	8 369.04	2 167.41	7.74	9.76	4.97	290.12	473.42	224.03	6.84
		20		97.045	76.180	0.984	5 779.34	10 426.97	9 181.94	2 376.74	7.72	9.73	4.95	319.66	519.41	242.85	6.92
		24		115.201	90.433	0.983	6 763.93	12 529.74	10 742.67	2 785.19	7.66	9.66	4.92	377.34	607.70	278.38	7.07
		26		124.154	97.461	0.982	7 238.08	13 585.18	11 491.33	2 984.84	7.63	9.62	4.90	405.50	650.05	295.19	7.15
		28		133.022	104.422	0.982	7 700.60	14 643.62	12 219.39	3 181.81	7.61	9.58	4.89	433.22	691.23	311.42	7.22
		30		141.807	111.318	0.981	8 151.80	15 705.30	12 927.26	3 376.34	7.58	9.55	4.88	460.51	731.28	327.12	7.30
		32		150.508	118.149	0.981	8 592.01	16 770.41	13 615.32	3 568.71	7.56	9.51	4.87	487.39	770.20	342.33	7.37
		35		163.402	128.271	0.980	9 232.44	18 374.95	14 611.16	3 853.72	7.52	9.46	4.86	526.97	826.53	364.30	7.48

注：截面图中的 $r_1=1/3d$ 及表中 r 的数据用于孔型设计，不做交货条件。

表 2　不等边角钢截面尺寸、截面面积、理论质量及截面特性

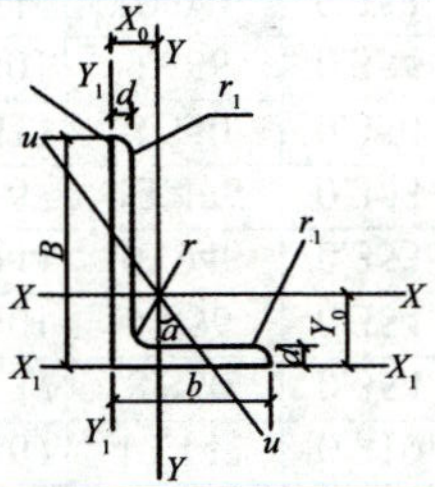

B——长边宽度；
b——短边宽度；
d——边厚度；
r——内圆弧半径；
r_1——边端圆弧半径；
X_0——重心距离；
Y_0——重心距离

型号	截面尺寸 / mm				截面面积 /cm²	理论质量 /（kg·m⁻¹）	外表面积 /（m²/m）	惯性矩 /cm⁴					惯性半径 /cm			截面模数 /cm³				重心距离 /cm	
	B	b	d	r				I_x	I_{x_1}	I_y	I_{y_1}	I_u	i_x	i_{x_0}	i_{y_0}	W_x	W_y	W_u	tan α	X_0	Y_0
2.5/1.6	25	16	3	3.5	1.162	0.912	0.080	0.70	1.56	0.22	0.43	0.14	0.78	0.44	0.34	0.43	0.19	0.16	0.392	0.42	0.86
			4		1.499	1.176	0.079	0.88	2.09	0.27	0.59	0.17	0.77	0.43	0.34	0.55	0.24	0.20	0.381	0.46	1.86
3.2/2	32	20	3		1.492	1.171	0.102	1.53	3.27	0.46	0.82	0.28	1.01	0.55	0.43	0.72	0.30	0.25	0.382	0.49	0.90
			4		1.939	1.522	0.101	1.93	4.37	0.57	1.12	0.35	1.00	0.54	0.42	0.93	0.39	0.32	0.374	0.53	1.08
4/2.5	40	25	3	4	1.890	1.484	0.127	3.08	5.39	0.93	1.59	0.56	1.28	0.70	0.54	1.15	0.49	0.40	0.385	0.59	1.12
			4		2.467	1.936	0.127	3.93	8.53	1.18	2.14	0.71	1.36	0.69	0.54	1.49	0.63	0.52	0.381	0.63	1.32
4.5/2.8	45	28	3	5	2.149	1.687	0.143	4.45	9.10	1.34	2.23	0.80	1.44	0.79	0.61	1.47	0.62	0.51	0.383	0.64	1.37
			4		2.806	2.203	0.143	5.69	12.13	1.70	3.00	1.02	1.42	0.78	0.60	1.91	0.80	0.66	0.380	0.68	1.47
5/3.2	50	32	3	5.5	2.431	1.908	0.161	6.24	12.49	2.02	3.31	1.20	1.60	0.91	0.70	1.84	0.82	0.68	0.404	0.73	1.51
			4		3.177	2.494	0.160	8.02	16.65	2.58	4.45	1.53	1.59	0.90	0.69	2.39	1.06	0.87	0.402	0.77	1.60
5.6/3.6	56	36	3	6	2.743	2.153	0.181	8.88	17.54	2.92	4.70	1.73	1.80	1.03	0.79	2.32	1.05	0.87	0.408	0.80	1.65
			4		3.590	2.818	0.180	11.45	23.39	3.76	6.33	2.23	1.79	1.02	0.79	3.03	1.37	1.13	0.408	0.85	1.78
			5		4.415	3.466	0.180	13.86	29.25	4.49	7.94	2.67	1.77	1.01	0.78	3.71	1.65	1.36	0.404	0.88	1.82
6.3/4	63	40	4	7	4.058	3.185	0.202	16.49	33.30	5.23	8.63	3.12	2.02	1.14	0.88	3.87	1.70	1.40	0.398	0.92	1.87
			5		4.993	3.920	0.202	20.02	41.63	6.31	10.86	3.76	2.00	1.12	0.87	4.74	2.07	1.71	0.396	0.95	2.04
			6		5.908	4.638	0.201	23.36	49.98	7.29	13.12	4.34	1.96	1.11	0.86	5.59	2.43	1.99	0.393	0.99	2.08
			7		6.802	5.339	0.201	26.53	58.07	8.24	15.47	4.97	1.98	1.10.	0.86	6.40	2.78	2.29	0.389	1.03	2.12
7/4.5	70	45	4	7.5	4.547	3.570	0.226	23.17	45.92	7.55	12.26	4.40	2.26	1.29	0.98	4.86	2.17	1.77	0.410	1.02	2.15
			5		5.609	4.403	0.225	27.95	57.10	9.13	15.39	5.40	2.23	1.28	0.98	5.92	2.65	2.19	0.407	1.06	2.24
			6		6.647	5.218	0.225	32.54	58.35	10.62	18.58	6.35	2.21	1.26	0.98	6.95	3.12	2.59	0.404	1.09	2.28
			7		7.657	6.011	0.225	37.22	79.99	12.01	21.84	7.16	2.20	1.25	0.97	8.03	3.57	2.94	0.402	1.13	2.32

续表（1）

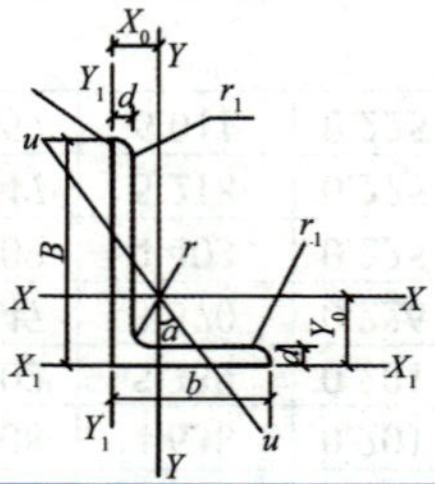

B——长边宽度；
b——短边宽度；
d——边厚度；
r——内圆弧半径；
r_1——边端圆弧半径；
X_0——重心距离；
Y_0——重心距离

型号	截面尺寸 / mm				截面面积 /cm²	理论质量 /（kg·m⁻¹）	外表面积 /（m²/m）	惯性矩 /cm⁴					惯性半径 /cm			截面模数 /cm³				重心距离 /cm	
	B	*b*	*d*	*r*				I_x	I_{x_1}	I_y	I_{y_1}	I_u	i_x	i_{x_0}	i_{y_0}	W_x	W_y	W_u	tan α	X_0	Y_0
7.5/5	75	50	5	8	6.125	4.808	0.245	34.86	70.00	12.61	21.04	7.41	2.39	1.44	1.10	6.83	3.30	2.74	0.435	1.17	2.36
			6		7.260	5.699	0.245	41.12	84.30	14.70	25.37	8.54	2.38	1.42	1.08	8.12	3.88	3.19	0.435	1.21	2.40
			8		9.467	7.431	0.244	52.39	112.50	18.53	34.23	10.87	2.35	1.40	1.07	10.52	4.99	4.10	0.429	1.29	2.44
			10		11.590	9.098	0.244	62.71	140.80	21.96	43.43	13.10	2.33	1.38	1.06	12.79	6.04	4.99	0.423	1.36	2.52
8/5	80	50	5		6.375	5.005	0.255	41.96	85.21	12.82	21.06	7.66	2.56	1.42	1.10	7.78	3.32	2.74	0.388	1.14	2.60
			6		7.660	5.935	0.255	49.49	102.53	14.95	25.41	8.85	2.56	1.41	1.08	9.25	3.91	3.20	0.387	1.18	2.65
			7		8.724	6.848	0.255	56.16	119.33	46.96	29.82	10.18	2.54	1.39	1.08	10.58	4.48	3.70	0.384	1.21	2.69
			8		9.867	7.745	0.254	62.83	136.41	18.85	34.32	11.38	2.52	1.38	1.07	11.92	5.03	4.16	0.381	1.25	2.73
9/5.6	90	56	5	9	7.212	5.661	0.287	60.45	121.32	18.32	29.53	10.98	2.90	1.59	1.23	9.92	4.21	3.49	0.385	1.25	2.91
			6		8.557	6.717	0.286	71.03	145.59	21.42	35.58	12.90	2.88	1.58	1.23	11.74	4.96	4.13	0.384	1.29	2.95
			7		9.880	7.756	0.286	81.01	169.60	24.36	41.71	14.67	2.86	1.57	1.22	13.49	5.70	4.72	0.382	1.33	3.00
			8		11.183	8.779	0.286	91.03	194.17	27.15	47.93	16.34	2.85	1.56	1.21	15.27	6.41	5.29	0.380	1.36	3.04
10/6.3	100	63	6	10	9.617	7.550	0.320	99.06	199.71	30.94	50.50	18.42	3.21	1.79	1.38	14.64	6.35	5.25	0.394	1.43	3.24
			7		11.111	8.722	0.320	113.45	233.00	35.26	59.14	21.00	3.20	1.78	1.38	16.88	7.29	6.02	0.394	1.47	3.28
			8		12.534	9.878	0.319	127.37	266.32	39.39	67.88	23.50	3.18	1.77	1.37	19.08	8.21	6.78	0.391	1.50	3.32
			10		15.467	12.142	0.319	153.81	333.06	47.12	85.73	28.33	3.15	1.74	1.35	23.32	9.98	8.24	0.387	1.58	3.40
10/8	100	80	6		10.637	8.350	0.354	107.04	199.83	61.24	102.68	31.65	3.17	2.40	1.72	15.19	10.16	8.37	0.627	1.97	2.95
			7		12.301	9.656	0.354	122.73	233.20	70.08	119.98	36.17	3.16	2.39	1.72	17.52	11.71	9.60	0.626	2.01	3.0
			8		13.944	10.946	0.353	137.92	266.61	78.58	137.37	40.58	3.14	2.37	1.71	19.81	13.21	10.80	0.625	2.05	3.04
			10		17.167	13.476	0.353	166.87	333.63	94.65	172.48	49.10	3.12	2.35	1.69	24.24	16.12	13.12	0.622	2.13	3.12
11.7	110	70	6		10.637	8.350	0.354	133.37	265.78	42.92	69.08	25.36	3.54	2.01	1.54	17.85	7.90	6.53	0.403	1.57	3.53
			7		12.301	9.656	0.354	153.00	310.07	49.01	80.82	28.95	3.53	2.00	1.53	20.60	9.09	7.50	0.402	1.61	3.57
			8		13.944	10.946	0.353	172.04	354.39	54.87	92.70	32.45	3.51	1.98	1.53	23.30	10.25	8.45	0.401	1.65	3.62
			10		17.167	13.476	0.353	208.39	443.13	65.88	116.83	39.20	3.48	1.96	1.61	28.64	12.48	10.29	0.397	1.72	3.70

续表（2）

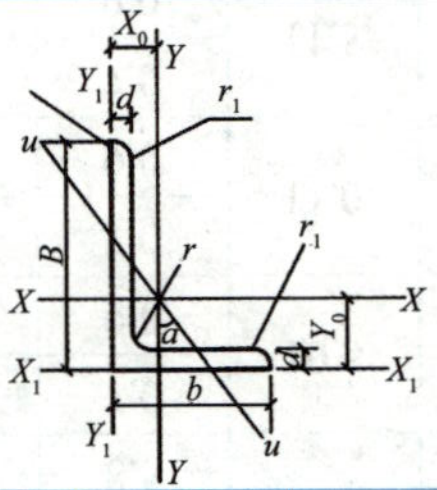

B——长边宽度；
b——短边宽度；
d——边厚度；
r——内圆弧半径；
r_1——边端圆弧半径；
X_0——重心距离；
Y_0——重心距离

型号	截面尺寸 / mm				截面面积 /cm²	理论质量 /（kg·m⁻¹）	外表面积 /（m²/m）	惯性矩 /cm⁴					惯性半径 /cm			截面模数 /cm³				重心距离 /cm	
	B	b	d	r				I_x	I_{x_1}	I_y	I_{y_1}	I_u	i_x	i_{x_0}	i_{y_0}	W_x	W_y	W_u	tan α	X_0	Y_0
12.5/8	125	80	7	11	14.096	11.066	0.403	227.98	454.99	74.42	120.32	43.81	4.02	2.30	1.76	26.86	12.01	9.92	0.408	1.80	4.01
			8		15.989	12.551	0.403	256.77	519.99	83.49	137.85	49.15	4.01	2.28	1.75	30.41	13.56	11.18	0.407	1.84	4.06
			10		19.712	15.474	0.402	312.04	650.09	100.67	173.40	59.45	3.98	2.26	1.74	37.33	16.56	13.64	0.404	1.92	4.14
			12		23.351	18.330	0.402	364.41	780.39	116.67	209.67	69.35	3.95	2.24	1.72	44.01	19.43	16.01	0.400	2.00	4.22
14/9	140	90	8	12	18.038	14.160	0.453	365.64	730.53	120.69	195.79	70.83	4.50	2.59	1.98	38.48	17.34	14.31	0.411	2.04	4.50
			10		22.261	17.475	0.452	445.50	913.20	140.03	245.92	85.82	4.47	2.56	1.96	47.31	21.22	17.48	0.409	2.12	4.58
			12		26.400	20.724	0.451	521.59	1 096.09	169.79	296.89	100.21	4.44	2.54	1.95	55.87	24.95	20.54	0.406	2.19	4.66
			14		30.456	23.908	0.451	594.10	1 279.26	192.10	348.82	114.13	4.42	2.51	1.94	64.18	28.54	23.52	0.403	2.27	4.74
15/9	150	90	8		18.839	14.788	0.473	442.05	898.35	122.80	195.96	74.14	4.84	2.55	1.98	43.86	17.47	14.48	0.364	1.97	4.92
			10		23.261	18.260	0.472	539.24	1 122.85	148.62	246.26	89.86	4.81	2.53	1.97	53.97	21.38	17.69	0.362	2.05	5.01
			12		27.600	21.666	0.471	632.08	1 347.50	172.85	297.46	104.95	4.79	2.50	1.95	63.79	25.14	20.80	0.359	2.12	5.09
			14		31.856	25.007	0.471	720.77	1 572.38	195.62	349.74	119.53	4.76	2.48	1.94	73.33	28.77	23.84	0.356	2.20	5.17
			15		33.952	26.652	0.471	763.62	1 684.93	206.50	376.33	126.67	4.74	2.47	1.93	77.99	30.53	25.33	0.354	2.24	5.21
			16		36.027	28.281	0.470	805.51	1 797.55	217.07	403.24	133.72	4.73	2.45	1.93	82.60	32.27	26.82	0.352	2.27	5.25
16/10	160	100	10	13	25.315	19.872	0.512	668.69	1 362.89	205.03	336.59	121.74	5.14	2.85	2.19	62.13	26.56	21.92	0.390	2.28	5.24
			12		30.054	23.592	0.511	784.91	1 635.56	239.06	405.94	142.33	5.11	2.82	2.17	73.49	31.28	25.79	0.388	2.36	5.32
			14		34.709	27.247	0.510	896.30	1 908.50	271.20	476.42	162.23	5.08	2.80	2.16	84.56	35.83	29.56	0.385	0.43	5.40
			16		29.281	30.835	0.510	1 003.04	2 181.79	301.60	548.22	182.57	5.05	2.77	2.16	95.33	40.24	33.44	0.382	2.51	5.48
18/11	180	110	10	14	28.373	22.273	0.571	956.25	1 940.40	278.11	447.22	166.50	5.80	3.13	2.42	78.96	32.49	26.88	0.376	2.44	5.89
			12		33.712	26.440	0.571	1 124.72	2 328.38	325.03	538.94	194.87	5.78	3.10	2.40	93.53	38.32	31.66	0.374	2.52	5.98
			14		38.967	30.589	0.570	1 286.91	2 716.60	369.55	631.95	222.30	5.75	3.08	2.39	107.76	43.97	36.32	0.372	2.59	6.06
			16		44.139	34.649	0.569	1 443.06	3 105.15	411.85	726.46	248.94	5.72	3.06	2.38	121.64	49.44	40.87	0.369	2.67	6.14
20/12.5	200	125	12		37.912	29.761	0.641	1 570.90	3 193.85	483.16	787.74	285.79	6.44	3.57	2.74	116.73	49.99	41.23	0.392	2.83	6.54
			14		43.687	34.436	0.640	1 800.97	3 726.17	550.83	922.47	326.58	6.41	3.54	2.73	134.65	57.44	47.34	0.390	2.91	6.62
			16		49.739	39.045	0.639	2 023.35	4 258.88	615.44	1 058.86	366.21	6.38	3.52	2.71	152.18	64.89	53.32	0.388	2.99	6.70
			18		55.526	43.588	0.639	2 238.30	4 792.00	677.19	1 197.13	404.83	6.35	3.49	2.70	169.33	71.74	59.18	0.385	3.06	6.78

注：截面图中的 r1=1/3d 及表中 r 的数据用于孔型设计，不做交货条件。

表 3　槽钢截面尺寸、截面面积、理论质量及截面特性

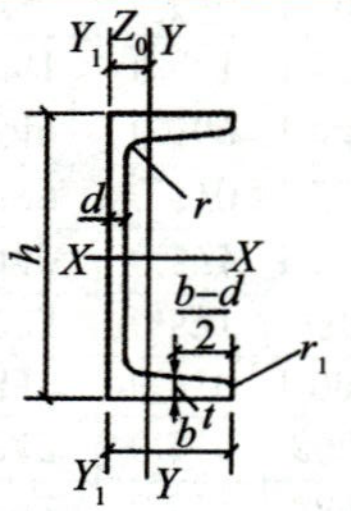

h——高度；
b——腿宽度；
d——腰厚度；
t——平均腿厚度；
r——内圆弧半径；
r_1——腿端圆弧半径；
Z_0——YY 轴与 Y_1Y_1 轴间距

型号	截面尺寸 / mm						截面面积 /cm²	理论质量 / (kg/m)	惯性矩 /cm⁴			惯性半径 /cm		截面模数 /cm³		重心距离 /cm
	h	b	d	t	r	r_1			I_x	I_y	I_{y1}	i_x	i_y	W_x	W_y	Z_0
5	50	37	4.5	7.0	7.0	3.5	6.928	5.438	26.0	8.30	20.9	1.94	1.10	10.4	3.55	1.35
6.3	63	40	4.8	7.5	7.5	3.8	8.451	6.634	50.8	11.9	28.4	2.45	1.19	16.1	4.50	1.36
6.5	65	40	4.3	7.5	7.5	3.8	8.547	6.709	55.2	12.0	28.3	2.54	1.19	17.0	4.59	1.38
8	80	43	5.0	8.0	8.0	4.0	10.248	8.045	101	16.6	37.4	3.15	1.27	25.3	5.79	1.43
10	100	48	5.3	8.5	8.5	4.2	12.748	10.007	198	25.6	54.9	3.95	1.41	39.7	7.80	1.52
12	120	53	5.5	9.0	9.0	4.5	15.362	12.059	346	37.4	77.7	4.75	1.56	57.7	10.2	1.62
12.6	126	53	5.5	9.0	9.0	4.5	15.692	12.318	391	38.0	77.1	4.95	1.57	62.1	10.2	1.59
14a	40	58	6.0	9.5	9.5	4.8	18.516	14.535	564	53.2	107	5.52	1.70	80.5	13.0	1.71
14b		60	8.0				21.316	16.733	609	61.1	121	5.35	1.69	87.1	14.1	1.67
16a	160	63	6.5	10.0	10.0	5.0	21.962	17.24	866	73.3	144	6.28	1.83	108	16.3	1.80
16b		65	8.5				25.162	19.752	935	83.4	161	6.10	1.82	117	17.6	1.75
18a	180	68	7.0	10.5	10.5	5.2	25.699	20.174	1 270	98.6	190	7.04	1.96	141	20.0	1.88
18b		70	9.0				29.299	23.000	1 370	111	210	6.84	1.95	152	21.5	1.84
20a	200	73	7.0	11.0	11.0	5.5	28.837	22.637	1 780	128	244	7.86	2.11	178	24.2	2.01
20b		75	9.0				32.837	25.777	1 910	144	268	7.64	2.09	191	25.9	1.95
22a	220	77	7.0	11.5	11.5	5.8	31.846	24.999	2 390	158	298	8.67	2.23	218	28.2	2.10
22b		79	9.0				36.246	28.453	2 570	176	326	8.42	2.21	234	30.1	2.03

续表（1）

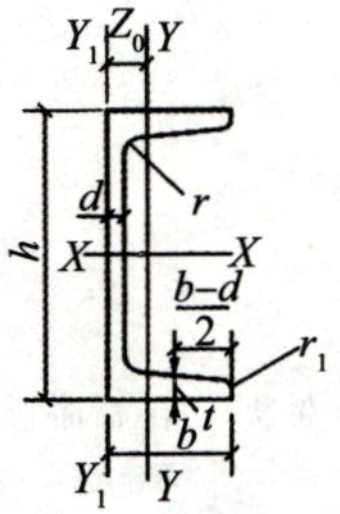

h——高度；
b——腿宽度；
d——腰厚度；
t——平均腿厚度；
r——内圆弧半径；
r_1——腿端圆弧半径；
Z_0——YY 轴与 Y_1Y_1 轴间距

型号	截面尺寸 / mm						截面面积 /cm²	理论质量 /（kg/m）	惯性矩 /cm⁴			惯性半径 /cm		截面模数 /cm³		重心距离 /cm
	h	b	d	t	r	r_1			I_x	I_y	I_{y1}	i_x	i_y	W_x	W_y	Z_0
24a		78	7.0	12.0	12.0	6.0	34.217	26.860	3 050	174	325	9.45	2.25	254	30.5	2.10
24b		80	9.0				39.017	30.628	3 280	194	355	9.17	2.23	274	32.5	2.03
24c		82	11.0				43.817	34.396	3 510	213	388	8.96	2.21	293	34.4	2.00
25a		78	7.0				34.917	27.410	3 370	176	322	9.82	2.24	270	30.6	2.07
25b		80	9.0				39.917	31.335	3 530	196	353	9.41	2.22	282	32.7	1.98
25c		82	11.0				44.917	35.260	3 690	218	384	9.07	2.21	295	35.9	1.92
27a	270	82	7.5	12.5	12.5	6.2	39.284	30.838	4 360	216	393	10.5	2.34	323	35.5	2.13
27b		84	9.5				44.684	35.077	4 690	239	428	10.3	2.31	347	37.7	2.06
27c		86	11.5				50.084	39.316	5 020	261	467	10.1	2.28	372	39.8	2.03
28a	280	82	7.5				40.034	31.427	4 760	218	388	10.9	2.33	340	35.7	2.10
28b		84	9.5				45.634	35.823	5 130	242	428	10.6	2.30	366	37.9	2.02
28c		86	11.5				51.234	40.219	5 500	268	463	10.4	2.29	393	40.3	1.95
30a	300	85	7.5	13.5	13.5	6.8	43.902	34.463	6 050	260	467	11.7	2.43	403	41.1	2.17
30b		87	9.5				49.902	39.173	6 500	289	515	11.4	2.41	433	44.0	2.13
30c		89	11.5				55.902	43.883	6 950	316	560	11.2	2.38	463	46.4	2.09

续表（2）

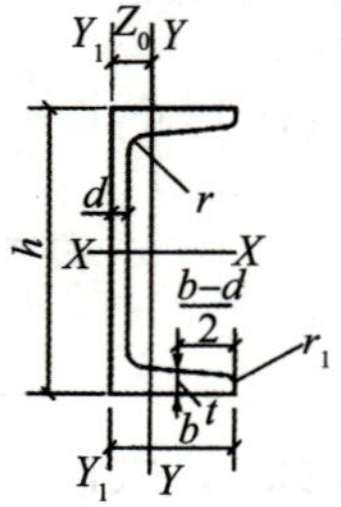

h——高度；
b——腿宽度；
d——腰厚度；
t——平均腿厚度；
r——内圆弧半径；
r_1——腿端圆弧半径；
Z_0——YY 轴与 Y_1Y_1 轴间距

型号	截面尺寸 / mm						截面面积 /cm²	理论质量 /（kg/m）	惯性矩 /cm⁴			惯性半径 /cm		截面模数 /cm³		重心距离 /cm
	h	b	d	t	r	r_1			I_x	I_y	I_{y1}	i_x	i_y	W_x	W_y	Z_0
32a	320	88	8.0	14.0	14.0	7.0	48.513	38.083	7 600	305	552	12.5	2.50	475	46.5	2.24
32b		90	10.0				54.913	43.107	8 140	336	593	12.2	2.47	509	49.2	2.16
32c		92	12.0				61.313	48.131	8 690	374	643	11.9	2.47	543	52.6	2.09
36a	360	96	9.0	16.0	16.0	8.0	60.910	47.814	11 900	455	818	14.0	2.73	660	63.5	2.44
36b		98	11.0				68.110	53.466	12 700	497	880	13.6	2.70	703	66.9	2.37
36c		100	13.0				75.310	59.118	13 400	536	948	13.4	2.67	746	70.0	2.34
40a	400	100	10.5	18.0	18.0	9.0	75.068	58.928	17 600	592	1 070	15.3	2.81	879	78.8	2.49
40b		102	12.5				83.068	65.208	18 600	640	114	15.0	2.78	932	82.5	2.44
40c		104	14.5				91.068	71.488	19 700	688	1 220	14.7	2.75	986	86.2	2.42

注：表中 r、r_1 的数据用于孔型设计，不做交货条件。

表 -4　工字钢截面尺寸、截面面积、理论质量及截面特性

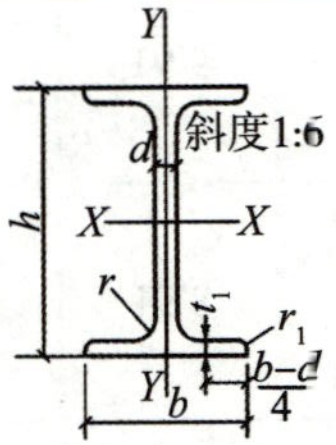

h——高度；
b——腿宽度；
d——腰厚度；
t——平均腿厚度；
r——内圆弧半径；
r_1——腿端圆弧半径

型号	截面尺寸 / mm						截面面积 /cm²	理论质量 /（kg/m）	惯性矩 /cm⁴		惯性半径 /cm		截面模数 /cm³	
	h	b	d	t	r	r_1			I_x	I_y	i_x	i_y	W_x	W_y
10	100	68	4.5	7.6	6.5	3.3	14.345	11.261	245	33.0	4.14	1.52	49.0	9.72
12	120	74	5.0	8.4	7.0	3.5	17.818	13.987	436	46.9	4.95	1.62	72.7	12.7
12.6	126	74	5.0	8.4	7.0	3.5	18.118	14.223	488	46.9	5.20	1.61	77.5	12.7
14	140	80	5.5	9.1	7.5	3.8	21.516	16.890	712	64.4	5.76	1.73	102	16.1
16	160	88	6.0	9.9	8.0	4.0	26.131	20.513	1 130	93.1	6.58	1.89	141	21.2
18	180	94	6.5	10.7	8.5	4.3	30.756	24.143	1 660	122	7.36	2.00	185	26.0
208	200	100	7.0	11.4	9.0	4.5	35.578	27.929	2 370	158	8.15	2.12	237	31.5
20b		102	9.0				39.578	31.069	2 500	169	7.96	2.06	250	33.1
22a	220	110	7.5	12.3	9.5	4.8	42.128	33.070	3 400	225	8.99	2.31	309	40.9
22b		112	9.5				46.528	36.524	3 570	239	8.78	2.27	325	42.7
24a	240	116	8.0	13.0	10.0	5.0	47.741	37.477	4 570	280	9.77	2.42	381	48.4
24b		118	10.0				52.541	41.245	4 800	297	9.57	2.38	400	50.4
25a	250	116	8.0	13.0	10.0	5.0	48.541	38.105	5 020	280	10.2	2.40	402	48.3
25b		118	10.0				53.541	42.030	5 280	309	9.94	2.40	423	52.4

续表（1）

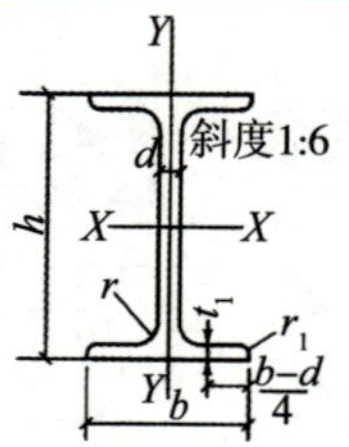

h——高度；
b——腿宽度；
d——腰厚度；
t——平均腿厚度；
r——内圆弧半径；
r_1——腿端圆弧半径

型号	截面尺寸 / mm						截面面积 /cm²	理论质量 /（kg/m）	惯性矩 /cm⁴		惯性半径 /cm		截面模数 /cm³	
	h	b	d	t	r	r_1			I_x	I_y	i_x	i_y	W_x	W_y
27a	270	122	8.5	13.7	10.5	5.3	54.554	42.825	6 550	345	10.9	2.51	485	56.6
27b		124	10.5				59.954	47.064	6 870	366	10.7	2.47	509	58.9
28a	280	122	8.5				55.404	43.492	7 110	345	11.3	2.50	508	56.6
28b		124	10.5				61.004	47.888	7 480	379	11.1	2.49	534	61.2
30a	300	126	9.0	14.4	11.0	5.5	61.254	48.084	8 950	400	12.1	2.55	597	63.5
30b		128	11.0				67.254	52.794	9 400	422	11.8	2.50	627	65.9
30c		130	13.0				73.254	57.504	9 850	445	11.6	2.46	657	68.5
32a	320	130	9.5	15.0	11.5	5.8	67.156	52.717	11 100	460	12.8	2.62	692	70.8
32b		132	11.5				73.556	57.741	11 600	502	12.6	2.61	726	76.0
32c		134	13.5				79.956	62.765	12 200	544	12.3	2.61	760	81.2
36a	360	136	10.0	15.8	12.0	6.0	76.480	60.037	15 800	552	14.4	2.69	875	81.2
36b		138	12.0				83.680	65.689	16 500	582	14.1	2.64	919	84.3
36c		140	14.0				90.880	71.341	17 300	612	13.8	2.60	962	87.4
40a	400	142	10.5	16.5	12.5	6.3	86.112	67.598	21 700	660	15.9	2.77	1 090	93.2
40b		144	12.5				94.112	73.878	22 800	692	15.6	2.71	1 140	96.2
40c		146	14.5				102.112	80.158	23 900	727	15.2	2.65	1 190	99.6

续表（2）

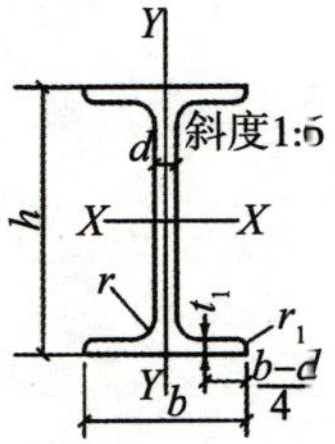

h——高度；
b——腿宽度；
d——腰厚度；
t——平均腿厚度；
r——内圆弧半径；
r_1——腿端圆弧半径

型号	截面尺寸 / mm						截面面积 /cm²	理论质量 /（kg/m）	惯性矩 /cm⁴		惯性半径 /cm		截面模数 /cm³	
	h	b	d	t	r	r_1			I_x	I_y	i_x	i_y	W_x	W_y
45a	450	150	11.5	18.0	13.5	6.8	102.446	80.420	32 200	855	17.7	2.89	1 430	114
45b		152	13.5				111.446	87.485	33 800	894	17.4	2.84	1 500	118
45c		154	15.5				120.446	94.550	35 300	938	17.1	2.79	1 570	122
50a	500	158	12.0	20.0	14.0	7.0	119.304	93.654	46 500	1 120	19.7	3.07	1 860	142
50b		160	14.0				129.304	101.504	48 600	1 170	19.4	3.01	1 940	146
50c		162	16.0				139.304	109.354	50 600	1 220	19.0	2.96	2 080	151
55a	550	166	12.5	21.0	14.5	7.3	134.185	105.335	62 900	1 370	21.6	3.19	2 290	164
55b		168	14.5				145.185	113.970	65 600	1 420	21.2	3.14	2 390	170
55c		170	16.5				156.185	122.605	68 400	1 480	20.9	3.08	2 490	175
56a	560	166	12.5				135.435	106.316	65 600	1 370	22.0	3.18	2 340	165
56h		168	14.5				146.635	115.108	68 500	1 490	21.6	3.16	2 450	174
56c		170	16.5				157.835	123.900	71 400	1 560	21.3	3.16	2 550	183
63a	630	176	13.0	22.0	15.0	7.5	154.658	121.407	93 900	1 700	24.5	3.31	2 980	193
63h		178	15.0				167.258	131.298	98 100	1 810	24.2	3.29	3 160	204
63c		180	17.0				179.858	141.189	102 000	1 920	23.8	3.27	3 300	214

注：表中 r、r_1 的数据用于孔型设计，不做交货条件。

参 考 文 献

[1] 刘丽华，王晓天．建筑力学与建筑结构 [M].4 版．北京：中国电力出版社，2024.
[2] 苏振超，薛艳霞，陆海翔．建筑力学 [M]．北京：清华大学出版社，2024.
[3] 柳素霞，郭宁秀．建筑力学 [M].2 版．北京：清华大学出版社，2024.
[4] 刘鸿文，林建兴，朱红光．材料力学 [M].7 版．北京：高等教育出版社，2024.
[5] 姚丽红，魏坤肖．土力学与土工检测 [M]．北京：北京理工大学出版社，2023.
[6] 王仁田，李怡，土木工程力学基础 [M].3 版 . 北京：高等教育出版社，2023.
[7] 李广信，张丙印，于玉贞．土力学 [M]．北京：清华大学出版社，2022.
[8] 魏德敏，吴庆华，王勇．建筑力学 [M].2 版．北京：中国建筑工业出版社，2022.
[9] 李廉锟，侯文崎．结构力学（上册）[M].7 版．北京：高等教育出版社，2022.
[10] 范小春．结构力学 [M]．北京：北京机械工业出版社，2022.
[11] 易成，沈世钊，朱红光．土木工程概论 [M].4 版．北京：中国建筑工业出版社，2021.